航空燃料燃烧及其化学动力学

HANGKONG RANLIAO RANSHAO
JIQI
HUAXUE DONGLIXUE

李树豪　文振华　郭霄　著

U0243750

化学工业出版社

·北京·

内容简介

《航空燃料燃烧及其化学动力学》阐述了燃烧化学动力学相关基础知识及常用燃烧仿真和实验检测等手段，并围绕航空燃料燃烧机理的构建、优化及应用展开分析，对航空燃料的着火、燃烧过程及其燃烧性能进行了系统研究。主要内容包括航空燃料的发展、燃烧基础理论、燃烧诊断技术等概况，燃料燃烧反应机理的构建、验证及优化思想和相关燃烧动力学基础，热动力学参数的高精度量化计算过程，以及主流的机理简化和分析方法；构建了国产RP-3航空煤油替代燃料燃烧和热裂解机理，开展了系统的数值模拟和化学动力学分析，及其在燃料设计和燃烧性能评估中的应用；探究了小分子碳氢燃料在航空煤油着火中的热效应与化学作用机制，提出了用于燃料燃烧性能综合评估的方法和定量化表征手段等。本书可供能源动力、航空航天、环境化工等领域的科研人员参考，也可供相关专业高年级本科生和研究生使用。

图书在版编目（CIP）数据

航空燃料燃烧及其化学动力学 / 李树豪，文振华，郭霄著. —北京：化学工业出版社，2022.10

ISBN 978-7-122-41999-6

Ⅰ.①航… Ⅱ.①李… ②文… ③郭… Ⅲ.①航空器-液体燃料-燃烧学 ②航空器-液体燃料-化学动力学 Ⅳ.①V312

中国版本图书馆 CIP 数据核字（2022）第 147064 号

责任编辑：陈 喆 王 烨

文字编辑：陈立璞

责任校对：宋 玮

装帧设计：王晓宇

出版发行：化学工业出版社
（北京市东城区青年湖南街 13 号 邮政编码 100011）

印　　装：北京建宏印刷有限公司

710mm×1000mm 1/16 印张 15 字数 248 千字

2023 年 1 月北京第 1 版第 1 次印刷

购书咨询：010-64518888

售后服务：010-64518899

网　　址：http://www.cip.com.cn

凡购买本书，如有缺损质量问题，本社销售中心负责调换。

定　　价：128.00 元　　　　版权所有　违者必究

PREFACE

航空发动机是航空工业的皇冠，直接反映了国家整体科技水平和工业能力。只有掌握先进的航空发动机技术，才能使我国在航空航天领域中具备强大的竞争力和优势。而强大的空天动力的源头仍将在未来相当长时期内继续依赖航空燃料的燃烧，因此，掌握航空燃料燃烧的相关基础理论和实验技术，明确航空发动机燃烧过程的基本规律和物理化学机制，是我国在发动机设计领域迅速崛起的必要条件之一。

化学反应动力学是燃料燃烧过程分析的重要工具，且燃烧数值仿真是航空发动机内流动燃烧重现和预测的关键技术；人们在燃烧微观反应路程、复杂反应机理、燃烧实验测量和湍流燃烧仿真等方面取得了显著成果。随着燃料燃烧过程中化学反应和湍流相互作用的深入研究，以及计算流体力学和燃烧反应动力学的共同发展，将持续对新燃料设计、燃烧数值模拟、发动机内流道流场描述及结构设计产生深远影响和积极作用。因此，航空燃料燃烧反应动力学研究不仅是能源及动力领域中科学发展所需，更是国防安全保障和国民经济发展的迫切需求。

《航空燃料燃烧及其化学动力学》围绕航空燃料的燃烧性能及其化学动力学进行了系统分析及相应的数值模拟和实验研究。本书主要内容包括航空燃料发展、燃烧性能和燃烧动力学研究等概况介绍，如燃料燃烧反应机理构建、验证及优化思想，热动力学参数的高精度量化计算方法，机理简化和分析方法；并以国产 RP-3 航空煤油为对象，发展了其替代燃料燃烧和热裂解机理，且基于系统的数值模拟和化学动力学分析，详细介绍了其在燃料设计和燃烧性能评估中的应用，探究了小分子碳氢燃料在航空煤油着火中的热作用与化学作用机制，提出综合的评估方法实现其对 RP-3 航空煤油燃烧性能影响的定量化表征等。

本书是以航空燃料燃烧及其化学动力学的前沿性、综合性、适用性为原则，根据笔者多年从事航空燃料燃烧及其反应动力学以及航空发动机气路监测的研究成果，并参考该领域最新的研究进展和相关文献撰写而成的。本书得到了国家自然科学基金项目（51975539、

72001192）、航空科学基金项目（2018ZD55008）、河南省科技攻关计划项目
（212102210275、212102210342）、河南省自然科学基金（182300410186）、河南
省高等学校重点研究项目（20B590005，21B590002）等课题的支持，在此表示衷
心的感谢！

　　在航空燃料燃烧及其化学动力学研究和本书的撰写过程中，得到了四川大学
李象远教授、王繁教授和朱权教授以及中国矿业大学王全德副研究员、西南交通
大学甯红波副教授、贵州理工学院郭俊江副教授的热心指导与帮助，在此向他们
表示衷心的感谢！本书还借鉴或引用了四川大学燃烧动力学中心等单位研究人员
的相关成果和经验，在此对原作者表示由衷的敬意和感谢！

　　由于本书的研究领域涉及多个学科交叉，前沿发展较快，限于笔者的学识水
平，书中疏漏及不足之处在所难免，敬请广大读者批评指正！

著　者

目录

CONTENTS

第**1**章

航空燃料
及其燃烧研究概述

1.1 航空燃料概述

航空燃料是指用于航空发动机进行燃烧做功的燃料。航空燃料是多种烃组成的液体混合物，且不具备明确的化学式，其大都以石油为基础。如图 1.1 所示，先由直馏馏分、加氢裂化和加氢精制等组分及必要的添加剂调和而成透明液态碳氢混合物，然后再通过化学工艺处理，最后加入适量的抗静电剂、抗氧剂、抗磨剂、防冰剂、金属钝化剂等添加物制备而成[1]。

图 1.1　石油分馏产品

航空燃料可分为两大类[1-9]：航空涡轮燃料（AVTUR，也称为喷气燃料）和航空汽油（AVGAS）。喷气燃料适用于不同类型的航空涡轮喷气发动机，而航空汽油则主要用于航空活塞式发动机。在航空燃料领域中，航空汽油的使用量较低，不到喷气燃料使用量的 3%。这主要是因为航空活塞式发动机只为部分直升机和小型低速飞机提供动力；航空活塞式发动机与车用发动机的工作原理相同，只是其功率更大，且在同等功率下自身重量更小。随着航空工业的发展，涡轮喷气发动机已成为目前主流的航空发动机，这种发动机推动飞机飞行的动力是燃料燃烧转变为高温燃气并喷出产生的推力。

根据分馏沸点不同，喷气燃料可以分为三类：①宽馏分型（沸点约 60～280℃）；②煤油型（沸点约 150～280℃），高闪点航空煤油的初沸点可提高到165～175℃；③重馏分型（沸点约 195～315℃）。目前国内外普遍生产和广泛使用的喷气燃料多属于煤油型，所以喷气燃料通常还被称为航空煤油（可简称为航煤）。另外，还可以其他化石燃料领域的副产品或生物质材料为基础，发展航空替代燃料，如轻质煤焦油是煤焦化工业中的一种重要副产物，可以基于此进行提质改性制备航空燃料[10,11]。

由于航空运输业的发展，喷气式飞机在全球各国飞行，这就要求各国在喷气燃料规格方面尽可能地标准化，参数指标尽量相同，以便于产品的通用互换和审查对比。为此国际航空运输协会（IATA）以及其他组织制定了航空涡轮燃料标准，在航空涡轮燃料的生产制造以及使用维护等方面均给出了具体的技术指标，各个国家也在稳定性、润滑性、流动性、汽化性、抗腐蚀性、洁净性、安全特性、排放等方面均给出了自己的标准[1-6]。

　　航空汽油[1,8]（航空活塞式发动机燃料）是一种用于飞机的高辛烷值燃料，主要用于航空活塞式发动机的燃烧，产生足够高的能量来驱动小型往复发动机的飞机，其需要具备足够好的抗爆性能和流动性以及足够低的冰点。另外，需要其辛烷值更高、馏程范围更窄、蒸气压更低、油品更洁净，且在存储中不能产生胶质。航空汽油是石油的直馏产品和二次加工产品与各种添加剂混合而成的，其主要性能指标是辛烷值和品度值。航空汽油的辛烷值是指与这种汽油的抗爆性相当的标准燃料中所含异辛烷的百分数。品度值指的是富油混合气工作时发出的最大功率（超过该功率便出现爆震现象）与工业异辛烷发出的最大功率之比，常用百分数表示。

　　航空活塞式发动机是在车用发动机的基础上发展而来的，因而航空汽油的规格指标与车用汽油有类似之处，但是在抗爆性、馏程、燃烧特性、腐蚀性、流动性等方面均具有更高的要求。航空汽油具有较低的结晶点（–60℃以下）和较高的发热量以及良好的蒸发性和足够的抗爆性，同时具备氧化安定性好、腐蚀性小的特点。

1.2　航空燃料发展

1.2.1　国外航空燃料

　　航空煤油是由直馏馏分、加氢裂化和加氢精制等组分及必要的添加剂调和而成的一种透明液体，主要由不同馏分的烃类化合物组成。航空煤油是 $C_7 \sim C_{16}$ 大分子碳氢复杂烃类的混合物，包含链烷烃（直链烷烃与支链烷烃）、环烷烃以及芳香烃等成百上千种组分。由于原油产地、加工工艺以及添加剂不同，地域不同、产品型号不同甚至批次不同的航空煤油，其组分也不尽相同，差异显著。国外常用的航空煤油主要有 Jet A、Jet A-1、Jet B、TS-1（TC-1）、TR0、AVTUR、JP-7、JP-8、JP-10 等。Jet A 是主要在美国应用的民用航空燃料，JP-7、JP-8、JP-10 是美国的军用航空燃料，法国的主要类型为 TR0，英国为 AVTUR，其他西方国家多采用 Jet A-1（该燃料具有更低的凝固点），Jet B 则主要应用于如加拿大等寒冷的国家和地区，俄罗斯最常见的航空燃料为 TS-1，其闪点只有 28℃，远低于其他常见的商用航空燃料[1-8]。虽然不同国家的航空煤油在组成上大致相近，但其含量差异显著，如图 1.2 所示。

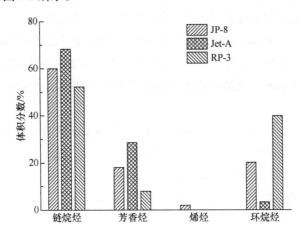

图 1.2　JP-8、Jet-A 以及国产航空煤油 RP-3 不同烃类的构成[12]

按照美国 ASTM D910-11 标准，航空汽油品种分为 80 号、91 号、100 号和 100LL 号四个等级。国外低铅航空汽油共分为 5 个牌号，即 80 号、91 号、100VLL（蓝色）、100LL（蓝色）和 100 号（绿色），其中 100VLL、100LL、100 号航空汽油的主要区别体现在铅含量的最大允许值和颜色不同[1,8]。国外航空汽油之所以有不同颜色，是为了提醒客户不同发动机对航空汽油铅含量的最大可接受程度。因此，铅含量的测定对于进口航空汽油非常重要。

1.2.2　国产航空燃料

我国喷气燃料的种类也相对比较丰富[1]。按生产方法分，可分为直馏和二次加工喷气燃料；按馏分的特性分类，可分为宽馏分型、煤油型、重煤油型。目前我国喷气燃料主要有 6 种，如表 1.1 所示。

表 1.1 我国各牌号类型规格

牌号	代号	类型	结晶点	主要用途
1 号喷气燃料	RP-1	煤油型	不高于−60℃	民航机、军用机通用
2 号喷气燃料	RP-2	煤油型	不高于−50℃	民航机、军用机通用
3 号喷气燃料	RP-3	煤油型	不高于−47℃	民航机、军用机通用
4 号喷气燃料	RP-4	宽馏分型	不高于−50℃	备用燃料，平时不生产
5 号喷气燃料	RP-5	重煤油型	不高于−46℃	舰载飞机用
6 号喷气燃料	RP-6	重煤油型	不高于−47℃	军用喷气燃料

而我国应用最广泛的是 3 号喷气燃料（又称国产 RP-3）。目前，国内航空煤油生产技术主要有两种：一是航煤加氢技术，该类技术主要加工直馏煤油组分，其反应部分常采用气相加氢工艺。目前，液相加氢工艺也开始应用到航煤加氢工艺中，相比于气相加氢技术，其在催化剂利用效率、投资等方面具有一定优势。二是加氢裂化生产航煤技术，该类技术以蜡油为原料，在反应压力大于 10MPa 的条件下生产航煤产品。

我国生产航空汽油（又称航空活塞式发动机燃料）的组分来源主要是催化裂化以及催化重整所生产的馏程为 40~180℃ 的汽油馏分，要求它们不加铅的辛烷值应不低于 70，且在馏分组成、化学安定性及腐蚀等方面都要达到航空汽油质量指标。在此基础上，与其他高辛烷值组分（如工业异丙苯、工业异辛烷、异戊烷、乙基苯）、抗爆剂调制而成航空汽油。其中的异构烷烃用来提高航空汽油的辛烷值，芳烃则用来提高其品度值。除抗爆剂外，航空汽油的生产调和中还需要添加一系列的添加剂，如抗氧剂、抗静电剂、防冰剂、金属减活剂、防腐剂、追踪剂、生物灭杀剂以及染色剂等[13]。

我国航空汽油根据马达法辛烷值不同分为 75 号、UL91 号、95 号、100 号和 100LL 号五个牌号，其中 UL 表示无铅，LL 表示低铅[13,14]。75 号适用于轻负荷和低速度汽化器式航空发动机，95 号航空汽油适用于装有增压器的大型活塞式发动机，100LL 号适用于我国的发动机和国外的莱康明发动机等。

1.2.3　航空替代燃料

目前航空燃料主要基于石油炼制而成，随着化石能源日益枯竭，人们对液体燃料油的需求日益增长,紧缺的能源问题成为制约社会发展进步的主要因素之一。此外,大量矿物质能源的无节制使用,也对环境造成了诸多危害,引发了雾霾、生态圈平衡破坏、温室效应等诸多环境问题。因此,在全球能源危机和环境保护双重压力之下,对航空替代燃料的研究和生产迫在眉睫[1,10,11,15-17]。

航空替代燃料的物理化学性质必须要与当前化石类航空燃料相近,且可与其完全互溶,以便航空替代燃料与航空燃料可在任意比例下混合和安全运输,在不需要或较少改变现有燃油系统、发动机结构以及机体等飞机基础设施的情况下,将其混合后直接用于燃烧室进行燃烧,而不会对航空发动机的性能造成影响,同时对外的输出功率能满足各种飞行任务的需求。从目前的航空替代燃料发展来看,煤液化喷气燃料(CTL)、气体合成喷气燃料(GTL)和生物喷气燃料(BTL)这三种类型的替代燃料在能量密度、流动特性等方面与现有喷气燃料基本相近。因此,国际上航空替代燃料也主要基于这三类替代燃料来开展相关研究[1,17]。

(1)煤液化喷气燃料(CTL)

煤基喷气燃料可以分为两类:煤直接液化合成喷气燃料和煤间接液化合成喷气燃料(即煤气化 F-T 合成喷气燃料)。直接液化(又称加氢液化)是指在高温高压(>400℃,>10MPa)下,在催化剂和溶剂的共同作用下使煤的分子进行裂解加氢,直接转化成液体燃料,再进一步加工精制成液化石油气、汽油、喷气燃料、柴油等燃料油。间接液化是指将煤全部气化成合成气,然后以此为原料,在一定的温度和压力下,将其催化合成为烃类燃料油。

(2)气体合成喷气燃料(GTL)

气体合成喷气燃料主要是指天然气制合成油。GTL 产品的质量与煤间接液化合成喷气燃料基本一致,均被称为合成喷气燃料。由于天然气(主要是甲烷和一氧化碳)不含芳香烃等非理想成分以及硫、氮、镍等杂质,因此基于此技术的合成油更为切合当前发动机的环保要求,也为生产清洁能源提供了一种新的途径。GTL 生成技术也可分为两类:直接转化和间接转化。直接转化是不采用合成气生产装置,直接转化成喷气燃料,但由于天然气中的甲烷分子非常稳定,因此技术较难,且没有实现商业化。间接转化则主要是先生成合成气,然后再经费托合成技术制备合成油。

(3)生物喷气燃料(BTL)

生物喷气燃料是以大豆和油菜籽等油料作物、油棕和黄连木等油料林木果实、工程微藻等油料水生植物以及动物油脂、废餐饮油等可再生能源为原料制成的液体燃料，是优质的石油成品油代用品。相对于化石能源，生物质能源更加丰富，开发生物喷气燃料既能摆脱对化石能源的依赖，还能减少温室气体和污染排放，解决了能源危机和环境保护的双重问题。生物生产喷气燃料的途径有很多，如气化、厌氧消化、蒸馏和发酵等。生物质燃料作为一种环保、可再生的可替代石化燃料的新能源逐渐得到了全球的关注。目前，航空业的二氧化碳排放量占全球总排放量的 2%～3%，随着航空业的发展，这一比例还在不断上升。因此，生物喷气燃料的研制与推广急需攻克。

目前，生产技术和生产原料等生产成本偏高是制约生物航空燃料产业发展的主要问题。据相关资料统计显示，原料成本占生物燃油生产成本的近 80%，因此开发成本低廉的原料油是实现生物燃油工业化生产的关键。我国每年均会产生大量的废弃餐饮油，其中含有大量的动物油脂和植物油，可用于制备生物航空燃料。为此，利用废弃餐饮油制备生物航空燃料也是重要的研究方向之一。

1.3 航空燃料燃烧技术现状

1.3.1 燃烧诊断技术

燃烧诊断技术[18-30]是以光学方法[22]、声学方法[30]、数据图像处理技术[27]等为基础的一种综合性诊断技术，可以实现燃烧场温度、组分及浓度、火焰构造和流速等参量信息的精确测量，且测量对燃料燃烧过程基本无扰动。而这些参数的测量对于研究燃烧场的化学反应动力学过程、燃烧效率和污染控制等均有重要的意义。

基于光学原理的燃烧诊断技术主要有传统的光谱、色谱和质谱诊断技术，激光测量技术，全息干涉测量技术，红外辐射及颜色定量测量技术和基于 CCD 的三基色测量技术。目前主流的测试技术还是以激光为基础的激光测量技术[22-26]，如图 1.3 所示。具体的激光测量技术主要包括相干反斯托克斯拉曼散射（CARS）、自发（线性）拉曼散射（SRS）、自发振动拉曼散射（SVRS）、平面激光诱导荧光（PLIF）和 OH 示踪测速（HTV）等。将光测这种非接触性测量技术引入到燃烧学的研究，提高了对燃烧条件下各种参数测量的精度，发展了燃烧试验和诊断理论。

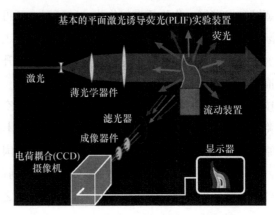

图 1.3　激光测量在燃烧诊断技术中的应用

传统的光谱、色谱和质谱诊断技术难以全面探测燃料燃烧火焰中从原子量级的自由基到复杂分子结构的多环芳烃的中间体构成，而同步辐射光电离具有波长可调、能量分辨能力高等优点。燃烧光束线站（图 1.4）将分子束、质谱结合应用于火焰化学结构以及燃烧中间产物的诊断中，开展了流动管热解、射流搅拌反应器低温氧化、层流预混火焰等一系列实验，研究了链烷烃、环烷烃、芳香烃、含氮燃料和含氧燃料等多种类型燃料的热解、氧化和层流预混火焰等燃烧体系，并获得了大量燃烧中间产物的定性和定量信息，为从本质上认识燃烧提供了强有力的支撑[29]。

图 1.4　合肥光源燃烧光束线站[29]

声学方法[30]的工作原理主要是基于声速传播时间与声速传播路径上的气体温度存在一定的关系，然后，可以通过测量声波穿过燃烧区域的传播时间来获取燃烧场温度的大小。

1.3.2　燃烧数值模拟技术

随着计算机的出现，Spalding、Partanker、Swithenbank 等科学家比较系统地将计算流体力学方法用在了燃烧相关领域的研究中，并建立了燃烧的物理模型和数值计算方法，形成了"计算燃烧学"这一重要学科分支，也促使人们对燃烧学的研究以及认知从定性到定量、从宏观到微观[33]。燃烧数值模拟技术可以概括为以计算机为重要工具，将流体力学、传热学、化学反应动力学和数值计算方法相结合，进而实现对化学流体力学基本方程高效、精确求解的理论和方法[17,31-35]。

通过对燃料燃烧的数值模拟，有助于认识诸如着火、火焰稳定燃烧、熄火等基础燃烧过程，并揭示其中的燃烧机理，还可探究燃气轮机、航空发动机等燃机装置中的工程燃烧问题[17,31]。另外，基于各种模型的数值解，可为验证、发展和优化理论燃烧模型提供参考；基于系统的数值模拟和规律探究，可以深入认知现有燃料燃烧的特性，进一步揭示其共性、寻找其差异，并为燃烧微观机制的认识提供直接的技术支撑；结合实际燃烧装置工况的数值模拟，还可为工业燃烧装置的设计和优化提供指导和理论分析依据，也是发展新型绿色可再生替代燃料和高性能燃烧器优化设计的重要研究手段。

如在燃气涡轮机、活塞发动机和航空涡轮喷气发动机等动力机械复杂系统研发中不仅要满足日益严格的低排放法规和广泛的燃油多样性要求，而且必须维持甚至提高系统的整体性能。另外，设计师还要高效地完成材料和化学过程设计，且尽可能地杜绝浪费和减少副产品。鉴于当今设计的复杂性和设计周期的紧迫性，仅仅依靠测试手段来进行精确的性能验证是不可行的。因此，基于准确的化学效应对实际动力机械内燃烧进行有效仿真不但可以以低成本的方式设计出性能优良的系统，而且大大缩短了设计研发的周期，并与测试手段形成了相得益彰的效果[36-42]。

随着计算机技术的发展和完善，数值模拟已成为与理论分析和实验技术并列的、独立的研究方法；尤其是对于目前实验技术尚无法达到的极端环境和严苛条件，数值模拟是首选的研究手段，更是实验研究不可或缺的重要补充。另外，燃烧仿真模拟能够使研发人员在不花费高昂费用建立实体样机的情况下研究和开发燃烧系统相关工作[38-45]。碳氢燃料燃烧的数值仿真要考虑流动方程和燃料燃烧的化学反应以及燃烧中各混合物的物理、化学性质。如图 1.5 所示为航空发动机数值模拟，可以通过云图直观地展示燃烧室内部流程、温度场和浓度场的实时分布，展现燃料在燃烧室内部喷射、雾化、掺混和燃烧的动态过程，实现发动机燃烧性能的重现和预测。

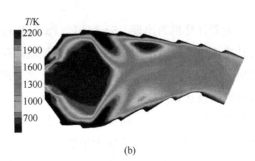

(a)   (b)

图 1.5   发动机燃烧室结构（a）和温度分布数值模拟示意图（b）[20]

数值模拟是对航空发动机燃烧过程进行全息化描述和诊断的有效手段，是先进航空发动机预先设计及优化的重要手段。我国也在积极研制具有自主知识产权并适于全速域航空发动机燃烧室的高保真全性能数值模拟软件系统，应用于多类型工程尺度燃烧室模拟，支撑我国航空发动机设计。

目前燃烧数值模拟的开展往往需要依赖成熟的计算机仿真软件，在燃烧领域中，相继出现了一批具有代表性的燃烧仿真软件，如 PHOENICS、Fluent、STAR-CD、CFX（FLOW-3D）、CONVERAGE、Compact、CHEMKIN、OpenFOAM、KIVA、FIRE 等[20,40-44]。燃烧仿真软件也致力于快速模型的发展、有效准确的求解技术、计算结果容易分析和解释以及良好的再开放环境。

以 CHEMKIN 软件为例，在其搭建燃烧仿真模型时，可以采用分级近似思想，能够把不同的理想反应器模型连接在一起解决复杂的工程问题，且不需用户再花费时间建立网格；在求解时，能够实现良好的刚性方程组求解方法、高效的体系结构，同时具有继续计算和重新开始计算的功能，且计算结果容易分析和解释。另外，为方便用户的使用，数据可视化和便捷的数据管理也被考虑在内[43,44]。

数值模拟技术也因此在各种工程应用中发挥了不可替代的作用[45]。在工程燃烧设计方面，基于燃烧仿真技术可探究改进反应器尺寸的影响，寻找工业过程的参数运行范围，确定过程的可替代性以及预测反应过程时间尺度上的可控制性等，还可基于工况运行条件变化的影响、过程参数扰动的敏感性分析，进而实现反应器的优化和改进；在燃烧动力学方面，可系统探究燃料燃烧和排放性能，对实验结果进行预测和重现，直接为燃烧模型假设和验证提供支撑，还可在燃烧化学机理的构建与简化方面起到关键作用。

参考文献

[1] 付伟, 李明, 陶志平. 世界航空燃料规格及进展[M]. 北京: 中国石化出版社, 2011.
[2] 关绍春, 刘多强, 赵军, 等. 喷气燃料发展概述[J]. 石化技术, 2008, 15(4): 48-51.
[3] 李娜, 陶志平. 国内外喷气燃料规格的发展及现状[J]. 标准科学, 2014(2): 80-83.
[4] 薛艳, 王树雷, 刘婕, 等. 未来空天时代航空燃料的发展趋势[C]. 中国化学会全国化学推进剂学术会议, 2011.
[5] 孙元宝, 邱贞慧, 徐克明. 美国军用喷气燃料的品种规格与发展[J]. 广东化工, 2014, 41(24): 57-58.
[6] 焦燕, 冯利利, 朱岳麟, 等. 美国军用喷气燃料发展综述[J]. 火箭推进, 2008, 34(1): 30-35.
[7] 熊中强, 米镇涛, 张香文, 等. 合成高密度烃类燃料研究进展[J]. 化学进展, 2005, 17(2): 359-367.
[8] 向海, 柳华, 陈凯, 等. 航空汽油发展概述及前景展望[J]. 化工进展, 2016, 35(8): 2393-2397.
[9] 曲连贺, 朱岳麟, 熊常健. 航空燃料发展综述[J]. 长沙航空职业技术学院学报, 2009, 9(2): 37-41.
[10] 赵晶, 郭放, 阿鲁斯, 等. 未来航空燃料原料可持续性研究[J]. 北京航空航天大学学报, 2016, 42(11): 2378-2385.
[11] 赵光辉, 姜伟, 牛欣宇, 等. 航空生物燃料制备技术及应用前景[J]. 中外能源, 2014, 19(8): 30-34.
[12] 郑东, 于维铭, 钟北京. RP-3 航空煤油替代燃料及其化学反应动力学模型[J]. 物理化学学报, 2015, 31(4): 636-642.
[13] 袁明江, 张珂, 孙龙江, 等. 我国航空汽油产业现状及发展趋势分析[J]. 中外能源, 2015, 20(7): 72-75.
[14] GB 1787—2018 航空活塞式发动机燃料
[15] 文东, 文昊, 徐光勇, 等. 生物质喷气燃料制备与应用研究进展[J]. 石化技术与应用, 2021, 39(3): 224-228.
[16] 李毅, 张哲民, 渠红亮, 等. 生物喷气燃料制备技术研究进展[J]. 石油学报(石油化工), 2013, 29(2): 359-367.
[17] 陶志平. 替代喷气燃料的进展及在我国发展的建议[J]. 石油炼制与化工, 2011(7): 91-96.
[18] Ju Y. Recent progress and challenges in fundamental combustion research[J]. 力学进展, 2014, 44: 201402.
[19] 齐飞, 李玉阳, 曾美容, 等. 燃烧反应动力学研究进展与展望[J]. 中国科学技术大学学报, 2013, 43(11): 948-958.
[20] 甯红波, 李泽荣, 李象远. 燃烧反应动力学研究进展[J]. 物理化学学报, 2016, 32(1): 131-153.
[21] Wang Z D, Herbinet O, Hansen N, et al. Exploring hydroperoxides in combustion: History, recent advances and perspectives[J]. Prog Energ Combust Sci, 2019, 73: 132-181.
[22] 刘晶儒, 胡志云, 张振荣, 等. 激光光谱技术在燃烧流场诊断中的应用[J]. 光学精密工程, 2011(2): 98-110.
[23] 庄逢辰, 李麦亮, 赵永学, 等. 基于光谱测量的燃烧诊断技术[J]. 装备指挥技术学院学报, 2002,

13(4): 32-36.

[24] 胡志云, 叶锡生, 刘晶儒, 等. 激光燃烧诊断技术及应用研究进展[J]. 中国工程科学, 2009, 11(011): 45-50.

[25] 李萍, 张昌华, 郑祖俊, 等. 瞬态光谱法研究碳氢燃料的点火及燃烧特性[J]. 光谱学与光谱分析, 2020, 40(10): 265-266.

[26] 杨春沪, 王淮生. 高温火焰温度场测量技术的发展现状[J]. 上海电力学院学报, 2008, 24(2): 149-153.

[27] 赵建荣, 杨仕润, 俞刚. CARS 在超音速燃烧研究中的应用[J]. 激光技术, 2000, 24(4): 207-212.

[28] 雍占锋, 常峥, 吴立志. 基于图像处理的火焰监测与燃烧诊断技术研究现状[J]. 北京石油化工学院学报, 2006(1): 42-46.

[29] 张李东, 王占东, 杨玖重. 合肥光源在反应动力学研究中的进展[J]. 现代物理知识, 2020(3): 41-44.

[30] 王棒, 李亦军, 王高, 等. 发动机燃烧室出口温度分布测试的新型传感器[J]. 中国测试, 2019, 45(8): 112-117.

[31] 苟小龙, 孙文廷, 陈正. 燃烧数值模拟中的复杂化学反应机理处理方法[J]. 中国科学: 物理学 力学 天文学, 2017, 47: 070006.

[32] 赵坚行. 燃烧的数值模拟[M]. 北京: 科学出版社, 2002.

[33] Stephen R Turns. 燃烧学导论: 概念与应用[M]. 3 版. 姚强, 李水清, 王宇, 译. 北京: 清华大学出版社, 2015.

[34] 方庆艳. 燃烧数值模拟方法与应用[M]. 北京: 中国电力出版社, 2017.

[35] 王星陈. 新型燃烧技术的数值模拟[D]. 济南: 山东建筑大学, 2020.

[36] 蒋勇, 邱榕. 耦合详细反应机理的低碳烷烃预混火焰结构三维数值预测[J]. 自然科学进展, 2002, 12(4): 442-445.

[37] 郑朝蕾. 正庚烷均质压燃燃烧反应动力学数值模拟研究[D]. 天津: 天津大学, 2005.

[38] 冯喜平, 何洪庆, 葛李虎. 预燃室三维湍流和燃烧过程的数值模拟(Ⅰ)计算模型和方法[J]. 推进技术, 2002, 23(2): 121-125.

[39] 陈海, 刘伟强. 前置凹腔微燃烧室氢气/空气预混燃烧的数值模拟研究(英文)[J]. Journal of Central South University, 2019, 26(8): 2259-2271.

[40] Lyczkowski R W. The Rise of the First Commercial CFD Codes: PHOENICS, FLUENT, FIDAP, CFX, FLOW-3D, and STAR-CD[M]. Springer, 2018.

[41] 胡升腾, 傅维标, 钟北京, 等. 液体燃料高温低氧燃烧的数值模拟研究[J]. 燃烧科学与技术, 2003, 9(3): 229-233.

[42] 方海鑫, 曾令可, 王慧, 等. FLUENT 软件的应用及其污染物生成模型分析[J]. 工业炉, 2004, 26(3): 31-34.

[43] Battin-Leclerc F, Blurock E, Bounaceur R, et al. Towards cleaner combustion engines through groundbreaking detailed chemical kinetic models[J]. Chemical Society Reviews, 2011, 40(9): 4762-4782.

[44] https://www.ansys.com/zh-cn/products/fluids/ansys-chemkin-pro.

[45] 俞刚, 范学军. 超声速燃烧与高超声速推进[J]. 力学进展, 2013, 43(5): 449-471.

第 **2** 章

航空燃料燃烧性能监测与分析

2.1 航空燃料燃烧过程

2.1.1 液体燃料的喷射与雾化

燃油液滴燃烧过程是一个液体燃料的物理与化学变化过程，大致可分为四个阶段[1-5]：液体燃料喷射、液体燃料雾化（破碎）、液体燃料蒸发、气态燃料化学反应，如图 2.1 所示。因此，可以看出航空燃料高效燃烧的关键和前提是必须完成良好的喷射和雾化，形成气态油气（气团），进而与空气掺混形成可燃气，之后再进入气相燃烧阶段。而实现液体燃料的喷射和雾化，需要借助燃油喷嘴来完成，因此，后面将主要围绕航空发动机燃油喷嘴来介绍航空燃料的喷射与雾化性能。

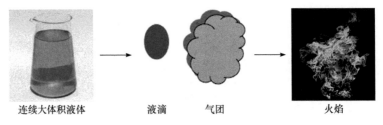

连续大体积液体　　　液滴　　气团　　　　火焰

图 2.1　液体燃料燃烧过程

在航空发动机及其燃烧室发展历程中，会遇到燃料燃烧效率低、高空点火能力差等诸多问题。这在很大程度上是由于喷油方法不当而引起的，因此，也促进了各种喷油方法的改进和新型喷嘴的发展。目前航空发动机领域常见的喷嘴类型有四种[2,4]：离心雾化喷嘴（pressure swirl atomizer）、空气雾化喷嘴（airblast atomizer）、甩油盘喷嘴（rotary atomizer）和蒸发管喷嘴（vaporizer atomizer），依次如图 2.2（a）～（d）所示。

为满足发动机燃烧室的需求，科学家们经过了无数次试验与应用，其中最出色的工作之一就是将简单的离心式喷嘴改进为双油路离心喷嘴（或称双油路双喷口的双级离心喷嘴），分别如图 2.3（a）、（b）所示[2,4]；双级离心喷嘴的应用使得发动机实现了在很宽的燃油流量范围内产生良好的雾化性能和高效稳定燃

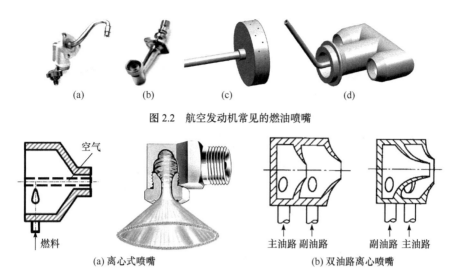

(a)　　　　(b)　　　　(c)　　　　(d)

图 2.2　航空发动机常见的燃油喷嘴

(a) 离心式喷嘴　　　　　　　　(b) 双油路离心喷嘴

图 2.3　离心式燃油喷嘴

烧。然而，随着航空科技的发展，在航空发动机高温、高压比、高负荷和燃烧室长度缩短的趋势中，由于燃烧室内压力升高，燃油喷射穿透度下降，造成喷嘴附近的火焰筒中心处因缺氧而形成富油区；这种过富的可燃混合气的燃烧会伴随着大量碳烟粒子的产生和发光火焰的出现，因此辐射大量热，进而引起火焰筒壁过热。同时采用离心喷嘴，燃油在主燃区中的穿透深度是燃油流量的函数，这意味着整个燃烧区中燃油分布会随供油量而变，相应的燃烧方式也随着燃油流量而变，这种变化导致了燃烧室出口温度场的变化。另外，狭小通道容易形成积炭和需要高压泵等，这些都是离心喷嘴的缺点。

为克服离心喷嘴的上述缺点，基于离心喷嘴而发展的空气雾化喷嘴应运而生。这种喷嘴的供油压力不要太高，压力低于 0.3～0.5MPa 也能满足工作所需。另外，空气雾化喷嘴不单依靠燃油压力使油膜失稳，还采用流动空气的动能剪切燃油射流或者燃油膜，使其成为缕，最后破碎成小液滴。常见的雾化喷嘴主要有两种类型[2,4]：旋流杯空气雾化喷嘴（GE 公司）和预液膜空气雾化喷嘴（P&W 公司），如图 2.4 所示。空气雾化喷嘴因燃油与空气预先混合，雾化特性好，油雾分布比较均匀，故燃烧时就会大大降低发烟与热辐射。该类型的喷嘴另一突出的优点是燃烧室出口温度场分布对燃油流量的变化不再敏感。因此，其目前也成为航空发动机上主流的喷嘴类型，得到了广泛的应用。

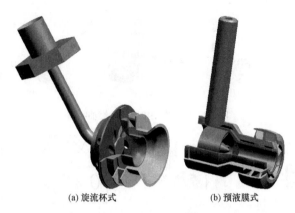

(a) 旋流杯式　　　　　　　　　(b) 预液膜式

图 2.4　空气雾化喷嘴

　　早期的航空发动机中，例如我国的 WP6、WP7，美国的 J47，俄罗斯的 VK-1 等均采用了离心式喷嘴；到 20 世纪 60 年代后，CF6-80、CFM56、GE90、PW4000、Trent、RB211、F100、F101、F404、F119、太行（WS10）等航空发动机均采用了空气雾化喷嘴。甩油盘喷嘴（rotary atomizer）是由法国 Turbomeca 公司研制的，主要用到 Marbore、WZ8、WJ9、F402、WP11 等类型的发动机上。蒸发管喷嘴（vaporizer atomizer）是英国 RR 公司研制的，主要用于 RB199、Pegasus、Mamba 等发动机。

　　所谓雾化就是利用喷嘴将液体燃料破碎为细小液滴的过程，其目的是增加蒸发表面积，强化燃料与气流的混合，从而保证燃料能够迅速、完全地燃烧。燃油有多种雾化方式，包括液压式、气动式和机械式等，但其基本原理是类似的，即使燃油形成良好的薄膜或射流，通过增强液流与气流的相对运动使薄膜或射流不稳定，导致破碎雾化形成液滴群[2,4]。雾化过程是受多因素（压力、喷嘴几何结构、燃油性质、气流速度、环境温度压力等）影响的复杂过程，因此，燃油雾化机理至今还没有形成系统的理论，通常采用半理论、半经验的方法研究雾化机理。

　　雾化大致过程如下：首先燃油在喷嘴内形成液膜或液柱，然后在喷嘴出口处，通过自身初始湍流和周围气体对射流的作用，液体表面产生波动、褶皱，最终分离出液体碎片或细丝。雾化过程若不考虑黏性力等其他因素，其主要受到表面张力和气动力的作用；表面张力的作用导致液体碎片或细丝收缩成球形液滴，气动力作用下大液滴进一步破裂成小液滴[2,4]。

　　雾化可分为初始雾化和二次雾化两个过程[2,4]。大量的实验研究表明，黏性力与表面张力在液膜破碎过程中起抑制作用，而液体密度的影响可以忽略不计；雾化过程归结为作用于液体的外力（气动力、惯性力等）与内力（表面张力、黏性力）之间相互作用的结果。

初始雾化：液体由喷嘴射出后，首先经过圆形射流或液膜，并发生破碎，产生大小形状各不相同、离散的液体大尺寸微团结构，包括团、块和滴。初始雾化涉及气动稳定性、空化、湍流等多种因素。

二次雾化：初始雾化产生的离散结构在运动中进一步破碎，形成更细小的液滴。二次雾化主要受气动稳定性的影响。初始雾化和二次雾化有较多相似之处，但是其基本机理有很大不同，初始雾化更为复杂。

（1）初始雾化

主要分为圆柱射流破碎和液膜破碎两种形式。

① 圆柱射流破碎。液柱破碎也是气动力与液体表面张力、黏性力等因素综合作用的结果。高速液柱与周围空气的相互作用使射流表面产生振荡与波动，形成不同结构的表面波；当表面波的振幅增大到一定程度时，液体射流就会发生破碎，分离出大量的液滴颗粒。

② 液膜破碎。主要有轮毂破碎、波浪破碎和穿孔膜破碎三种形式。

（2）二次雾化

二次雾化理论分析有两种：液滴受力分析和液滴能量守恒分析，下面以液滴受力分析为例进行介绍。对于低黏度液体，若忽略黏性力的影响，作用在液滴上的力就只有气动力与表面张力。因此，油珠破碎的原因主要是油珠表面的力——气动力和表面张力的竞争。气动力使油珠变形破裂，表面张力则保持油珠的完整性；油珠破碎的临界条件是气动力等于表面张力。此时引入了一个物理量——韦伯数（$We = \rho \upsilon^2 d / \delta$），其物理意义为作用在液滴上的气动力和表面张力之比。We越大，雾化条件越好，液滴破碎的可能性越大，平均直径越小。实验结果表明：当$8 < We < 10.7$时，液珠只发生变形而不破碎；当$10.7 < We < 14$时，液珠开始破碎；$We \geqslant 14$时，全部液珠破碎成细小的雾珠。

随着We增大，液滴的破碎可分为3种模式：袋状破碎（当$6 < We < 80$时，大液滴在迎风面凹陷成口袋状）、表面剥离（当$80 < We < 350$时，小液滴从液滴表面被剥离出来）和完全破碎（当$We > 350$时，完全破碎成为许多小液滴），如图2.5所示[2,4]。

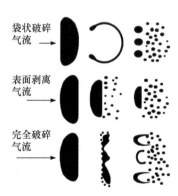

图 2.5　液滴的破碎[2,4]

2.1.2 燃料的蒸发与燃烧

2.1.2.1 液体燃料的燃烧过程

液体燃料的燃烧过程为：先蒸发、后燃烧。液体燃料的燃烧是扩散燃烧，其燃烧速度的快慢取决于液滴蒸发的快慢。油珠燃烧属于扩散燃烧，是一个复杂的物理化学过程，由于油的沸点低于其燃点，因此油滴总是先蒸发成气体，并以气态的方式进行燃烧。以单个液滴燃烧为例，其火焰锋面与油滴之间存在一定的距离，也即燃料蒸发的区域，如图 2.6 所示。

图 2.6 单个油珠液滴的燃烧

液滴群的蒸发和燃烧与单个液滴的燃烧情况有所不同，主要是因为液滴之间存在显著的互相影响和作用。主要考虑下面两个因素：临近液滴会影响物质（燃料、氧化剂）浓度分布，从而影响扩散速率；临近液滴会影响温度分布（特别是在燃烧时），从而影响换热速率。

燃烧是燃料与氧化剂之间发生的、放出大量热能的化学反应。按照燃料与氧化剂的初始混合状态不同，气体燃料的燃烧可以分为：扩散（diffusion）燃烧和动力燃烧[又称预混（premixed）燃烧]。燃烧燃料所需的时间为燃料与空气的混合时间与燃烧反应时间之和。

对于扩散燃烧来说，燃料与氧化剂一边混合一边燃烧，化学反应进行得很快，且远小于燃料与空气的混合时间，因此其燃烧的快慢主要取决于燃料和氧化剂的混合扩散速度，而与化学反应速度关系不大。

对于动力燃烧来说，由于混合过程已经完成或者说混合过程的时间很短，燃烧的快慢主要取决于化学反应速度（或化学动力因素），而与混合扩散过程关系不大。

2.1.2.2 扩散燃烧

扩散火焰的主要特征是燃烧开始之前燃料和氧化剂是分开的，它们一边混合，一边燃烧，其燃烧过程主要受扩散过程控制。扩散燃烧在工业炉窑、锅炉、燃气轮机、活塞发动机、本生灯等工程中的应用以及蜡烛火焰、煤炉等日常生活中的应用均十分广泛。

对于层流扩散火焰，其质量扩散以分子扩散的方式实现；而湍流扩散火焰，其质量扩散以气团扩散的方式实现。扩散燃烧的整个燃烧过程主要取决于燃料与氧化剂的混合过程，流动速度、流动状态和混合方式等起决定性作用，而化学动力学参数影响不大。因此，强化扩散燃烧的有效措施是加强混合过程，改善掺混条件。研究扩散燃烧的目的是：提高燃烧设备的热强度，扩大稳定运行的范围，提高燃烧效率，合理控制燃烧产物的成分。

理想的层流射流扩散火焰任意横断面的结构（即断面速度/浓度/温度分布），如图 2.7 所示。射流轴线上射流轴向速度 u 最大，沿径向逐渐下降，至射流边界处速度最小；射流轴线上燃料浓度 Y_F 最大，沿径向逐渐下降，至火焰前沿面处燃料浓度为 0；环境处氧化剂浓度 Y_{ox} 最大，沿着轴向逐渐下降，至火焰前沿处氧化剂浓度为 0；火焰前沿是反应中心，温度最高，此温度 T 也为燃料的理论燃烧温度。

实际射流扩散火焰，如图 2.8 所示。火焰前沿（火焰面）是有一定厚度的（AB 之间的距离），且燃料和氧化剂的反应速度不是无限快；在火焰前沿内，燃料和氧化剂浓度分布曲线呈交叉状；反应在有限空间内发生，并对相邻的区域有散热，燃烧达到的最高温度低于理论燃烧温度；火焰前沿靠近燃料一侧，燃料浓度比氧化剂浓度大很多，在高温缺氧条件下将产生热分解，生成固体炭，在火焰前沿内固体炭呈明亮的淡黄色火焰，有较高的辐射强度。

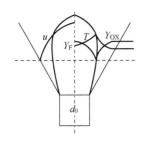

图 2.7　理想射流火焰

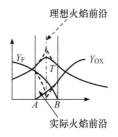

图 2.8　实际射流扩散火焰

随着喷嘴气流速度增加，层流燃烧过渡到湍流射流扩散火焰，如图 2.9 所示。湍流扩散火焰的前沿不像层流区的火焰那么光滑，而是颤动、皱折、破裂的，因此测定湍流火焰高度不容易。另外，湍流扩散火焰的前沿厚度较宽，并处于激烈脉动中。湍流扩散火焰的高度与射流速度无关，主要与喷嘴直径成正比。

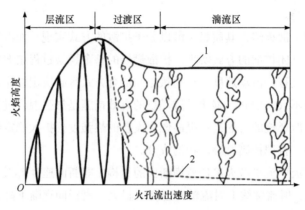

图 2.9　从层流燃烧到湍流燃烧[4]

湍流扩散火焰的高度与气流流量大小的关系如图 2.10 所示。在低流量时，火焰为层流，火焰高度与初始喷口直径无关，与流量大小有关；流量增加时，湍流开始影响火焰高度，出现过渡区，之后湍流速度增加引起充分的湍流火焰，此时的火焰长度比层流火焰短；流量继续增加，火焰的高度保持常数（管径较小时）或者增长速度变小（管径较大时）。

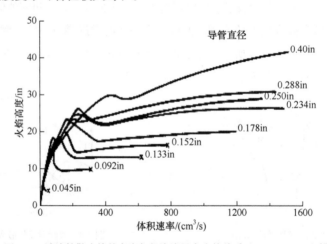

图 2.10　湍流扩散火焰的高度与气流流量大小的关系（1in = 2.54cm）[4]

2.1.2.3　预混燃烧

预混燃烧是燃料与氧化剂预先混合均匀（形成预混可燃气），然后再点火燃

航空燃料燃烧及其化学动力学

烧的过程。根据火焰前沿是否移动，火焰类型分为移动火焰与驻定火焰两种。按照预混气流动的快慢，可分为层流预混燃烧和湍流预混燃烧。虽然工程中常见的是湍流火焰，但需要注意的是层流火焰的研究是湍流火焰的基础，具有很强的应用。

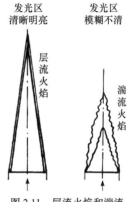

发光区清晰明亮 层流火焰

发光区模糊不清 湍流火焰

图 2.11　层流火焰和湍流火焰外形的对比

层流预混火焰：火焰锋面光滑，焰锋厚度很薄，火焰传播速度小（20～100cm/s）。湍流预混火焰：火焰长度缩短，焰锋变宽，并有明显的噪声，焰锋不再是光滑的表面，而是抖动的粗糙表面，但其火焰传播速度较快，是层流火焰的好几倍。两者的对比如图 2.11 所示。

湍流预混火焰传播可以描述为**在湍流流动中传播的薄的层流预混火焰**。湍流流动使火焰发生了扭曲，扭曲的程度则取决于当地的湍流程度。湍流火焰传播速度：当坐标系固定在火焰面上时，未燃气体垂直进入火焰面的速度是火焰传播速度 S_T。

$$S_T = \frac{m}{A\rho}$$

式中，m 为流入火焰面的未燃气体质量流量；A 为表面积；ρ 为未燃气体密度。湍流火焰表面积的确定是关键。

湍流火焰比层流火焰传播快的原因：湍流流动使火焰变形，火焰表面积增大，因而增大了反应区；湍流加速了热量和活性中间产物的传输，使反应速率增大，即燃烧速率增大；湍流加快了新鲜空气和燃气之间的混合，缩短了混合时间，提高了燃烧速度。

湍流火焰理论正是基于以上概念发展起来的。湍流火焰传播理论主要有两种[2,4]：表面皱折理论（邓克尔和谢尔金）和容积燃烧理论（萨默菲尔德和谢京科夫）。湍流的作用是使原来的层流火焰前锋皱折或者变形。当变形不太厉害时，湍流的火焰结构就落入所谓的皱折层流火焰模式；当变形程度厉害时，已燃区和未燃区的边界不再连续，在已燃区能找到孤岛式未燃气团，在未燃区也能找到孤岛式已燃气团，此时湍流火焰为容积燃烧模式。两种模式之间还夹杂着涡团小火焰模式。

2.2 航空燃料燃烧特性

着火、熄火和火焰稳定是燃烧反应流动控制方程组中与源项有关的特殊问题。着火是从无化学反应到稳定强烈的放热反应的过渡过程。熄火是从稳定强烈的放热反应到无化学反应的过渡过程。火焰稳定是高速气流中保持一定燃烧反应速率的过程。

2.2.1 燃料的着火

着火方式可分为自燃和点燃两种[2,4]。链锁（化学）自燃：不需要外界加热，在常温条件下依靠自身的化学反应发生的着火过程。热自燃：将燃料和氧化剂混合物迅速而均匀地加热，当混合物被加热到某一温度时出现火焰。链锁自燃与热自燃均为整个空间的着火过程，链锁自燃基于链锁反应机理，热自燃基于热活化机理，但前者也有热的作用，后者也有活性中间产物的作用。点燃（强迫着火）：用电火花、电弧、热板等高温源使混合气局部受到强烈的加热而先着火，然后火焰传播到整个空间。

热自燃与点燃的区别在于整体加热与局部加热，着火机理均基于热活化。影响着火与熄火的因素主要有两大类：燃料性质、混合气成分、环境温度等化学动力学因素；气流速度、燃烧室结构尺寸等流体力学因素。

自燃临界条件（燃烧能够发生的条件）：容器内均匀混合气的化学反应放热 q_r 大于或者至少等于混合物向容器外的散热 q_1，即 $q_r \geqslant q_1$。这里的自燃临界条件与着火温度有着密切的关系，学者们认为提出着火温度不准确，应该提出着火条件；当系统的初始环境状态参数如压力、温度等满足一定条件时，系统就处于着火状态。

着火边界是指燃烧系统初始参数的相互组合，使系统达到着火临界条件时，这些参数构成的曲线。初始温度越高越容易着火，初始压力越大越容易着火；燃料燃烧不存在着火温度，只有着火边界的概念。燃烧系统中反应物浓度对着火边界的影响：系统初始浓度越接近化学当量比则越容易着火。

着火感应期（τ）：即使燃烧系统初始参数的状态在 $t = 0$ 时刻满足临界着火条件，燃烧也不会立即发生，直到 $t=t_c$ 时刻，温度升至 T_c 时才发生燃烧，这种现象称为着火延迟；混合气由初始状态 T_0 达到温度 T_c 急速上升所经历的时间，称为着火延迟感应期或者着火延迟时间。着火延迟与初始温度、压力、燃料热值、化学反应速率有关。另外，化学反应速率也要受到压力、温度的影响。

点燃是日常生活中常见的着火情况。点燃是指系统均匀混合气中某一点处出现局部高温区（也称为点火源），造成局部的剧烈燃烧反应，且当移走点火源后，燃烧现象可以持续下去的着火形式。常见的点燃形式主要有如下三种：

① 炽热物体点燃：可用金属板、柱、丝或球作为电阻，然后通以电流（或用其他方法）使其炽热成为炽热物体。

② 电火花点燃：利用两电极空隙间高压放电产生的火花使部分可燃物质温度升高产生着火。

③ 火焰点燃：火焰点燃是先用其他方法点燃一小部分易燃的气体燃料以形成一股稳定的小火焰，然后以此作为能源去点燃其他不易着火的可燃物质。

点燃的临界条件：点火源局部高温诱发的燃烧火焰能够传遍整个燃烧系统。点火源局部高温能够诱发附近可燃介质燃烧；燃烧火焰能够传遍整个燃烧系统。对于均匀混合、静止的可燃气，一旦点火，则火焰可以在整个燃烧系统中传播；对于非均匀混合、运动的可燃气，点火成功的关键有可能不在于局部燃烧的发生，而在于局部的火焰能否顺利传播。

对于电火花点燃来说，存在最小点火能量这一说法。实验表明，当电极间隙内的混合气压力、温度、混合比一定时，要想形成初始火焰中心，电极能量必须有一最小值。放电能量大于此最小值，初始火焰才能形成。这个必须的放电能量就是所谓的最小点火能量。可燃混合气的混合比、压力、初温等都不同程度地影响着最小点火能量。

可燃性：燃料与氧化剂的混合物在点火的情况下，如果会产生自持的燃烧波（爆燃波或爆震波）或者爆炸（均匀燃烧），那么就称其具有可燃性。混合物的可燃性取决于点火源和容器特定的几何外形。

可燃极限：在一定的温度或压力条件下，并不是所有混合气成分都能够着火，而是存在着一定的浓度范围，超出这个范围，混合气就不可能着火。在特定的燃烧环境下，都存在某种浓度的边界，当燃料浓度在边界之外时，燃料不能被点燃；

贫油可燃边界<点燃<富油可燃边界。推荐的实验测定方法[2,4]：在一根直径为 2in、长度为 4ft（1ft=0.3048m）的石英玻璃管中充满特定的可燃混合气，然后用能量足够大的电火花点火，观察火焰是否能够传播。

实验结论：大多数燃料的可燃性边界一般在当量比 0.5～3.0 左右。对于大多数燃料，其贫油可燃性边界（燃料体积分数）与燃料热值（kcal/mol）的乘积约为 1100，可以依据该规律来预测燃料的贫油可燃界限。影响可燃性边界的因素：温度可以拓宽燃料的可燃性边界，随着温度的增大，燃料的贫油可燃性边界和富油可燃性边界均得到了拓展；压力同样可拓宽燃料的可燃性边界，但是其主要显著拓宽了富油可燃性边界，贫油可燃性边界基本不变；可燃气的运动速度则对可燃性边界不利，随着其增大，燃料的贫油和富油可燃性边界均明显收缩。

2.2.2 燃料的稳定燃烧

火焰稳定是指火焰在某个空间位置驻定燃烧，而火焰不稳定是指火焰不能在空间任何位置驻定[2,4]。燃烧不稳定是指在有火焰的前提下，火焰的脉动程度。火焰稳定的现象是没吹熄（脱火）、没回火，且火焰区位置和体积稳定。而影响回火与脱火的因素主要是空气与燃料的浓度比、喷嘴直径、混合气的流速等。

低速气流下火焰稳定的条件是：流场中必须存在 $u = S_L$ 的点（u 为未燃气的流速，S_L 为火焰的传播速度），这些点构成点火源；流场中的参数要分布均匀，保证火焰能够按余弦定理传播。

高速气流下火焰稳定的关键是寻找稳定的点火源。高速气流下有两类火焰：管外和管内燃烧。对于管外燃烧，其主要稳定技术是强化底缘点火，常采用的是袖火结构。袖火结构是指在高速区外围增设低速区（环缝），使得环缝处的浓度高且速度小，从而构造新的稳定点火源。

对于管内燃烧，构造点火源的关键则是在管内构建一个低速区。而形成低速区的方法有多种，如在管内设置稳焰器，使得在气流流场中形成回流区，利用回流区的高温热源作为连续点火的热源区，使火焰保持稳定。另外，还可采用旋转射流或逆喷射流稳焰。旋转射流不仅可以有较大的喷射扩张角，使得射程较短，能够在较窄的燃烧空间中完成燃烧过程，而且在强旋流内部易形成一个回流区；同时由于其具有较大的卷吸作用，可使大量高温燃气回流至火焰根部，保证燃烧及时、顺利地着火和火焰稳定。常见的有突扩、偏转和凹壁结构（台阶稳定器）稳焰，旋转气流装置（旋流器）稳焰等。

2.2.3　燃料的熄火

熄火是指燃烧向不燃烧的跨越，其条件是燃烧反应的放热小于或者等于系统向外界的散热[2,4]。临界着火点和临界熄火点满足的条件相似，只是两者的燃烧反应速率不同。对于任何一个燃烧装置，其着火边界和熄火边界都具有很好的相似，但两者的差异还是很显著的。着火过程因为初始条件差，故其要求高；而熄火因为初始条件好，故要求低。另外，混合气的初温、浓度、流速和混合气性质对着火与熄火都有影响。

发动机上常用的典型熄火途径：减油门、燃烧室内降温（如喷水）、降压、增加流速、燃烧室外降温、缩小燃烧室体积与横截面积之比等。燃烧系统主要包括供油量、系统压力、温度、流速对熄火的影响。导致燃烧熄火的途径有：散热量不变时，减小燃烧反应放热量；放热量不变时，增大系统向外界的散热量。供油量的影响：减少供油量，会使燃料的浓度降低，导致燃烧反应速率降低，使燃烧反应放热量下降，导致熄火。系统压力的影响：系统压力降低，同样导致反应物浓度降低，使燃烧反应放热量下降，导致熄火。熄火时的压力小于着火时的压力。温度的影响：外界温度降低，使系统向外界的散热量增大，从而导致熄火。流速的影响：系统流动速度增大，会导致换热系数增大，从而使系统向外界的散热量增大，导致熄火。

除了系统状态参数对熄火特性有影响之外，系统的几何参数也会对熄火特性产生影响；减小系统的特征时间尺度，导致系统的面积/体积比增加，从而使系统向外界的散热增加，导致熄火。当管径或容器尺寸小到某个临界值时，由于火焰单位容积的散热量太大，生热量不足，火焰便不能传播。这个临界管径叫淬熄距离 d_q。

2.3 燃烧性能的影响因素

初温较高，燃料、氧化剂浓度接近化学恰当比，混合气流速低或活化能小等因素均会使着火过程容易实现，亦即有利于稳定燃烧[2,4]。

2.3.1 压力的影响

一般情况下，压力越高，燃料的组分浓度也越大，对化学反应速率越升高有利，有利于燃料的自点火性能，燃料的点火延迟时间会较短。

压力可以拓宽燃料的可燃性边界，尤其是富油可燃性边界可有效拓宽，但对贫油可燃性边界的影响不显著。

压力对火焰传播速度的影响较小，S_L 正比于 $p^{n/2-1}$（n 为反应级数）。一级反应，压力增加，层流火焰传播速度下降；二级反应，与压力无关。

2.3.2 温度的影响

初始温度对燃料的燃烧性能影响显著，初始温度升高，燃料的绝热火焰温度升高、燃烧反应速率增大，导致火焰传播速度变大，燃料的点火延迟时间也会显著缩短。火焰温度增加按指数规律影响火焰传播速度，可见 S_L 主要受火焰温度的影响。温度可以拓宽可燃性边界。

2.3.3 可燃混合气特性的影响

燃料的分子量越大，可燃性的范围就越窄。对于饱和碳氢化合物（烷烃类），其最大火焰速度（0.7m/s）几乎与分子中的碳原子数 n 无关；而对于一些非饱和碳氢化合物（无论是烯烃还是炔烃类），碳原子数较小的燃料，其层流火焰速度却较大。当 n 增大到 4 时，S_L 的值将陡降；之后，随 n 进一步增大而缓慢下降；直到 $n \geqslant 8$ 时，就接近于饱和碳氢化合物的 S_L 值。可燃气的运动速度减小可燃性边界。

2.3.4　掺混物的影响

惰性物质，如氮气、氩气等，一方面直接影响燃烧温度从而影响燃烧速度；另一方面，通过影响可燃混合气的物理性质（热扩散系数）来（明显）影响火焰传播速度。惰性物质的加入，将使可燃界限缩小，导致最大的火焰传播速度值向燃料浓度较小的方向移动。

但是加入活泼的掺混物，如氧气、H_2 和 C_2H_4 等，对燃烧性能具有明显的促进作用。

2.4　航空燃料燃烧污染物性能

2.4.1　燃料燃烧污染物特性

燃烧污染排放对人类健康的危害和环境造成的污染受到公众的关注。污染物排放相关法律法规的出台，促进了燃烧技术的进步。民用航空已逐渐成为增长速度最快的能源消耗者，因此航空燃气轮机的污染排放问题及控制技术越发受到关注。航空燃气轮机的排放物主要有：CO_2、H_2O、CO、UHC、碳烟、NO_x。国际民航组织 ICAO 专门为航空燃气轮机排放的主要污染物 CO、UHC、碳烟、NO_x 制定了排放标准，这几种成分也称为航空燃气轮机排放的主要污染物。

按照行程过程分类有：一次污染物和二次污染物。一次污染物指直接从污染源排放到大气中的污染物质，如 CO、NO_x、颗粒物等。二次污染物是指进入大气中原始污染物之间相互作用或与大气中的正常组分发生一系列化学或光化学反应生成的新的污染物，如臭氧、醛类。

　　按存在状态分类有：颗粒状污染物和气态污染物。颗粒状污染物指除纯水以外的任何一种在正常状态下以液态或者固态形式存在于大气中的物质，如尘、烟、雾等。气态污染物指以 NO 和 NO_2 为主的含氮氧化物，碳的氧化物 CO、CO_2 和碳氢化合物等。

　　航空燃气轮机污染物排放的特点：虽然燃气轮机的排气污染只占全球燃料污染物的很小一部分，但是它具有排气地域集中和高度集中的特点。主要集中在北纬 30°～60°之间；高度集中在距地面 9～11km 的区域[4]。

2.4.2　燃料燃烧污染物形成机制

2.4.2.1　CO 的生成机理

　　燃烧化学反应动力学研究表明，CO 是碳氢化合物氧化反应的重要中间产物，也是主要的污染物之一。任何碳氢燃料的中间过程都会产生 CO，排气中的 CO 常常与燃烧不完全有关。航空发动机燃烧室内 CO 的分布如图 2.12 所示。产生 CO 的途径如下：主燃区燃烧不完全，生成 CO；富油燃烧，氧气不足导致 CO 生成

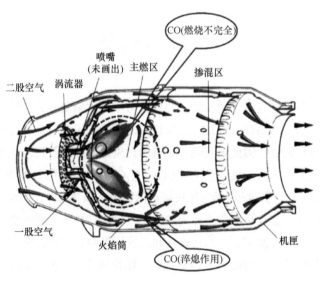

图 2.12　发动机燃烧室中的 CO 分布

CO_2 的反应中断；火焰末端靠近火焰筒内壁，由于气膜冷却气体的淬熄作用，导致 CO 生成 CO_2 的反应中断；化学恰当比下燃烧，CO_2 的高温裂解也会生成 CO。

CO 生成机理的详细过程虽然尚未完全弄清，但是一般认为其生成步骤如下（R 代表烃基）[1,2,4]：

$$RH \longrightarrow R \longrightarrow RO_2 \longrightarrow RCHO \longrightarrow RCO \longrightarrow CO$$

CO 的形成和破坏过程都是受化学反应动力学机理控制的，是碳氢燃料燃烧过程中的基本反应之一。燃料最初生成 CO，CO 的生成速率比 CO 氧化成 CO_2 的速率要快。CO 氧化成 CO_2 的主要途径如下：

$$CO + OH \Longleftrightarrow CO_2 + H \tag{2-1}$$

$$CO + H_2O \Longleftrightarrow CO_2 + H_2 \tag{2-2}$$

式（2-1）在较宽的温度范围内起主要作用，在温度较低时式（2-2）起作用。

CO 产生量的影响因素主要有当量比、压力、温度、雾化等。不同压力条件下的试验结果表明，在主燃区当量比 0.8～0.9 时，CO 产生量最低；低当量比导致低燃烧效率，高当量比导致 CO_2 分解。压力高，CO 产生量降低，主要是因为低当量比，高压力加速了 CO 转化成 CO_2；高当量比，高压力减少了 CO_2 的分解。在相对很"冷"的气膜空气里淬熄，会导致化学反应冻结，从而产生大量的 CO；雾化越好，蒸发越迅速，CO 产生量越低。

2.4.2.2　UHC

UHC 指未燃碳氢化合物（或 HC），主要是燃烧室出口未完全燃烧的燃油颗粒、燃油蒸气以及在燃烧过程中裂解的小分子燃油成分。影响 UHC 机理的更多是物理过程，影响其生成的因素与 CO 类似，但更为复杂。当燃烧室采用不同燃料时，UHC 排放和 CO 排放具有相同趋势。

2.4.2.3　碳烟颗粒

燃烧室排气冒烟是主燃区形成碳烟（soot）以及在以后的高温区被氧化的结果。碳烟的形成与局部燃料过富、温度过高有关，因此会在喷嘴下游（这里高温缺氧）产生。碳烟的主要成分是碳。碳烟是化学反应非平衡产物，更多地受物理过程控制，如燃料喷射、蒸发、掺混等过程[1,2,4]。

Tree 等[6]给出的碳烟形成路径，如图 2.13 所示。虽然人们在 PAHs 和碳烟的生成与演化过程方面有一定的认识，但对实际燃料燃烧过程中的细节不是十分了解，对于碳烟的形成过程认识仍然是一个较大挑战。

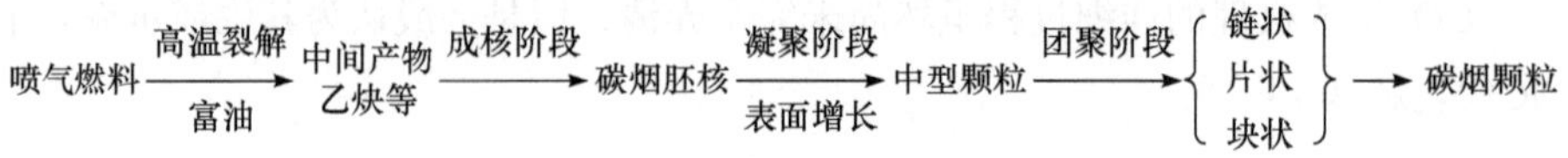

图 2.13　从气相到固体附聚颗粒的碳烟形成过程示意图[6]

冒烟的主要影响因素较多。压力、当量比等均是影响碳烟生成的因素，尤其是对于压力雾化喷嘴来说，压力越高，冒烟越严重。这主要是因为压力增加，拓宽了燃烧稳定工作边界，在常压下不能燃烧的富油工况，亦能燃烧，增加了冒烟；压力增加，燃烧会更早发生，在燃料射流根部就开始着火，而此区域中混合气的当量比是极度富油的状态；压力增加，燃油穿透变差，燃油喷雾角变小，增加了冒烟。对于气动雾化喷嘴，压力增加的影响对冒烟并不显著。在当量比较小时，压力对冒烟的生成基本没有影响；而当量比较大时，随着压力的增大，冒烟则会急剧增大。这是因为当压力增加时，拓宽了可燃气的可燃性边界，导致燃烧发生得更早，且更加靠近喷嘴；而该区域富油、温度高，利于碳烟的生成。燃油雾化越好，冒烟越少。

2.4.2.4　氮氧化物

了解 NO_x 的形成过程，对有效控制 NO_x 的排放非常重要。在氮氧化物中，NO 占 90%以上，NO_2 占 5%～10%。根据 NO 和 NO_2 的热力学平衡分析：平衡时，NO 的浓度随温度升高迅速增大，NO_2 的浓度随温度升高而降低。燃烧过程中 NO 的生成有以下 3 种途径[1,2,4]：燃料型 NO（fuel NO），由燃料中的氮化物热分解后氧化产生；快速型 NO（prompt NO），由空气中的 N_2 与燃料中的碳氢离子团（CH^{-1} 等）反应产生；热力型 NO（thermal NO），由空气中的 N_2 在高温下氧化而成。

2.4.2.5　低污染物控制

CO 和 UHC 主要生成在低功率状态下，而碳烟和 NO_x 主要生成在大功率状态下。因此对于燃气轮机燃烧室来说，同时降低这四种污染物是不可能的。降低污染排放的原理：实际采用折中的办法，将燃气轮机的主燃区温度和当量比控制在一定范围内，将四种排放污染物的总生成量保持在一个较低水平。如图 2.14 所示，在主燃区寻找一个合适的当量比，使得污染物排放的总量比较小。同时还需要满足燃烧室的其他性能要求[1,2,4]。

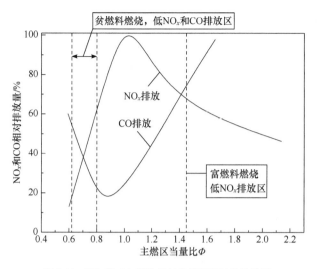

图 2.14 NO$_x$ 和 CO 排放量与主燃区当量比的关系

低污染燃烧室研发上的难度非常大,不仅需要整个工作状态污染排放低(油气比变化在 2.5 倍以上,压力 40 倍,温度 3.5 倍,空气流量 10 倍,油流量 20 倍),还要满足燃烧室的其他基本要求,如点火、熄火、壁温、出口温度分布,持续增高的压力和温度下降低污染。目前主要的低污染燃烧技术有以下几类[1,2,4]:分级燃烧(staged combustion)、贫油直接喷射燃烧(lean direct injection,LDI)、贫油预混合预蒸发燃烧(lean premixed prevaporized,LPP)、富油燃烧-急冷-贫油燃烧(rich quench lean,RQL)。

2.5 燃料燃烧性能监测

2.5.1 点火延迟时间

2.5.1.1 激波管

激波管是一种常用的燃烧反应动力学实验装置[7-11],如图 2.15 所示。它通常需要与光谱和色谱等诊断方法相结合来完成燃烧诊断。激波管可以精准控制初始温度和压力条件，其温度范围为 500~5000K，压力可从低压到 5×10^7Pa 或更高的压力。此外，由于激波管可以达到近瞬态加热，并且在反射激波后流体性质稳定，因此可以用于研究燃料的气相化学反应过程，可精确测量反应速率常数、组分浓度随时间的变化趋势以及点火延迟时间等。近年来，Hanson 等[10]将窄缝宽、连续、高灵敏度、紫外到红外广波段范围的激光诊断方法应用于激波管反应研究，完成了对包括 OH、CH_3 等活泼自由基和 CO、CO_2、H_2O 等稳定组分在内的二十余种燃烧产物的检测。

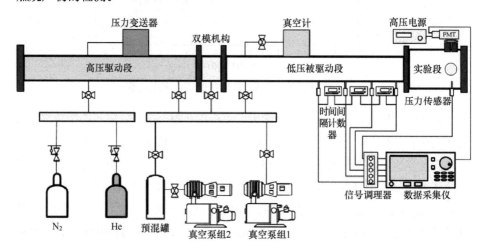

图 2.15　着火延迟时间测量装置示意图[11]

在激波管的不同部位设置监测装置，即可测量不同时间的反应物或中间物、产物的浓度，以研究高温反应。因其升温速率非常快，约 1ns，又不需要特殊的热源，初温和高温间可产生任意所需温度的激波，适于研究气相高温（1200~2500K）快速反应。

2.5.1.2　快速压缩机

快速压缩机（RCM）也常用于燃料基础燃烧性质的研究，它与激波管类似，也是一种可以测量燃料点火延迟时间和点火过程的实验装置，其最大压力范围比激波管更大[12]。RCM 主要利用外力推动活塞运动，模拟实际发动机中的"压燃"过程来实现对燃料的点火，可以实现对燃料点火延迟时间和反应产物等性能的研究。RCM 通常用在较低温区和高压环境下燃料自点火试验中，因为在较低温度下，

航空燃料燃烧及其化学动力学

激波管中的混合气在较高压力下会液化变为液滴，影响实验的精确性；而快速压缩机可以在常压下将燃料汽化并保持较长时间，其高压过程仅在几毫秒内发生，因此就算燃料有小范围的液化对实验结果也影响不大。另外，快速压缩机与激波管还均可通过使用高速摄像机来对燃料在反应器中的具体燃烧过程进行精确拍摄及分析，从而获得燃料的火焰传播速度数据。

快速压缩机（RCM）可以直接用于高温高压下碳氢燃料燃烧整体参数的测量。快速压缩机先利用外力推动活塞快速运动，再通过压缩冲程实现预混气的压缩、点火和燃烧过程。快速压缩机测量持续时间长（超过10ms），可以将混合气均匀、绝热压缩至高温高压状态，其工作原理类似于内燃机，因而能够模拟实际发动机中的进气、压缩、燃烧、膨胀等过程，同时又能精确控制燃烧室的各个反应指标，是一个进行发动机燃烧和点火研究的理想手段。但是由于热损失和流动性的特性，通过快速压缩机很难直接获得详细的化学反应信息。通常快速压缩机能够研究的温度和压力范围分别为 600~1000K 和 1~6MPa，实验时间为 1~200ms。

2.5.2 层流火焰传播速度

层流火焰速度是研究燃料燃烧的一个基本特性参数，其主要受到当量比、压强和温度的影响[13,15]。根据定义，层流火焰速度（S_L）为一维平面预混火焰的火焰面相对于来流未燃预混气体的速度。标准条件下（大气压力、初始温度为298K）的层流火焰速度是研究燃料燃烧特性非常重要的参数，对于理解燃烧化学以及模型研究具有十分重要的意义。

2.5.2.1 定容弹法

利用定容燃烧弹[14]测量 S_L 较为成熟，其主要采用高速摄影或者纹影法记录火焰发展的历史图像，可以观察并记录下定容弹内火焰从点燃到熄灭的整个过程；然后通过图像处理和理论分析，可确定火焰拉伸与火焰传播速度的关系；最后通过外推得到无拉伸条件下的火焰速度，即 S_L。图2.16是典型的定容弹法测量火焰传播速度的实验装置示意图。

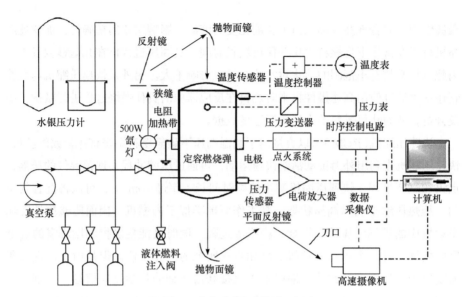

图 2.16　定容弹法实验装置示意图

2.5.2.2　对冲火焰法

对冲火焰法[15]是 20 世纪 80 年代发展起来的测量层流火焰传播速度、熄灭极限和其他基础燃烧数据的一种方法，如图 2.17 所示。在测量预混气体的层流火焰速度时，可燃气体分别通过隔隔一定距离的两个喷嘴对称喷出，经点燃后，两个火焰依靠流体的拉伸（或张力）稳定在两个喷嘴之间；理想状态下这两个平面

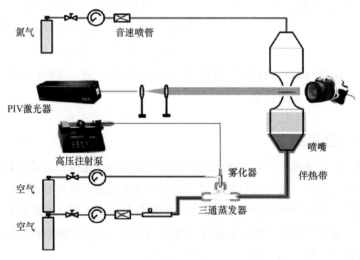

图 2.17　实验装置系统示意图[13,15]

火焰是上下对称的，且火焰之间没有导热等损耗，这样就可以得到一维平面、定常、层流、准绝热、外部流场作用可以定量描述的理想预混层流火焰面，并利于采用 LDV 或者 PIV 激光法进行光学测量，可测得喷嘴间流场中心轴线上的速度分布，通过线性或者非线性外推即可获得 S_L。

另外，还可以基于该对冲火焰装置来测量预混和扩散火焰的熄灭极限。对于预混火焰，可以在固定的燃料浓度情况下，逐步加大喷嘴燃气出口速度，或者在固定的出口速度下，逐渐减小燃料浓度，最后得到火焰熄灭时的一组燃料浓度和流场拉伸率（由出口速度换算或者流场测量获得）数据，该拉伸率则称为相应的燃料浓度（化学当量比）下的熄灭极限；对于非预混火焰（扩散火焰），测定熄灭极限的方法和预混火焰基本一致，区别仅在于在预混火焰中，两个喷嘴出口均是燃料和空气或者氧气等氧化剂的气体混合物，而在非预混火焰中，燃料和氧化剂分别从两个喷嘴喷出，如图 2.18 所示。

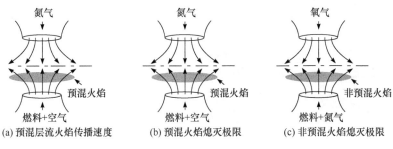

图 2.18　实验测量示意图[13]

2.5.3　组分浓度

2.5.3.1　流动管反应器

流动管反应器[16]是一个用于研究燃料燃烧化学过程的连续型管式反应器，通过向反应器中不断补充反应物来不断获取相应的产物，只要在流动管反应器一端不断加入燃料和氧化剂，反应器中的反应就会不断进行，而且该反应器可同时用于气体及液体的燃烧。与之相对的是间歇性反应器，这类反应器内的燃料及氧化剂是一次性添加完成的，反应完成后就会被移出反应器。

在燃烧反应动力学研究中，流动管通常与各类检测仪器相连接配合使用，从而可以实现在产物与外界环境不接触的情况下对其直接进行检测。需要注意的是，流动管反应器内部的温度场通常是不均匀的，因此在实际使用过程中需要对其温度场进行精确测量，从而得到动力学模拟时所需的温度参数。

2.5.3.2 射流搅拌反应器

射流搅拌反应器（JSR）[17-20]如图 2.19 所示。燃料、氧化剂和氮气等载气的混合气体从 JSR 的一端管路通入，经过预热段加热后进入反应器，并通过四个分支形成射流，然后进入温度分布均匀的反应器中进行反应；反应后的气体经反应器的另一端口排出，并采用分析仪器对其燃烧过程和燃烧产物浓度等性能进行定性定量分析。

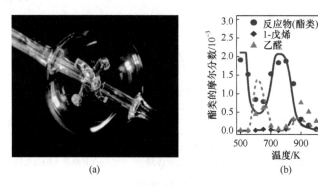

图 2.19 射流搅拌反应器[19]及实验曲线图

射流搅拌反应器与流动管的不同之处在于其内部的喷口可以将燃料及氧化剂均匀混合，使 JSR 的球体内达到均相。需要指出的是均相气体反应对于化学反应动力学研究是十分有利的，而流动管反应器则很难保证其内部浓度场的均匀性。

2.5.4 燃烧中间产物的探测

张李东等[20]介绍了合肥光源同步辐射燃烧线站的建设及相关科学研究，发展了同步辐射真空紫外光电离质谱方法，并应用于燃烧中间产物的探测。在合肥光源的燃烧光束线站上，已经开展了流动管热解、射流搅拌反应器低温氧化、层流预混火焰等一系列实验，研究了链烷烃、环烷烃、芳香烃、含氮燃料和含氧燃料的热解、氧化和层流预混火焰等燃烧体系，获得了多种燃料燃烧中间产物的定性和定量信息，并构建了相应的燃烧反应动力学模型，揭示了燃料分子结构对燃料分解、氧化和碳烟生成的影响，如图 2.20 所示。

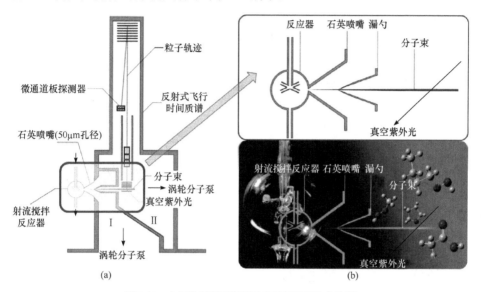

图 2.20　合肥光源射流搅拌反应器低温氧化实验[20]

除了探测到烯醇和过氧化物活泼中间产物外，研究人员在合肥光源燃烧线站还利用同步辐射真空紫外光电离质谱方法和不同的燃烧实验装置，探测到了燃烧过程中一系列的自由基（如 CH_3、C_3H_3、C_5H_3、C_5H_5、C_7H_7、C_9H_7 等）、活泼分子（乙烯酮、富烯基丙二烯等）、同分异构体和多环芳烃等，极大地推动了燃烧反应动力学研究的进步，为工程燃烧研究提供了重要的理论指导。

2.5.5　燃烧碳烟颗粒污染物监测

2.5.5.1　碳烟颗粒的监测

碳烟在燃烧过程中的形成和演变是燃烧领域的热点、重点话题，同时也是难题之一，它不仅关系到燃料燃烧相关基础学科的发展，也关系到航空动力装置和其他工业燃烧设备的研发。碳烟主要由 C、H、O 元素构成，其中绝大部分是 C 元素。碳烟生成的主要步骤有：燃料的热解、碳烟前驱体（PAHs）的生成、碳烟颗粒的成核、碳烟颗粒的表面增长、碳烟颗粒的凝聚、碳烟颗粒的氧化团聚[21]。碳烟是燃料高温热解或不完全燃烧产生的，并且碳烟的生成长大与氧化是相互竞争的两个过程[22]。近年来，许多学者对碳烟及其前驱体（PAHs）做了基础性的工作[23-26]。图 2.21 是 Thomson 课题组给出的碳烟形成路径。虽然人们在 PAHs 和碳烟的生成与演化过程方面有一定的认识，但对实际燃料燃烧过程中的细节不是十分了解，对于碳烟的形成过程认识仍然是一个较大挑战。

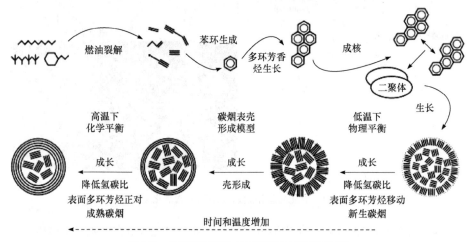

图 2.21　燃料燃烧过程中碳烟形成过程示意图[26]

基于光学诊断技术的碳烟监测的开发和应用比较广泛，如针对碳烟的实验检测有电子显微镜（SEM）、透射电子显微镜（TEM）、气相色谱-质谱联用（GC/MS）、热泳探针采样-透射电镜分析法（TSPD-TEM）等。对气相小分子反应机理研究不仅可采用取样分析的方法，还可利用激光诱导白炽光（laser-induced incandescence，LII）、粒子图像测速技术（particle image velocimetry，PIV）、激光消光技术（laser extinction，LE）等[21-28]。D'Alessio 是较早利用激光辅助诊断技术分析碳烟形成和碳质颗粒凝固的科学家之一，其提出了碳烟测量的实验技术和理论，并使激光消光和激光散射技术在火焰碳烟形成问题上得到了首次成功应用，实现了火焰中碳烟颗粒的大小和数量浓度的测量，其对激光散射和消光测量相结合的描述在世界范围内享有盛誉[27]。基于光学原理建立的颗粒在线监测技术比较丰富，以杨斌课题组的设备为例[29-31]，介绍其测量原理及用途如下：

（1）图像测量方法及应用

图像法是利用激光或普通 LED 光源照明测量区，在相机中直接成像或背光成像来获得颗粒图像，然后通过对颗粒图像系统处理分析，统计得到颗粒粒径、运动速度等参数分布，可实现静态颗粒、多相流或流场测量。该技术主要应用于喷雾液滴、汽轮机湿蒸汽与颗粒气相输运等参数测量，其测量原理如图 2.22 所示。

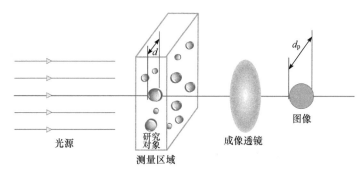

图 2.22　图像测量原理[29]

（2）光散射测量方法及应用

当光束入射到颗粒上时将向空间四周散射，光的各个散射参数则与颗粒的粒径密切相关，这就为颗粒测量提供了一个尺度。而可用于确定颗粒粒径的散射参数有：散射光强的空间分布、散射光能的空间分布、透射光强度相对于入射光的衰减、散射光的偏振度等。通过测量这些与颗粒粒径密切相关的散射参数及其组合，可以得到粒径大小和分布，这些构成了光散射颗粒测量方法的多样性[30,31]。该技术发展了角散射低浓度烟尘在线测量方法（图 2.23）、消光光谱细微颗粒测量方法、激光衍射颗粒测量方法。

（3）光谱图像测量方法及应用

微阵列感光组件多通道光谱成像技术是先将光送入分光模块前端的狭缝，然后被滤成线条状，此线条经棱镜-光栅-棱镜组后，被分光在与此线垂直的方向上展开成光谱，最后再映像到微阵列感光组件上，由此可获得相应的多波段图像信息。基于多波段光谱图像测量方法，研制融合多波段消光法与轨迹图像法的跨微米尺度混合颗粒同步测量装置，通过建立多波段光散射消光特性与亚微米-10μm尺度颗粒参数的关系模型以及 10μm 以上尺度颗粒图像识别、形态与运动参数处理算法，从而实现了根据颗粒瞬时多波段光谱图像同步获得跨微米尺度混合颗粒参数的在线测量方法，如图 2.24 所示。

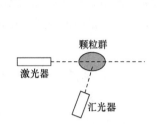

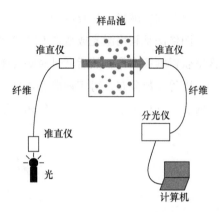

图 2.23　角散射法颗粒测量原理[30]　　　图 2.24　消光光谱图像颗粒测量原理[32]

2.5.5.2　火焰中碳烟颗粒的分布规律及荷电特性

火焰是发光发热的剧烈氧化反应，火焰内部充满了大量不带电的自由基和带电的阴阳离子以及自由电子（火焰中的离子浓度约为 $10^8 \sim 10^{11} \mathrm{cm}^{-3}$），这些带电的粒子可以影响碳烟形成的化学过程。同样，碳烟形成后，粒子撞到颗粒表面或热离子化作用又可以使碳烟颗粒荷电。在先前的研究中，科研人员通过电压/电流实验，证明了火焰中确实有荷电的物质，又通过焰后采样、计算等方法证明了荷电物质是碳烟颗粒[33,34]，也因此证明了基于电学方法来测量碳烟颗粒的原理可行。

航空燃油在高温缺氧等条件下燃烧和裂解会产生碳烟颗粒，燃烧反应在生成大量活泼自由基的同时也生成了大量的电子，并且在发动机整个燃烧室内，自由基和电子的浓度水平也会随着燃烧条件的变化而不同。在燃烧室及其后续的气路中，碳烟颗粒会与随机运动的自由基和电子发生碰撞并吸附荷电，该荷电过程可用式（2-3）表示[35,36]。

$$q_{\mathrm{p}} = \frac{d_{\mathrm{p}}kT}{2\mathrm{e}^2} \ln\left(1 + \frac{d_{\mathrm{p}}c\pi\mathrm{e}^2 Nt}{2kt}\right) \tag{2-3}$$

式中，q_{p} 为颗粒的带电量；d_{p} 为颗粒直径；N 为颗粒浓度；c 为颗粒的平均速度；T 为温度；e 为电子的电荷量；t 为时间；k 为玻尔兹曼常数。通过上式可以看出，颗粒的荷电量与颗粒的粒径、颗粒浓度以及温度等因素密切相关。

碳烟颗粒荷电的特性还与当量比、颗粒成熟程度、火焰温度以及热离子化程度等因素有关。碳烟颗粒成核以及形成一次颗粒阶段基本不荷电，从凝聚到团聚氧化阶段，碳烟颗粒荷电的能力会显著提高；其本质还是火焰中的正负电荷流动引起的电流变化，由于其他粒子即使荷电，在快速的化学反应中也会迅速转化，碳烟的存在使得火焰荷电。颗粒滞留时间的改变显著，最终影响颗粒形貌，碳烟颗粒粒径、密度、荷电能力均随生长过程不断变化，其经历的成核、长大和氧化过程与燃料性质和火焰结构密切相关。

火焰中存在各种自由离子，包括正离子、负离子、电子等。而引起碳氢类燃料燃烧火焰中产生离子的途径主要有：化学电离、热电离、累积激发。其中化学电离是最重要的电离途径，它决定了火焰中离子的类型浓度[35,36]。

燃料燃烧时通过以上途径获得大量离子和电子之后，碳烟颗粒将主要通过热电离和电荷吸附两种途径荷电。碳烟颗粒通过热电离过程或与阳离子作用荷正电，另外，其还可以与阴离子或自由电子作用和吸附荷负电；而荷正电或荷负电的碳烟颗粒再次与离子或电子发生作用时，其荷电极性又将发生变化。由于在整个燃烧室内，离子和自由电子的浓度随着燃烧过程的变化而变化，因此，碳烟颗粒在初始生成到从发动机排放出去之间的路程中，其荷电量及荷电极性会随着移动路径周围环境的改变而变化。

2.5.5.3 基于静电监测方法的碳烟颗粒监测

由于燃烧颗粒荷电的原因，基于静电监测技术探测碳烟颗粒以及燃烧稳定性才具有可行性，相关技术也得到了较好的运用和发展[35-41]。根据静电传感器与气路中带电颗粒相互作用的原理，静电传感器可以分为直接电荷传递和感应式两种，也就是通常说的直流法和交流法[36]。直接电荷传递就是指荷电颗粒物与电极进行碰撞、摩擦来将电荷传递到探头；所谓的感应式原理是指荷电颗粒在经过静电传感器探极的时候，颗粒物并不与探极直接接触，由于静电感应原理在传感器探极表面产生感应电荷。图 2.25 为理想情况下，荷电颗粒经过静电传感器时，探极上产生感应电荷的原理[39]。

碳烟颗粒感应信号的获取：在燃油点火燃烧后，就会产生很多大粒径的碳烟颗粒，管内碳烟颗粒浓度由零开始急剧增加，此时静电传感器输出信号的幅值有很大的变化。传感器输出信号的幅值变化主要由刚开始燃烧时产生的大粒径碳烟颗粒感应产生，此段信号可以视为碳烟颗粒感应产生的信号，如图 2.26 所示，因此可以基于该信号来监测并反映碳烟颗粒的信息。

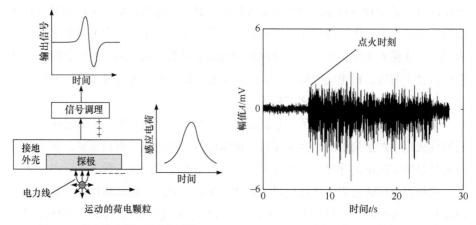

图 2.25 静电传感器原理示意图[39]　　　　　图 2.26 碳烟颗粒产生的感应信号[36]

　　静电传感器还可用于航空发动机状态监测，通过静电信号的不同，可以鉴别出发动机气路中的颗粒是正常燃烧的碳烟，还是发动机碰磨或者烧蚀而产生的异常颗粒物，进而用于发动机的健康管理。该应用最初起源于英国 Smith 公司开发的发动机颗粒监测系统，其环状静电传感器一般用于进气道吸入物检测，探针式和纽扣式静电传感器一般用于尾气中颗粒物监测[36]。图 2.27 为 Smith 公司在 Rolls-Royce 发动机上进行加速任务实验时采用的 EDMS 纽扣式静电传感器，图 2.28 为探针式和环状静电传感器在 F35 战机上的安装示意图。

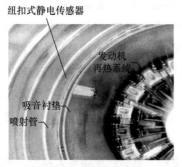

图 2.27 纽扣式传感器

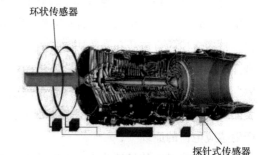

图 2.28 环状传感器和探针式传感器

　　在荷电颗粒随着尾气排出尾喷管的过程中，荷电颗粒在静电传感器周围产生的静电场也在不断地发生波动，致使静电传感器探极上的感应电荷也在不断地波动。由于感应电信号的波动反映了气路静电荷水平变化的信息，感应电荷的变化在探极中诱导出 nA 或 pA 数量级的感应电流，通过信号调理电路将电荷的变化转化为电压信号，输入数据采集设备，加以适当的信息处理即可获得气路中总体静电荷水平的变化情况，如图 2.29 所示[40,41]。

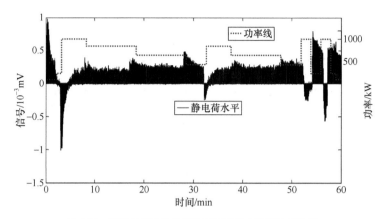

图 2.29　某型号发动机输出功率和感应电荷的对应关系

由于发动机气路环境中颗粒物浓度低，且颗粒物粒径小，因此采用基于感应式原理的静电传感器尤为重要。文振华等从 2007 年开始，在国内率先开展了静电监测在航空发动机气路部件状态监测中的探索性研究。近年来，又相继开发了正交静电矢量探测器和阵列静电传感器等，并研制了适用于航空发动机气路环境的耐高温阵列静电传感系统。该系统适用于航空发动机气路环境的排气颗粒在线监测系统及发动机气路中荷电颗粒物的在线监测，并在发动机台架实验中得到了较好的运用，实现了基于静电感知的发动机气路故障早期预警和故障诊断功能，为航空发动机的健康管理提供了关键技术[36,41]。

参考文献

[1] Stephen R Turns. 燃烧学导论: 概念与应用[M]. 3 版. 姚强, 李水清, 王宇, 译. 北京: 清华大学出版社, 2015.

[2] 张群, 黄希桥. 航空发动机燃烧学[M]. 北京: 国防工业出版社, 2015.

[3] 方庆艳. 燃烧数值模拟方法与应用[M]. 北京: 中国电力出版社, 2017.

[4] 黄勇. 燃烧与燃烧室[M]. 北京: 北京航空航天大学出版社, 2009.

[5] 赵坚行. 燃烧的数值模拟[M]. 北京: 科学出版社, 2002.

[6] Tree D R, Svensson K I. Soot processes in compression ignition engines[J]. Progress in Energy and Combustion Science, 2007, 33: 272-309.

[7] Battin-Leclerc F, Blurock E, Bounaceur R, et al. Towards cleaner combustion engines through groundbreaking detailed chemical kinetic models[J]. Chemical Society Reviews, 2011, 40(9): 4762-4782.

[8] Bhaskaran K A, Roth P. The shock tube as wave reactor for kinetic studies and material systems[J]. Prog Energy Combust Sci, 2002, 28: 151-192.

[9] 梁金虎, 曹雄. 激波管技术及其用于燃料点火和燃烧特性研究[M]. 徐州: 中国矿业大学出版社, 2020.

[10] Wang S, Parise T, Johnson S E, et al. A new diagnostic for hydrocarbon fuels using 3. 41-micron diode laser absorption[J]. Combustion and Flame, 2017, 186: 129-139.

[11] 张英佳. 甲烷、氢气及其混合物自着火的实验与模型研究[D]. 西安: 西安交通大学, 2011.

[12] Mittal G, Sung C J. A rapid compression machine for chemical kinetics studies at elevated pressures and temperatures[J]. Combustion Science and Technology, 2007, 179(3): 497-530.

[13] 李博. 高碳碳氢燃料的火焰传播特性和熄灭特性的研究[M]. 北京: 清华大学出版社, 2018.

[14] Hu E, Huang Z, He J, et al. Measurements of laminar burning velocities and onset of celluar instabilities of methane-hydrogen-air flames at elevated pressures and temperatures[J]. International Journal of Hydrogen Energy, 2009, 34(13): 5574-5584.

[15] Ji C, Dames E, Wang Y L, et al. Propagation and extinction of premixed C_5-C_{12} n-alkane flames[J]. Combustion and Flame, 2010, 157(2): 277-287.

[16] Alzueta M, Glarborg P, Dam-Johansen K. Experimental and kinetic modeling study of the oxidation of benzene[J]. Int J Chem Kinet, 2000, 32: 498-522.

[17] Dagaut P, Ristori A E, Bakali A E, et al. Experimental and kinetic modeling study of the oxidation of n-propylbenzene[J]. Fuel, 2002, 81(2): 173-184.

[18] Mati K, Ristori A, Gail S, et al. The oxidation of a diesel fuel at 1-10 atm: Experimental study in a JSR and detailed chemical study in a JSR and detailed chemical kinetic modeling[J]. Proceedings of the Combustion Institute, 2007, 31(1): 2939-2946.

[19] Glaude P A, Herbinet O, Bax S, et al. Modeling of the oxidation of methyl esters-Validation for methyl hexanoate, methyl heptanoate, and methyl decanoate in a jet-stirred reactor[J]. Combust Flame, 2010, 157: 2035-2050.

[20] 张李东, 王占东, 杨玖重. 合肥光源在反应动力学研究中的进展[J]. 现代物理知识, 2020, 32(3): 41-44.

[21] 赵乐文, 裴毅强, 李翔. 乙醇汽油双燃料双喷射系统发动机经济性和排放特性[J]. 中南大学学报 (自然科学版), 2018, 49(2): 485-492.

[22] Iannuzzi S E, Barro C, Boulouchos K, et al. Combustion behavior and soot formation/oxidation of oxygenated fuels in a cylindrical constant volume chamber[J]. Fuel, 2016, 167: 49-59.

[23] An Y, Pei Y, et al. Development of a soot particle model with PAHs as precursors by simulation and experiment[J]. Fuel, 2016, 179: 246-257.

[24] Vishwanathan G, Reitz R D. Application of a semi-detailed soot modeling approach for conventional and low temperature diesel combustion - Part I: Model performance[J]. Fuel, 2015, 139: 757-770.

[25] Richter H, Granata S, Green W H, et al. Detailed modeling of PAH and soot formation in a laminar premixed benzene/oxygen/argon low-pressure flame[J]. Proc Combust Instit, 2005, 30: 1397-1405.

[26] Kholghy M R, Veshkini A, Thomson M J. The core-shell internal nanostructure of soot - A criterion to model soot maturity[J]. Carbon, 2016, 100: 508-536.

[27] D'Alessio A, D'Anna A, Gambi G, et al. The spectroscopic characterization of UV absorbing nanoparticles in fuel rich soot forming flames[J]. Journal of Aerosol Science, 1998, 29(3): 497-409.

[28] 娄春, 陈辰, 孙亦鹏, 等. 碳氢火焰中碳黑检测方法评述[J]. 中国科学: 技术科学, 2010(8): 946-958.

[29] 赵蓉, 潘科玮, 杨斌, 等. 跨微米尺度混合颗粒粒径的同步测量方法[J]. 光学学报, 2020, 46(7): 108-114.

[30] 于天泽, 杨斌, 王婷, 等. 角散射低质量浓度烟尘在线测量系统设计[J]. 光学仪器, 2018, 40(1): 8-12.

[31] 邓杰, 于天泽, 杨斌, 等. 超低排放烟尘角散射法测量影响因素研究[J]. 动力工程学报, 2019, 39(9): 725-730.

[32] 杨斌, 赵蓉, 土继, 等. 消光光谱颗粒粒径测量方法影响因素实验研究[J]. 光散射学报, 2020, 32(4): 355-360.

[33] Wang Y, Chung S H. Soot formation in laminar counter flow flames[J]. Progress in Energy and Combustion Science, 2019, 74: 152-238.

[34] 王宇. 电场作用下火焰中碳烟颗粒的分布与聚积规律[D]. 北京: 清华大学, 2006.

[35] Vinckier C, Gardner M P, Bayes K D. A study of some primary and secondary chemi-ionization reactions in hydrocarbon oxidations[C]//Proceeding of The 16th Symposium on Combustion (International). Pittsburgh, 1977: 881-889.

[36] 文振华. 航空发动机静电监测技术[M]. 北京: 知识产权出版社, 2014.

[37] 吴佳丽, 闫勇, 胡永辉, 等. 一种基于静电压电一体化传感器的火焰碳烟监测装置: CN207515833U[P].

[38] 李珊, 闫勇, 吴佳丽, 等. 基于 EMD 降噪的燃烧器火焰静电信号能量熵分析[J]. 中南大学学报 (自然科学版), 2021, 52(01): 285-293.

[39] Wen Z, Ma X, Zuo H. Characteristics analysis and experiment verification of electrostatic sensor for aero-engine exhaust gas monitoring[J]. Measurement, 2014, 47: 633-644.

[40] 文振华, 侯军兴, 左洪福. 基于静电的航空发动机性能监测技术研究[J]. 航空维修工程, 2014(3): 79-82.

[41] Wen Z, Hou J, Atkin J. A review of electrostatic monitoring technology: The state of the art and future research directions[J]. Progress in Aerospace Sciences, 2017, 94: 1-11.

第3章

燃料化学反应动力学研究概述

3.1 研究背景

提高化石类燃料利用率和开发其替代燃料是缓解能源危机的重要途径，而其核心还是在动力机械实际运行工况下实现对燃料燃烧反应的控制，如基于燃料设计思想和混合气活性、非平衡等离子体实现控制的燃烧反应途径调控研究；要实现燃烧反应途径调控，探索燃料有利的燃烧环境或通过添加剂促进燃料燃烧效率的提升，必须准确认知燃料在多工况下的燃烧特性和微观机制[1,2]。航空燃料在燃烧室中快速点火和稳定燃烧是航空发动机工作的核心，解决该问题的中心任务也可基于燃烧机理围绕燃料燃烧的化学效应开展研究。另外，在燃气轮机相关研究中为实现高压比、高透平温度、高效和近零排放等目标，建设高效低碳燃气轮机试验装置，同样需围绕化石燃料高效转化和洁净利用中的气体动力学、燃烧科学和传热传质问题开展基础研究。

降低化石能源的排放和开发洁净燃料是解决环境威胁的主要措施，尤其是目前全球 80% 以上的能源利用还是依赖化石类燃料燃烧，因此，化石类燃料低污染燃烧的研究尤为关键，要实现这一目标需要对不同燃料燃烧过程及其污染物形成进行分析。基于实验手段可以对低排放的燃烧工况进行研究及实现对低污染燃烧环境和工况的确定，另外，还可基于燃烧器的部件或整体设计，开发出低污染燃烧室以实现污染物低排放的目标，如研究新型喷嘴喷孔改善空气利用率降低碳烟排放的方案设计。

然而，为实现长期的低排放问题，需要对燃料燃烧的途径，尤其是污染物形成的微观机制进行准确把握，在原子水平上实现对污染物形成机制的研究，通过催化手段，实现燃烧控制、绿色燃烧。航空燃料在喷气发动机中的绿色燃烧也是目前急需突破的关键技术，如可探索燃料喷射过程中油束的形态、贯穿距离和喷雾锥角等雾化特征，获取不同分子结构的基础组分燃料与空气的交互作用，进而研究燃料燃烧过程中的燃烧压力、燃烧加速度、燃烧持续期和颗粒物等各类排放物的生成特性。

设计可再生洁净燃料，特别是开发化石能源的绿色替代燃料是解决目前能源危机和环境污染双重威胁的有效途径。在新燃料设计和开发时需要严格参照实际化石燃料的各种物化特性进行详尽的改性和优化，全面考虑燃料的特性，如燃料的密度、流动、传热等物理特性以及点火、温度、火焰等化学特性，进而才可将其直接用于主流动力机械的燃烧装置。实践表明，能否成功地开发新型可再生替代燃料以及新一代高性能燃烧器，在很大程度上取决于对诸如点火、火焰传播、熄火等基础燃烧过程的深入研究，以及对不同燃料在多种燃烧器中化学反应与流动耦合机制的充分认识。

推动我国能源结构优化是一个急需的、长期的任务，尤其需要加强化石类能源安全绿色开发和清洁高效利用，推进现有燃料的改性，鼓励利用可再生能源、生物质能源替代现有化石类燃料的使用，有效地实施需要围绕化石燃料在复杂系统内化学效应的准确预测，进而为我国动力机械部件设计和系统特性研究提供研发手段，为化石能源持续和低碳发展提供基础理论和技术支撑。

随着化石燃油的储量日益减少以及人们对环境恶化的关注，能源危机与环境保护已成为当今世界上普遍存在的两个重大问题。虽然目前核能、太阳能等新能源的发展比较迅速，并且还有风能、水能、潮汐能和生物质能等绿色可再生能源存在，但是世界上 80%以上的能源主要还是依靠化石燃料的燃烧[1-3]。BP 公司发布的 2021 年《BP 世界能源统计年鉴》中对 1995～2020 年世界能源市场数据直观地给出了相关论证，如图 3.1 所示。

化石燃料的燃烧虽然给人类社会的进步和发展提供了强有力的帮助，但同时燃烧带来的危害也在威胁着人类的生存，即环境污染的大问题，如雾霾、酸雨、温室效应和臭氧层的破坏等[1-5]，如图 3.2 所示。2019 年，世界卫生组织（WHO）将空气污染列为对人类健康带来威胁的最大环境问题，而空气污染的主要原因是化石燃料的燃烧，这也是气候变化的主要原因，气候变化以不同的方式影响人们的健康；世界卫生组织甚至预测在 2030～2050 年之间，气候变化每年将造成 25万人死于营养不良、疟疾、腹泻和热应激。因此，这就迫切要求人们认识燃烧，了解各类燃料燃烧的微观机制，这样才能更高效地利用燃料，同时可以控制燃料燃烧时污染物的排放以及开发可再生的替代燃料[6-12]。

化石燃料主要用在各类燃机的燃烧室中，其燃烧在现代人类社会中扮演了重要角色。燃料燃烧是物质燃烧过程中散发出光和热的现象，人们可以根据燃烧实验监测和燃烧数值仿真这两种重要的技术手段来对燃料及其燃烧进行认知。随着计算机技术的发展和完善，数值模拟已成为与理论分析和实验技术并列的、独立的研究方法。尤其是对于目前实验技术尚无法达到的极端环境和严苛条件，数值模拟是首选的研究手段，更是实验研究不可或缺的重要补充。另外，燃烧仿真模

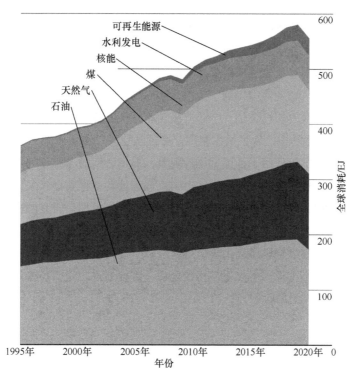

图 3.1　1995~2020 年全球能源消耗趋势[3]

图 3.2　化石燃料的燃烧对人类的威胁

拟能够使研发人员在不花费高昂费用建立实体样机的情况下研究和开发燃烧系统相关工作[8,9]。

碳氢燃料燃烧的数值仿真要考虑流动方程和燃料燃烧的化学反应以及燃烧中各混合物的物理、化学性质，而这些性质和特性与燃料的组成、电子结构等息息相关。图3.3给出了从分子水平完全理解燃料燃烧所需的信息层图，最终使燃料的燃烧机理在现代燃烧器中得到了使用，从而提高了效率并减少了排放[10-12]。燃料在发动机燃烧室内的燃烧是一个湍流流动和燃烧反应相互作用、相互耦合的复杂的物理化学过程[5-12]。为了认识燃烧，必须从化学动力学出发，首先构建详细的化学反应动力学机理用于描述燃烧的现象，揭示燃烧的本质和各种特定类型燃烧的反应规律；然后将成熟的化学动力学机理与流动方程耦合起来用于实际燃烧室中的数值模拟，来探究燃料的实际燃烧情况。燃烧机理是研究燃烧现象、探索燃烧本质的强有力手段，然而燃烧机理的精度决定了燃料化学动力学研究是否可靠。因此构建燃料燃烧化学动力学机理时，需要高精度的、宽范围的热、动力学和输运参数来提供支撑。燃烧机理构建之后，需要通过广泛的实验验证来确定燃烧机理的普适性和可靠性[13-16]。

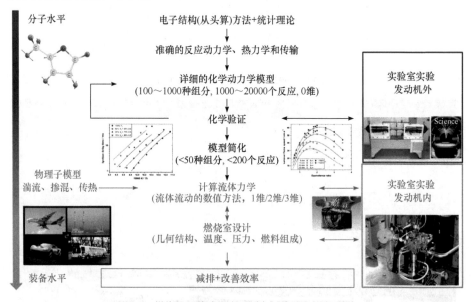

图3.3　燃烧机理从分子水平到实际装置中的应用[12]

碳氢燃料的详细化学反应动力学机理一般非常复杂[17,18]。为了将其运用到发动机数值仿真模拟的计算流体力学中，需要在保证机理模拟精度的条件下对详细动力学机理进行简化[18]。为了达到高效简化的目的，发展新的、高效的机理简化方法是其中一条途径。由于机理简化的烦琐性和人工成本的增加，实现碳氢燃料动力学机理的自动简化是一个具有价值的工作。它不仅节省了人工成本，也避免了人为操作时有可能带来的错误；将烦琐的简化工作交给计算机来处理，进而将获取的简化机理用于工程应用的 CFD 数值模拟中，来解决实际工程问题[19-21]。还有通过机理分析的手段，对简化机理进行分析，能够对机理构建提供信息。另外，开发自动简化程序可与主流机理自动生成程序接轨，使得机理相关工作从基础研究到工程应用联系起来，起到一个桥梁的作用。

3.2 碳氢燃料化学反应动力学机理的构建

燃烧化学反应动力学是燃料燃烧过程分析的重要理论和方法。本节主要介绍燃料燃烧反应动力学相关研究方法和技术手段，包括燃烧详细反应机理构建、优化和简化、反应力场分子模拟以及燃烧中间体测量、燃料点火延迟和光谱诊断等方面的研究现状。

人们在燃烧微观反应历程、复杂反应机理、燃烧实验测量和湍流燃烧数值模拟等方面已经取得了显著进步，如根据现有燃烧反应动力的研究，可以基于可靠的燃烧机理来展示如图 3.4 所示的燃料燃烧反应网络，帮助人们对燃烧产物和污染物的形成有较为直观的认知[22]。但是由于燃烧反应网络的高度复杂性，人们对燃烧机理的认识还具有极大的局限性。因此，有关化学反应和湍流相互作用的研究急需更加深入，燃烧反应动力学和计算流体力学也需要协同发展，进而对燃烧数值模拟、发动机内流道流场结构的准确描述、化石燃料的高效利用以及新燃料设计产生深远影响。

许多实际燃烧系统（从火焰、激波管到内燃机、燃气轮机和航空发动机）的计算机模拟已经成为燃烧研究的一个常用工具，而反应动力学机理则是实际燃烧系统模拟计算的必要组成部分[22-30]。实际燃料燃烧是涉及大量活性中间物和成千

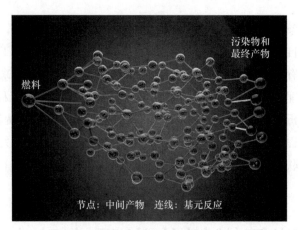

污染物和
最终产物

燃料

节点：中间产物　连线：基元反应

图 3.4　燃烧反应网络示意图[22]

上万步基元反应的复杂化学动力学过程，其中大分子碳氢燃料的燃烧特性（包括点火延迟时间、火焰传播速度和组分浓度演变等）主要由 $C_0 \sim C_4$ 小分子碳氢化合物的动力学机理决定。

化学动力学机理大致可分为三种类型：详细基元反应机理模型、分子动力学模型和集总全局模型[31]。分子动力学模型和集总全局模型相对于详细基元反应机理模型来说要相对简单。从燃料分子出发，不经过基元反应，而是经过一步反应直接生成产物，然后再加入这些产物的次级反应就形成了分子动力学模型。集总全局模型是基于实验等手段提出的高度简化的几步总包式反应的机理模型，它一般能够很好地重现实验的宏观结果，且反应之间没有显著的时间尺度差异，比较适合直接用于工程的 CFD 中，但是它不能用于微观机制的研究，且一般来说其使用工况范围也比较窄。详细基元反应机理模型则是从基元反应出发，详细地描述燃料分子的一步步演变，它不但能够重现燃料的宏观燃烧特性，也可揭示燃料的微观反应机制。另外，对详细基元反应机理系统简化之后也可用于工程的 CFD 中[18]。燃烧反应机理包含三个方面：裂解和燃烧涉及的基元反应；每一个基元反应涉及的动力学参数及其与温度和压力的依赖关系；动力学机理中涉及的每一种组分的热力学参数和输运参数。

化学动力学是物理化学一个重要的分支，它的相关理论主要是理解基元反应过程的微观机制和基元反应速率常数的计算[22]。化学动力学机理最早用于描述臭氧[23]和联氨[24]的裂解过程，然后用来预测 H_2 的燃烧。在 1970 年左右，人们才提出来第一个碳氢燃料的详细化学动力学机理，该机理主要用于甲烷[25,26]和甲醇[27,28]

的模拟。这一过于简单的甲烷动力学机理虽然后来被证实是不合理的，但是这一时期的燃烧机理发展为以后的机理构建提供了指导和参考，即碳氢燃料详细动力学机理构建中的分级思想[29,30]。分级思想的中心是简单小分子燃料的动力学机理可以作为构建更大分子燃料的动力学机理的子机理；分级思想的优点在于无需改变小分子燃料的动力学机理这一核心部分，只需增加新的较大分子组分及其相关的反应。碳氢燃料的详细化学动力学机理可以按照分级的思想来构建[12]。图 3.5 所示的简单碳氢燃料的分级结构首先起始于 H_2-O_2 子机理（即 C_0 机理），然后依次加入 CO-CO_2 子机理、C_1～C_n 烃类组分及其氧化物。其中 C_0～C_4 燃料的燃烧机理一般称为核心机理，大于 C_4 部分的机理称为次级机理。分级思想的提出大大地减少了构建大分子燃料详细动力学机理所花费的时间和精力。

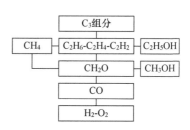

图 3.5　碳氢燃料燃烧机理构建的分级结构[29,30]

目前，有两种方法构建详细基元反应机理模型：一是人工搭建[29,32]；二是程序自动生成。对于一些分子尺寸较小的燃料，比如氢气、一氧化碳、甲烷、乙烷等机理，由于这些简单燃料的燃烧机制相对简单，包含的组分数和反应数均较少，可以采用人工搭建来完成。然而，随着研究燃料尺寸的增大，机理所包含的组分数和反应数也随之呈指数型增大，此时依靠人工搭建的方法来构建包含上万个基元反应的详细机理几乎是行不通的，这就需要依靠计算机程序来自动生成化学动力学机理。

随着计算机的发展和研究的燃料分子尺寸的增大，程序自动生成动力学机理已然成为了主流方法。目前，国际上认可度较好的机理自动生成程序有法国南锡 Battin-Leclerc 课题组的 EXGAS 程序[33]、美国麻省理工 Green 课题组的 RMG 程序[34]、德国海德堡 Warnatz 研究组的 Molec 程序[35]以及意大利米兰 Ranzi 研究组发展的 MAMOX 程序[36]等。

为了满足我国燃烧、能源等领域数值研究工作的需要，四川大学也开发了国内首个机理自动生成程序 ReaxGen[37,38]。这些程序自动生成的机理中，反应动力学参数通常是按照反应类型给出的，即按照线性自由能关系给出不同的近似数值，或者按照简单规则给出非常近似的数值，甚至是对于同一类反应采用相同的数值。因此，对于基于自动生成的机理，还需进一步地优化，如图 3.6 所示。

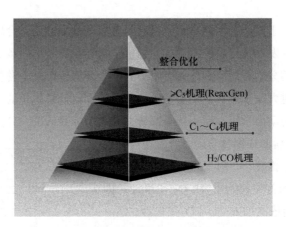

图 3.6 碳氢燃料燃烧化学动力学机理构建示意图[38]

当动力学机理产生之后，就需要与实验进行比较来验证它的模拟精度。对于裂解机理的验证，通常关心的是裂解产物随着温度、时间的演变过程。此外，也可以计算其产气率、热沉等工程上的指标来验证其准确性。对于燃烧机理来说，一般验证点火延迟时间、组分浓度分布、熄火温度、层流火焰速度和预混火焰等特性来评判机理的优劣。目前，基于详细动力学机理的燃烧动力学数值模拟常用的软件有：CHEMKIN、OpenSMOKE、Cantera、Kintecus 和 HCT 等程序包[39-43]。

燃料燃烧机理的尺寸会随着燃料分子的增大而增大，随着计算机能力的发展和机理自动生成程序的不断完善以及人们对燃烧机理全面性和可靠性的要求，对于较大分子燃料的燃烧详细化学动力学机理也能够合理地构建[18]。但是随着燃料分子尺寸的增大，相应的详细机理中组分数和反应数会呈指数型增长，导致构建的大分子尺寸燃料燃烧的详细机理非常庞大[44-52]，使得这些详细机理一般只能用于零维或者一维反应器的燃烧模拟。Luo 在 2013 年统计的燃烧机理发展情况（图 3.7）显示，2000 年之后的机理构建发展得较为迅速，2005 年之后构建大分子燃料的机理增多，特别是在 2011 年构建的二甲基链烷烃燃烧机理，它包含了 7171 个组分、31669 个反应，且一般详细化学动力学反应机理中包含的反应数约是组分数的五倍[53]。

燃料的燃烧化学动力学机理是否具备普适性，往往取决于反应网络的完备性以及热、动力学参数的准确性。目前化学动力学机理中的反应类型基本已经明确，但是热、动力学参数的准确性尚需进一步提高[44-47]。

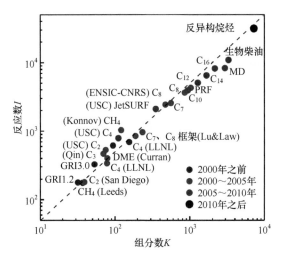

图 3.7 碳氢燃料燃烧化学动力学机理的发展[49]

首先，不同机理中所用组分的热力学数据相差较大。主要原因是在早期的机理研究中，由于计算条件以及计算方法的限制，导致大量的热力学数据是采用基团贡献法估计得到的，而不是采用高精度的量化计算方法得到。

其次，机理中的动力学数据同样存在较大差异。一个原因是实验数据的适用范围不同。由于实验得到的数据通常所适用的温度范围较窄，而机理模拟的温度范围一般为 300～2000K，这就使得一旦超过了特定的温度范围后，动力学数据的可适性就会变得很差。另一个原因是机理中包含一些根据相似反应类推出来的数据。这样的数据都是评估出来的，精度自然比较低，甚至没有精度可言。反应类思想估计，这种情况尤其是在程序自动生成机理时表现很突出。由于不同的机理自动生成程序采用的反应类数据不同，因此造成了同一类反应数据的较大偏差。速率常数的计算都要在反应势能面进行探索。

实际的研究途径往往取决于反应势能面沿着反应坐标方向行走是经历一个势能垒还是多个能垒，如图 3.8 所示的一个简单的反应体系 $C_2H_4+HO_2$，中间经历多个过渡态和络合物而生成不同的产物。对于势能面上仅有一个明显势能垒的单分子和双分子反应，传统过渡态理论通常足以给出相当精确且与温度有关的速率常数，并且这类反应是与压强无关的。传统过渡态理论的详细理论可以参考相关计算化学和化学动力学的专著。总的来说，为精确计算反应的速率常数，要从势能面计算的精度、非谐效应和隧道效应三个方面综合考虑。多通道、多组分、工况依赖性，决定了燃烧机理的复杂性。

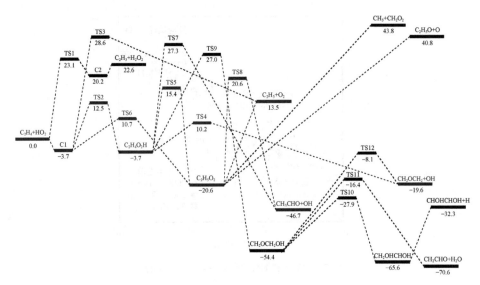

图 3.8　$C_2H_4+HO_2$ 反应体系势能图（kcal/mol）[52]

　　因此，在机理构建中，数据的适用范围要尽可能广（300～2000K），这样机理才能具有普适性。机理也逐渐朝着宽温度范围、宽压力范围、强普适性等方向发展，对机理的划分也越来越精细，模拟结果也要求越来越准确[48]。

3.3　碳氢燃料化学动力学机理的系统简化与分析

　　碳氢燃料燃烧的数值仿真要考虑流动方程和燃料燃烧的化学反应，以及燃烧中各混合物的物理、化学性质。由于计算流体力学（CFD）本身需要较多的计算资源，再与详细的燃烧机理耦合，机理中庞大的组分数会导致求解相应化学源项时的计算量非常大[49-51]。另外，还有详细机理中组分和反应的时间尺度差异，会给数值求解带来极大的刚性问题[17,18]。因此，需要在合理精度的条件下，来匹配计算机的存储、内存以及计算运行速度等问题。

近年来，随着计算机的发展和计算燃烧学的进步，传统的单步或者几步总包化学反应机理已不能满足工程上的使用。另外，它也不能合理地描述相关的实验现象。因此，相关科研工作者开始把较复杂且能够合理描述燃料燃烧的详细化学动力学机理与流动方程耦合，进行燃烧数值仿真模拟[49]。这就带来两个较大的问题：一方面是燃料燃烧详细机理构建时既要保证精度又要使机理的尺寸尽可能地小；另一方面是要求计算机拥有强大的数据处理能力以及高精度的数值求解。因此合理的化学动力学机理是一个很重要的工作，不然会导致数值仿真的计算结果没有任何的实际意义和科学价值。但是，一般碳氢燃料的详细机理中包含大量的组分和反应，数值模拟时的计算量随着组分数的增加而呈指数型的增大[18,52]，同时求解过程中的刚性问题常常会导致数值模拟不能收敛甚至无法求解。因此，这就要求我们在不牺牲机理模拟精度的情况下，对详细化学动力学机理进行系统简化，以减小机理在数值仿真中的计算量并能够降低计算求解中的刚性。

碳氢燃料燃烧的化学动力学过程是非常复杂的化学反应，同时也是非线性和非单调的动力学过程[1,4]。Lu 等以最简单的燃料氢气的燃烧过程为例，展示了燃料燃烧过程的复杂性。图 3.9 给出了氢气（H_2）和空气（air）均匀混合的燃烧过程的 Z 形曲线[18]，其中 Z 形曲线的左侧是非爆炸区域，右侧是爆炸区域。从图中可以看到，在温度 T_0 时，随着压力 p 的不断增加，H_2-空气混合物从非爆炸到爆炸，再非爆炸，之后又到爆炸的非线性、非单调的变化过程。在压力小于 p_0 时，由于链引发反应 R1（$H_2 + O_2 \longrightarrow HO_2 + H$）和链分支反应 R2～R5（$H + O_2 \longrightarrow O + OH$、$O + H_2 \longrightarrow H + OH$、$H_2 + OH \longrightarrow H_2O + H$、$O + H_2O \longrightarrow OH + OH$）产生的自由基被容器的壁面反应消耗，产生自由基的速度远小于壁面反应消耗的速度，避免了自由基快速积累而引起的爆炸。压力大于 p_0 时，链式反应 R2～R5 产生自由基的速度超过了容器壁面消耗，另外，压力的增大会导致自由基的浓度呈线性增加，对应的反应速率也会增大，这样的结果就是自由基快速地积累，然后引起爆炸。压力继续增大，超过 p_1 时混合物停止爆炸，这是因为此时低温下的链中断反应 R6（$H + O_2 + M \longrightarrow HO_2 + M$）与 R2 反应形成了竞争，且 HO_2 自由基相对不活泼，可以进一步被壁面反应消耗，从而停止了爆炸。当压力超过 p_2 的时候，混合物再次进入爆炸区域。此时由于链分支反应 R7、R8（$HO_2 + H_2 \longrightarrow H_2O_2 + H$ 和 $H_2O_2 + M \longrightarrow OH + OH + M$）的参与，自由基又开始了快速的累积进而引发爆炸。对以上 H_2-空气混合物燃烧爆炸的化学动力学过程分析的结果表明，在不同的爆炸极限区域是不同的化学动力学反应路径引起的。因此，为正确地预测实际燃料的燃烧过程，需要构建能够模拟燃料在不同压力、温度以及当量比等较宽参数范围内都适用的详细化学动力学机理。单单描述 H_2-空气燃烧的机理就已经涉及几十个反应，对于大分子的碳氢燃料，其详细化学动力学机理的尺寸可想而知。

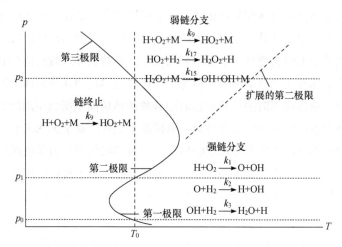

图 3.9　氢气在空气中燃烧的爆炸极限示意图[18]

　　针对实际的化石燃料构建如此详细又庞大的机理，一方面能够全面地预测燃料的各种燃烧性质，且能够更细致地揭露燃烧的本质，为人们认识燃料的燃烧提供直观的、详细的信息。但是另一方面，研究者很难将庞大的详细燃烧机理用于 CFD 中的数值模拟[17,18]。这是因为随着详细机理中组分数的增多，以及机理中包含的组分和反应的化学时间尺度显著差异，从而导致模拟过程计算量过大以及给数值求解中带来刚性问题。为了将这些复杂的、合理的动力学机理应用于数值仿真，就需要对这些详细机理进行系统简化，同时也要保证简化机理的精度[18,53]。一般情况下，在数值仿真模拟中要尽可能地减小计算流体力学的计算量，因此在保证简化机理精度的情况下，要把简化机理的尺寸减到最小。为了将实际燃烧化学动力学机理用于燃烧数值仿真，机理简化在燃烧领域中得到了广泛的重视和研究，同时也使得机理简化方法得到了较快的发展。

　　机理简化大致可以分为两大类[18,54]：框架简化（skeletal reduction）和时间尺度分析（time-scale analysis）。框架简化的思想是从详细机理出发，删除详细机理中那些对燃烧特性影响不明显的组分和反应进而得到小尺寸的框架机理

（skeleton mechanism）。在国际上框架简化的方法主要有灵敏度分析法（sensitivity analysis）[55]、计算奇异摄动法（computational singular perturbation，CSP）[56,57]、详细简化（detailed reduction）[58]、遗传算法（genetic algorithm，GA）[59]、直接关系图法（directed relation graph，DRG）[60]、主成分分析方法（principle component analysis，PCA）[61]、重要性水平（LOI）方法[62]及基于CSP重要性指针的反应移除方法[17]等。在框架简化中，目前最主流的方法之一是Lu和Law的DRG。由于原始DRG方法简单和高效而被迅速推广运用和改进，进而衍生出多种DRG类的简化方法，例如基于误差传播的DRG方法（DRGEP）[63]、修正的DRG方法（revised-DRG）[64]及路径通量分析法（PFA）[65]和灵敏度辅助的DRG类简化方法如DRGASA、DRGEPSA、PFASA等[66-68]。另外，集总方法也是有效减小机理尺寸的方法，且对机理的精度不会有大的牺牲[69-78]。集总方法可以用在详细机理构建中，对物理化学性质类似的同分异构体组分及其反应类型相近的基元反应进行集总处理[69-72]，也可作为机理简化中的一个方法，用在其他框架简化方法之后，对框架机理的尺寸进一步地缩减。另外，集总方法不单单可以对机理中的同分异构体进行集总，它还可以对扩散性质类似的组分进行集总处理[78]。因为在CFD数值模拟中，一般对扩散性质的计算求解比较耗时，如果对扩散性质相近的组分做集总处理，则能够有效地缩短计算时间。

基于时间尺度方法是通过分析各反应的时间尺度降低计算的刚性。这类方法的思路是根据框架机理的模拟结果，依据反应时间尺度分类，进而确定主要组分和非主要组分（也即准稳态组分，quasi steady state species）；与准稳态组分和部分平衡反应有关的快化学反应过程则可通过组分之间的耦合关系构建对应的代数方程，因此可以减少需要求解的独立变量数目。然后数值模拟时只需求解主要组分的微分方程，而准稳态组分的演变则通过求解相关代数方程即可。经过这样的处理可以大大减少基于机理进行数值计算中的微分方程数量，从而达到简化计算和促进收敛的目的。部分平衡近似方法（PE）和准稳态近似方法（QSSA）是最早的时间尺度分析简化方法[79-80]。尤其是QSSA，它首先判断准稳态组分，然后假设在整个反应进程中这些准稳态组分的净生成速率为零；那么这些准稳态组分的浓度满足的代数方程一般是稀疏的，且可以采用显示算法或者阶段等算法加速求解。QSSA因简单性和精确性而被广泛地用于机理简化中[78,81]。另外还有一些其他的时间尺度分析简化方法，如速度控制的约束平衡方法（rate-controlled constrained-equilibrium，RCCE）[82-88]、计算奇异摄动法[89]及本征低维流形法

（intrinsic low dimensional manifold，ILDM）[90]等。

在上述简化方法的讨论中，笔者发现 DRG 类简化方法、CSP 方法、敏感度分析以及准稳态近似等方法在机理简化中仍扮演着重要的角色。另外，随着人们对简化机理的期望不断增大，既要求简化机理具有较高的模拟精度，又要求简化机理的尺寸尽可能最小，这对机理简化的方法提出了较高的要求，也在很大程度上促进了简化方法的发展，如人工神经网络（artificial neural network）[91]、自组织图[92]、熵产率分析（entropy production analysis）[93]和必要性分析法（necessity analysis method）[94]以及其他方法[95,96]等。国内的相关学者也发展了机理简化方法，如中国科技大学的蒋勇、邱榕等学者提出的关联水平法[97]，重庆大学的苟小龙提出的多代通量路径分析法[98]，大连理工大学的贾明等学者甚至提出了解耦法来直接构建小尺寸的燃烧机理[99]。笔者课题组的刘爱科等提出了流量投影树法（flux projection tree，FPT）[100]和近似轨迹优化算法（ATOA）[101]。目前所有简化方法的发展一般都是针对特定的简化目的，在应对复杂的化学动力学机理简化时，为获得机理简化的最佳效果和提高简化的总体效率，Lu 等提出了系统简化的思路，即将主流的简化方法按照一定的顺序联合起来，按合理的顺序对详细机理进行逐一的简化[17]。首先基于框架简化方法从详细机理出发，删除不重要的组分和反应构建框架机理；然后基于框架机理的模拟结果，通过时间尺度分析手段，最后构建全局简化机理。

随着计算机的发展，对详细机理实现自动的、系统的简化是一个重要的发展趋势。对详细机理的合理简化不仅要花费人们大量的时间和精力，同时还要求科研工作者具备相关专业知识的储备，甚至还需要编写相关程序进行机理简化及其验证。因此，全自动机理简化软件的开发是一项很有意义的工作，它不仅使人们免于繁杂的机理简化工作，而且通过计算机处理的结果可靠性要优于人们的操作。早在 1988 年，Chen 等就开发了 CARM 软件[102]来处理机理中的准稳态组分。2007年，中国的钱炜祺等学者开发的 SPARCK 软件[103]也是来处理机理中的准稳态组分，进而构建全局的总包机理。它们的不足是没有涉及机理的框架简化，且不适合处理组分数目较多的详细机理。普林斯顿大学的 Wenting Sun 和 Yiguang Ju 等在 2009 年开发了 Princeton-ChemRC 机理简化软件[104]，该软件包含了 DRG 和 PFA 简化方法，简化时的抽样可以覆盖到 SENKIN、PSR 和 PFA 等燃烧模型的计算结果。而且重要的是 Princeton-ChemRC 是一个免费的机理简化软件，这为相关科研工作者提供了极大的便利，但该软件没能实现机理的自动简化和对简化机理的自动验证。Reaction Design 公司也开发了 CHEMKIN-PRO Reaction WorkBench 机理自动简化软件[105]，不过它是一个商业化软件。Reaction WorkBench 中采用了 DRG、PCA 和 CSP 三种方法对详细机理进行简化，用户在简化过程中可以控制程序的运行，不但可以在框架机理中任意保留组分，而且可以使用参数化的研究方法，同时运行时还会对机理的简化效果进行评价。Shi 等[106]在 2010 年也开展了机理自动简化的工作，但他们考虑了框架简化 DRGEP 和 PCA 方法。2013 年，肖干等[107]参考 Shi 等的做法也开展了类似的自动简化工作，但他们均没能提供可以使用的机理自动简化程序。

为了使相关科研工作者有一个既能够对详细机理系统简化且又可以免费使用的机理自动简化软件，四川大学在 2014 年开发了碳氢燃料燃烧机理自动简化程序（ReaxRed）[19,108]。ReaxRed 中包含了十种框架简化方法和一种时间尺度分析方法，且将框架简化和时间尺度分析方法组合在了一起对详细机理进行简化。相比于 Princeton-ChemRC 和 Reaction Workbench 两个软件，该程序具有更多的简化方法和更强大的自动运行性能，且操作方便，同时也给予了用户完全控制的权利。另外，ReaxRed 自动简化软件还可以用于燃料热裂解机理的简化，更重要的是与 Princeton-ChemRC 一样是免费的机理自动简化软件包。而在进行机理简化时，一般会要求简化机理在包含尽可能少的组分和反应条件下，与详细机理相比仍保持较高的精度。因此在 ReaxRed 自动简化软件中每生成一个简化机理，就在抽样的工况范围内对获得的简化机理进行燃烧模拟并将模拟结果与详细机理的结果进行比对和验证，自动给出简化机理的精度，这样可以帮助用户对简化机理有一个直观的认识。

参考文献

[1] Stephen R T. An introduction to combustion. Concepts and applications[M]. WCB/McGraw-Hill, 2000.

[2] Warnatz J, Maas U, Dibble R W. Combustion physical and chemical fundamentals modeling and simulation, experiments, pollutant formation[M]. Springer, 2006.

[3] BP statistical review of world energy[EB]. 2021.

[4] Law C K. Combustion physiscs[M]. New York: Cambridge University Press, 2006.

[5] Miller J A, Bowman C T. Mechanism and modeling of nitrogen chemistry in combustion[J]. Prog Energy Combust Sci, 1989, 15: 287-338.

[6] Simmie J M. Detailed chemical kinetic models for the combustion of hydrocarbon fuels[J]. Prog Energy Combust Sci, 2003, 29: 599-634.

[7] Kohse-Hoinghaus K, Oβwald P, Cool T A, et al. Biofuel combustion chemistry: From ethanol to biodiesel[J]. Angew Chem Int Ed, 2010, 49: 3572-3598.

[8] Law C K. Fuel options for next generation chemical propulsion[J]. AIAA Journal, 2012, 50(1): 19-36.

[9] Dooley S, Won S H, Heyne J, et al. The experimental evaluation of a methodology for surrogate fuel formulation to emulate gas phase combustion kinetic phenomena[J]. Combust Flame, 2012, 159: 1444-1466.

[10] Battin-Leclerc F, Blurock E, Bounaceur R, et al. Towards cleaner combustion engines through groundbreaking detailed chemical kinetic models[J]. Chem Soc Rev, 2011, 40: 4762-4782.

[11] Dagaut P, Cathonnet M. The ignition, oxidation, and combustion of kerosene: A review of experimental and kinetic modeling[J]. Prog Energy Combust Sci, 2006, 32: 48-92.

[12] Curran H J. Developing detailed chemical kinetic mechanisms for fuel combustion[J]. Proceedings of the Combustion Institute, 2019, 37(1): 57-81.

[13] Mehl M, Chen J Y, Pitz W J, et al. An approach for formulating surrogates for gasoline with application toward a reduced surrogate mechanism for CFD engine modeling[J]. Energy Fuels, 2011, 25: 5215-5223.

[14] Fernández-Ramos A, Miller J A, Klippenstein S J, et al. Modeling the kinetics of bimolecular reactions[J]. Chem Rev, 2006, 106: 4518-4584.

[15] Pilling M J. From elementary reactions to evaluated chemical mechanisms for combustion models[J]. Proc Combust Inst, 2009, 32: 27-44.

[16] Zádor J, Taatjes C A, Fernandes R X. Kinetics of elementary reactions in low-temperature autoignition chemistry[J]. Prog Energy Combust Sci, 2011, 37: 371-421.

[17] Lu T, Law C K. Strategies for mechanism reduction for large hydrocarbons: n-heptane[J]. Combust Flame, 2008, 154: 153-163.

[18] Lu T, Law C K. Toward accommodating realistic fuel chemistry in large-scale computations[J]. Prog Energy Combust Sci, 2009, 35: 192-215.

[19] 李树豪, 刘建文, 李瑞, 等. 碳氢燃料燃烧机理的自动简化[J]. 高等学校化学学报, 2015, 36: 1576-1587.

[20] Niemeyer K E, Sung C, Raju M P. Skeletal mechanism generation for surrogate fuels using directed relation graph with error propagation and sensitivity analysis[J]. Combust Flame, 2010, 157: 1760-1770.

[21] Chen Z. Studies on the initiation, propagation, and extinction of premixed flames, in Mechanical and Aerospace Engineering[D]. USA: Princeton University, 2009.

[22] 张李东, 王占东, 杨玖重. 合肥光源在反应动力学研究中的进展[J]. 现代物理知识, 2020, 32(3): 41-44.

[23] Hirschfelder J O, Curtiss C F, Campbell D E. The theory of flame propagation. IV[J]. J Phys Chem, 1953, 57: 403-414.

[24] Spalding D B. The theory of flame phenomena with a chain reaction[J]. Philos Trans R Soc, 1956, 249: 1-25.

[25] Seery D J, Bowman C T. An experimental and analytical study of methane oxidation behind shock waves[J]. Combust Flame, 1970, 14: 37-47.

[26] Smoot L D, Hecker W C, Williams G A. Prediction of propagating methane-air flames[J]. Combust Flame, 1976, 26: 323-342.

[27] Bowman C T. A shock-tube investigation of the high-temperature oxidation of methanol[J]. Combust Flame, 1975, 25: 343-354.

[28] Westbrook C K, Dryer F L. Comprehensive mechanism for methanol oxidation[J]. Combust Sci Technol, 1979, 20: 125-140.

[29] Westbrook C K, Mizobuchi Y, Poinsot T J, et al. Computational combustion[J]. Proc Combust Inst, 2005, 30: 125-157.

[30] Westbrook C K, Dryer F L. Chemical kinetic modeling of hydrocarbon combustion[J]. Prog Energy Combust Sci, 1984, 10: 1-57.

[31] Jiang R, Liu G, Zhang X. Thermal Cracking of Hydrocarbon Aviation Fuels in Regenerative Cooling Microchannels[J]. Energy Fuels, 2013, 27: 2563-2577.

[32] Curran H J, Gaffuri P, Pitz W J, et al. A comprehensive modeling study of n-heptane oxidation[J]. Combust Flame, 1998, 114: 149-177.

[33] Buda F, Heyberger B, Fournet R, et al. Modeling of the gas-phase oxidation of cyclohexane[J]. Energy Fuels, 2006, 20: 1450-1459.

[34] Green W H, Barton P I, Bhattacharjee B, et al. Computer construction of detailed chemical kinetic models for gas-phase reactors[J]. Ind Eng Chem Res, 2001, 40: 5362-5370.

[35] Muharam Y, Warnatz J. Kinetic modelling of the oxidation of large aliphatic hydrocarbons using an automatic mechanism generation[J]. Phys Chem Chem Phys, 2007, 9: 4218-4229.

[36] Ranzi E, Faravelli T, Gaffuri P, et al. A wide-range modeling study of iso-octane oxidation[J]. Combust Flame, 1997, 108: 24-42.

[37] 李军, 邵菊香, 刘存喜, 等. 碳氢燃料热裂解机理及化学动力学模拟[J]. 化学学报, 2010(3): 239-245.

[38] 李树豪, 席双惠, 张丽娜, 等. 小分子燃料对 RP-3 航空煤油燃烧作用的数值研究[J]. 推进技术, 2018, 39(8): 1863-1872.

[39] Kee R J, Rupley F M, Miller J A. Chemkin-Ⅱ: A Fortran chemical kinetics package for the analysis of gas-phase chemical kinetics[C]. Sandia National Labs, Livermore, CA(USA), 1989.

[40] Cuoci A, Frassoldati A, Faravelli T, et al. Open SMOKE: Numerical modeling of reacting systems with detailed kinetic mechanisms[C]. In XXXIV meeting of the Italian Section of the Combustion Institute, 2011.

[41] Goodwin D G. CANTERA: An open-source, object-oriented software suite for combustion[C]. In NSF Workshop on Cyber-based Combustion Science, NSF Headquarters, Arlington, VA, 2006.

[42] Ianni J C. A comparison of the Bader-Deuflhard and the Cash-Karp Runge-Kutta integrators for the GRI-MECH 3. 0 model based on the chemical kinetics code Kintecus[J]. Computational Fluid and Solid Mechanics, 2003, 6: 1368-1372.

[43] Lund C M. HCT: A general computer program for calculating time-dependent phenomena involving one-dimensional hydrodynamics, transport, and detailed chemical kinetics[C]. Lawrence Livermore Laboratory, University of California, 1978.

[44] Law C K, Sung C J, Wang H, et al. Development of comprehensive detailed and reduced reaction mechanisms for combustion modeling[J]. AIAA J, 2003, 41: 1629-1646.

[45] Xi S, Xue J, Wang F, et al. Reduction of large-size combustion mechanisms of n-decane and n-dodecane with an improved sensitivity analysis method[J]. Combustion and Flame, 2020, 222, 326-335.

[46] Xue J, Xi S, Wang F. An extensive study on skeletal mechanism reduction for the oxidation of C_0-C_4 fuels[J]. Combustion and Flame, 2020, 214: 184-198.

[47] 苟小龙, 孙文廷, 陈正. 燃烧数值模拟中的复杂化学反应机理处理方法[J]. 中国科学: 物理学 力学 天文学, 2017, 47(7): 070006.

[48] Ju Y. Recent progress and challenges in fundamental combustion research[J]. Advances in Mechanics, 2014, 44(1): 201402.

[49] Luo Z, Yoo C S, Richardson E S, et al. Chemical explosive mode analysis for a turbulent lifted ethylene jet flame in highly-heated coflow[J]. Combust Flame, 2012, 159: 265-274.

[50] 李树豪. 碳氢燃料化学动力学机理的系统简化[D]. 成都: 四川大学, 2016.

[51] Pitz W J, Mueller C J. Recent progress in the development of diesel surrogate fuels[J]. Progress in Energy and Combustion Science, 2011, 37: 330-350.

[52] Guo J, Xu J, Li Z, et al. Temperature and pressure dependent rate coefficients for the reaction of C_2H_4 + HO_2 on the $C_2H_4O_2H$ potential energy surface[J]. Journal of Physical Chemistry A, 2015, 119: 3161-3170.

[53] Luo Z. Development of reduced chemical kinetics for combustion simulations with transportation fuels[D]. 2013.

[54] Wang Q D, Fang Y, Wang F, et al. Skeletal mechanism generation for high-temperature oxidation of kerosene surrogates[J]. Combust Flame, 2012, 159: 91-102.

[55] Rabitz H, Kramer M, Dacol D. Sensitivity analysis in chemical kinetics[J]. Annu Rev Phys Chem, 1983, 34: 419-461.

[56] Valorani M, Creta F, Goussis D A, et al. An automatic procedure for the simplification of chemical kinetic mechanisms based on CSP[J]. Combust Flame, 2006, 146: 29-51.

[57] Valorani M, Creta F, Donato F, et al. Skeletal mechanism generation and analysis for n-heptane with CSP[J]. Proc Combust Inst, 2007, 31: 483-490.

[58] Wang H, Frenklach M. Detailed reduction of reaction mechanisms for flame modeling[J]. Combust Flame, 1991, 87: 365-370.

[59] Perini F, Brakora J L, Reitz R D, et al. Development of reduced and optimized reaction mechanisms based on genetic algorithms and element flux analysis[J]. Combust Flame, 2012, 159: 103-119.

[60] Lu T F, Law C K. A directed relation graph method for mechanism reduction[J]. Proc Combust Inst, 2005, 30: 1333-1341.

[61] Lovas T. Automatic generation of skeletal mechanisms for ignition combustion based on level of importance analysis[J]. Combust Flame, 2009, 156: 1348-1358.

[62] Vajda S, Valko P, Turanyi T. Principal component analysis of kinetic models[J]. Int J Chem Kinet, 1985, 17: 55-81.

[63] Pepiot-Desjardins P, Pitsch H. An efficient error-propagation-based reduction method for large chemical kinetic mechanisms[J]. Combust Flame, 2008, 154: 67-81.

[64] Luo Z Y, Lu T F, Maciaszek M J, et al. A reduced mechanism for high-temperature oxidation of biodiesel surrogates[J]. Energy Fuels, 2010, 24: 6283-6293.

[65] Sun W, Chen Z, Gou X, et al. A path flux analysis method for the reduction of detailed chemical kinetic mechanisms[J]. Combust Flame, 2010, 157: 1298-1307.

[66] Zheng X L, Lu T F, Law C K. Experimental counterflow ignition temperatures and reaction mechanisms of 1, 3-butadiene[J]. Proc Combust Inst, 2007, 31: 367-375.

[67] Niemeyer K E, Sung C J. Mechanism reduction for multicomponent surrogates: A case study using toluene reference fuels[J]. Combust Flame, 2014, 161: 2752-2764.

[68] Li R, Li S, Wang F, et al. Sensitivity analysis based on intersection approach for mechanism reduction of cyclohexane[J]. Combust Flame, 2016, 166: 55-65.

[69] Fournet R, Warth V, Glaude P A, et al. Automatic reduction of detailed mechanisms of combustion of alkanes by chemical lumping[J]. Int J Chem Kinet, 2000, 32: 36-51.

[70] Huang H, Fairweather M, Griffiths J F, et al. systematic lumping approach for the reduction of comprehensive kinetic models[J]. Proc Combust Inst, 2005, 30: 1309-1316.

[71] Ranzi E, Dente M, Goldaniga A, et al. Lumping procedures in detailed kinetic modeling of gasification, pyrolysis, partial oxidation and combustion of hydrocarbon mixtures[J]. Prog Energy Combust Sci, 2001, 27: 99-139.

[72] Battin-Leclerc F. Detailed chemical kinetic models for the low-temperature combustion of hydrocarbons with application to gasoline and diesel fuel surrogates[J]. Prog Energy Combust Sci, 2008, 34: 440-498.

[73] Li G, Rabitz H. A general analysis of exact lumping in chemical kinetics[J]. Chem Eng Sci, 1989, 44: 1413-1430.

[74] Li G Y, Rabitz H. A general analysis of approximate lumping in chemical kinetics[J]. Chem Eng Sci, 1990, 45: 977-1002.

[75] Li G Y, Rabitz H, Toth J. A general analysis of exact nonlinear lumping in chemical kinetics[J]. Chem Eng Sci, 1994, 49: 343-361.

[76] Tomlin A S, Li G Y, Rabitz H, et al. A general analysis of approximate nonlinear lumping in chemical kinetics. II . Constrained lumping[J]. J Chem Phys, 1994, 101: 1188-1201.

[77] Ahmed S S, Mauss F, Moreac G, et al. A comprehensive and compact n-heptane oxidation model derived using chemical lumping[J]. Phys Chem Chem Phys, 2007, 9: 1107-1126.

[78] Lu T F, Law C K. Diffusion coefficient reduction through species bundling[J]. Combust Flame, 2007, 148: 117-126.

[79] Dell'Acqua G, Bersani A M. A perturbation solution of Michaelis-Menten kinetics in a "total" framework[J]. J Math Chem, 2012, 50: 1136-1148.

[80] Chapman D L, Underhill L K. LV. —The interaction of chlorine and hydrogen. The influence of mass[J]. J Chem Soc Trans, 1913, 103: 496-508.

[81] Lu T F, Ju Y G, Law C K. Complex CSP for chemistry reduction and analysis[J]. Combust Flame, 2001, 126: 1445-1455.

[82] Keck J C. Rate-controlled constrained-equilibrium theory of chemical reactions in complex systems[J]. Prog Energy Combust Sci, 1990, 16: 125-154.

[83] Jones W P, Rigopoulos S. Reduced chemistry for hydrogen and methanol premixed flames via RCCE[J]. Combust Theory Modelling, 2007, 11: 755-780.

[84] Jones W P, Rigopoulos S. Rate-controlled constrained equilibrium: Formulation and application to nonpremixed laminar flames[J]. Combust Flame, 2005, 142: 223-234.

[85] Rigopoulos S. The rate-controlled constrained equilibrium (RCCE) method for reducing chemical kinetics in systems with time-scale separation[J]. Int J Multiscale Comput Eng, 2007, 5: 11-18.

[86] Yousefian V. A rate-controlled constrained-equilibrium thermochemistry algorithm for complex reacting systems[J]. Combust Flame, 1998, 115: 66-80.

[87] Tang Q, Pope S B. A more accurate projection in the rate-controlled constrained-equilibrium method for dimension reduction of combustion chemistry[J]. Combust Theory Modelling, 2004, 8: 255-279.

[88] Tang Q, Pope S B. Implementation of combustion chemistry by in situ adaptive tabulation of rate-controlled constrained equilibrium manifolds[J]. Proc Combust Inst, 2002, 29: 1411-1417.

[89] Lam S H, Gousiss D A. The CSP method for simplifying kinetics[J]. Int J Chem Kinet, 1994, 26: 461-486.

[90] Maas U, Pope S B. Simplifying chemical kinetics: Intrinsic low-dimensional manifolds in composition space[J]. Combust Flame, 1992, 88: 239-264.

[91] Chen J Y, Blasco J A, Fueyo N, et al. An economical strategy for storage of chemical kinetics: Fitting in situ adaptive tabulation with artificial neural networks[J]. Proc Combust Inst, 2000, 28: 115-121.

[92] Blasco J A, Fueyo N, Dopazo C, et al. A self-organizing-map approach to chemistry representation in combustion applications[J]. Combust Theory Modelling, 2000, 4: 61-76.

[93] Kooshkbaghi M, Frouzakis C E, Boulouchos K, et al. Ⅴ. Entropy production analysis for mechanism reduction[J]. Combust Flame, 2014, 161: 1507-1515.

[94] Karadeniz H, Soyhan H S, Sorusbay C. Reduction of large kinetic mechanisms with a new approach to the necessity analysis method[J]. Combust Flame, 2012, 159: 1467-1480.

[95] Ross J, Villaverde A F, Banga J R, et al. A generalized fisher equation and its utility in chemical kinetics[J]. Proc Natl Acad Sci USA, 2010, 107: 12777-12781.

[96] Villaverde A F, Ross J, Moran F, et al. Use of a generalized fisher equation for global optimization in chemical kinetics[J]. J Phys Chem A, 2011, 115: 8426-8436.

[97] 蒋勇, 邱榕. 研究论文复杂化学机理简化的关联水平法[J]. 化学学报, 2010, 68: 403-412.

[98] 苟小龙, 王卫, 桂莹, 等. 一种多代路径通量分析化学机理简化方法[J]. 推进技术, 2012, 33: 412-417.

[99] Chang Y, Jia M, Liu Y, et al. Development of a new skeletal mechanism for n-decane oxidation under engine-relevant conditions based on a decoupling methodology[J]. Combust Flame, 2013, 160: 1315-1332.

[100] Liu A K, Jiao Y, Li S H, et al. Flux projection tree method for mechanism reduction[J]. Energy Fuels, 2014, 28: 5426-5433.

[101] 刘爱科, 李树豪, 王繁, 等. 乙烯氧化动力学机理简化[J]. 推进技术, 2015, 36: 142-148.

[102] Chen J Y. A general procedure for constructing reduced reaction mechanisms with given independent relations[J]. Combust Sci and Tech, 1988, 57: 89-94.

[103] 钱炜祺, 杨顺华, 肖保国, 等. 碳氢燃料点火燃烧的简化化学反应动力学模型[J]. 力学学报, 2007, 39: 37-44.

[104] http://engine.princeton.edu/download.htm.

[105] http://www.reactiondesign.com/products/chemkin/reaction-workbench/.

[106] Shi Y, Ge H W, Brakora J L, et al. Automatic chemistry mechanism reduction of hydrocarbon fuels for HCCI engines based on DRGEP and PCA methods with error control[J]. Energy Fuels, 2010, 24: 1646-1654.

[107] 肖干, 张煜盛, 郎静. DRGEP 联合 PCA 方法的详细机理自动简化[J]. 内燃机工程, 2013, 34: 20-25.

[108] http://ccg.scu.edu.cn/ReaxRed.htm.

第4章

燃烧反应动力学
基本理论和方法

4.1　概述

　　燃烧是一个耦合了流动、传热传质和化学反应等多种物理和化学因素的复杂过程，因而必须对多因素决定的燃烧过程进行解耦分析，进而深入理解燃烧的本质和奥秘[1]。如何获取准确的基元反应速率常数，从而提高燃烧机理的精确度，是目前燃烧反应动力学领域中比较关心的问题之一。燃烧基元反应的速率常数主要通过量子化学理论计算和实验测量两种途径获取。其中量子化学计算主要是以基元反应势能面为基础，通过统计动力学方法计算获得该反应随压力和温度变化的速率常数；而实验测量则主要结合激波管和流动反应器平台，采用先进的监测技术手段开展[2]。由于实验测量的局限性及理论计算方法的发展和日趋完善以及计算能力的提高，因此，目前理论计算已经成为国际燃烧领域基元反应速率的主要来源。另外，大分子含碳燃料燃烧机理尤其是低温燃烧机理仍然是国际上研究的重点和难点，为了保证燃烧机理能够适用于不同温度、压力、当量等宽工况范围，就需要保证燃烧机理中的反应类型不仅包括热分解、低温氧化和高温氧化三种条件，而且需要保证反应参数具备随温度和压力变化的迁移性。本章主要是对燃烧动力学中用到的量子化学的基本计算理论和方法进行大致介绍。

　　量子化学是以量子力学基本原理为基础，研究相关分子性质、微观结构、分子间相互作用的最基础的学科。其中薛定谔方程（Schrödinger 方程）是量子力学的基本方程，而且 Schrödinger 方程是用于解决波函数 $\psi(r,t)$ 随时间变化以及在各种情况下体系的状态波函数 $\psi(r,t)$ 的有效方法。量化计算的核心问题是求解 Schrödinger 方程，但精确地求解薛定谔方程是十分困难的；通常只有简单的系统，如氢原子等薛定谔方程才能精确求解，而对于一般多电子体系，通常只能得到近似解。在求解该方程时，通常采用三个基本近似[3]：

　　① 非相对论近似是指在计算求解时选取电子的静止质量。对于碳氢化合物来说，这种非相对论近似带来的误差完全可以接受；而对于含重金属和重元素的化合物，则需要对计算结果进行修正，否则会带来很大的误差。

　　② Born-Oppenheimer 近似也称为绝热近似或定核近似。在分子振动中，由于原子核的质量远大于电子的质量，因此原子核的运动要比电子慢得多，这时可以假设核的运动并不影响分子的电子状态。在该近似的基础之上，才有势能面的概念以及过渡态、稳定几何结构的概念[4]。

③ 单电子近似，也称作轨道近似、独立粒子近似和平均场近似。分子中各个电子本身存在相互作用，单电子近似是指不考虑其中一个电子与其他电子的瞬间作用，而设想该电子受到其他所有电子形成的电场的排斥。

量子化学理论方法虽然在计算和预测研究体系中的反应动力学参数和相关热力学参数方面取得了显著成功，但计算是基于这些假设与近似开展的，也必然导致计算结果存在不同程度的误差。如从头算方法中的 Hartree-Fock（HF）方法计算时没考虑电子相关能，因此得到的总能量偏高；而本书中涉及的组态相互作用方法[5-8]、耦合簇方法[9,10]、密度泛函理论[11-14]则都考虑了电子相关能，因此得到的结果要相对准确。

反应速率常数的计算一般是指基于量子化学计算方法来获取用于表征化学反应速率常数的三参数形式。本书中涉及的反应速率理论主要有传统过渡态理论、变分过渡态理论以及 Rice Ramsberger Kassel Marcus（RRKM）[15-17]理论结合 Master Equation（ME）[18-20]的方法。传统过渡态理论常被用来处理存在明显过渡态的反应体系，也是反应速率常数计算中常用的理论；而对于一个找不到过渡态的反应体系，就需要采用变分过渡态理论进行计算；对于单分子反应体系而言，则采用 RRKM 理论计算可得到很好的结果，若将 RRKM 理论与 ME 相结合就可以计算出与压强相关的速率常数。以上研究方法保证了复杂燃烧体系中反应速率常数的精确求解，这为燃烧机理能够适用于较宽工况的预测和模拟提供了重要的保障。

通过上述基础理论介绍可以发现从理论上研究碳氢燃料燃烧反应机理的可行性。燃烧反应机理所包含的反应可以通过势能面上的量子化学计算得到，速率常数可以由量子化学计算结合反应速率理论得到，热力学参数可以通过量子化学计算结合统计热力学以及宏观热力学得到，然后通过详细的化学动力学模拟并结合实验结果，就可以对反应机理进行验证和优化了。

4.2 电子结构理论

4.2.1 Hartree-Fock 方法

Hartree-Fock 方程本征方程表达形式为[21]：

$$f(i)\chi(\chi_i) = \varepsilon\chi(\chi_i)$$　　　　　（4-1）

式中，ε 是轨道 χ_i 的能量；$f(i)$ 是一个有效的单电子算符，叫作 Fock（福克）算符。

$$f(i) = -\frac{1}{2}\nabla_i^2 - \sum_{A=1}^{M}\frac{Z_A}{r_{iA}} + \upsilon^{HF}(i)$$　　　　　（4-2）

式中，$\upsilon^{HF}(i)$ 是第 i 个电子受到的由于其他电子的存在而产生的平均势场。HF 方程虽然具有简单的本征方程形式，但福克算子中的库仑算子和交换算子中含有所有的表达式，因而实际上方程的形式非常复杂，无法求得精确的解析解，只能使用迭代法求解，即量子化学中所谓的"自洽场方法"。

HF 方法的基本思想是采用平均相互作用的方法将多电子问题转变为单电子问题。虽然 HF 近似解决了多电子体系薛定谔方程求解的问题，然而由于这种平均的近似处理，丢失了电子相关能的计算，而处理电子相关能丢失的方法被称为电子相关方法，如组态相互作用理论[5-8]、耦合簇理论[9,10]、密度泛函理论[11-14]等。前两种都是以 HF 波函数理论为基础的，也经常被称为 Post-HF 方法，密度泛函理论则基于不同的思路开展。

4.2.2　组态相互作用理论

组态相互作用（configuration interaction，CI）[22]又称为组态混合或组态叠加，是最早计算电子相关能的方法之一，其核心在于将多电子波函数近似展开成有限个斯莱特行列式（Slater determinant）波函数（组态函数）的线性组合，然后利用变分法确定组合系数。CI 方法中的试探波函数可表示为：

$$\Psi_{CI} = a_0\Phi_{HF} + \sum a_S\Phi_S + \sum a_D\Phi_D + \cdots = \sum_{i=0}a_i\Phi_i$$　　　　　（4-3）

式中，下标 S、D 等分别对应的行列式为单、双激发行列式。

在给定基组下，若所有可能的行列式都包括在 CI 波函数中，则该方法就被称为完全 CI 方法。CI 方法中的行列式称为组态函数，简称组态。完全 CI 方法能够给出精确的能量上限值，且计算得到的能量结果满足"大小一致性"。但是在用 CI 方法计算时，其收敛很慢，且在处理电子激发时组态数增加非常快，通常只能考虑有限的激发，如 CISD 方法只考虑单、双激发。不过，这种"截断"的 CI 方法都不具有大小一致性。Pople 等[23]在 CI 方程中加入新项，避免了 CISD 中存在的大小不一致性问题；新项以二次项形式出现，该方法被称为 QCI（quadratic configuration interaction）方法。QCISD 方法不仅具有大小一致性，而且还包含了更高级别的电子相关能。常用的 QCISD（T）理论[23]方法则是在 QCISD 理论方法基础上通过微扰理论处理三激发。

通常情况下，HF 方程给出的单 Slater 行列式波函数可以作为可靠的参考态，但是当价轨道能量接近或者简并时，如断键反应，此时 HF 方法则不太准确。这类体系比较有效的处理方法是多组态自洽场（MCSCF）方法[24]。多组态自洽场方法将 HF 方程的求解方法用于多电子基函数展开的电子波函数中，其本质上也可以认为是一种 CI 方法。MCSCF 方法是一种最常用的完全活性空间自洽场（complete active space self consistent field，CASSCF）方法，在 CASSCF 中，轨道被分为活性空间和非活性空间。在具体研究过程中，认为非活性空间轨道的电子数目不发生变化。活性空间一般选择选取 HF 水平的 HOMO 和 LUMO 附近的轨道，并对活性空间进行完全 CI 计算和优化对称匹配组态。

对于一些较大的体系，由于在活化空间的选择上把一些价电子视为填充在闭壳层轨道上而忽略了这一部分的相关能，因此 CASSCF 方法常常会高估计算体系的能量。以 Mler-Plesset 微扰理论类似的思想，在 CASSCF 参考态的基础上，进行二级微扰计能量修正，即为 CASPT2 方法[25]。能量计算上，CASPT2 方法比 CASSCF 方法更精确，但是对计算要求非常高。

4.2.3 耦合簇理论

耦合簇（coupled cluster，CC）理论[26,27]是 20 世纪 60 年代由 Ciezk 等发展起来的，并迅速成为了最可靠、最准确的量子化学计算方法之一。CC 理论基本方程为：

$$|\Psi\rangle \approx |\Psi_{CC}\rangle = e^{\hat{T}}|\Phi_0\rangle \qquad (4\text{-}4)$$

式中，$\hat{T}$ 是一个与独立粒子相关的激发态生成算符，其计算形式如下：

$$\hat{T} = \hat{T}_1 + \hat{T}_2 + \cdots + \hat{T}_n = \sum_n \hat{T}_n \qquad (4-5)$$

当第 n 重激发算符 $\hat{T}_n$ 作用到 HF 单参考波函数 $\varPhi_0$ 上时，可以得到激发 Slater 行列式，具体如下：

$$\hat{T}_1 \varPhi_0 = \sum_a^{occ} \sum_r^{vir} t_a^r \varPhi_a^r, \hat{T}_2 \varPhi_0 = \sum_{a<b}^{occ} \sum_{r<s}^{vir} t_{ab}^{rs} \varPhi_{ab}^{rs} \qquad (4-6)$$

由公式（4-5）和式（4-6）可以展开算符 $\exp \hat{T}$ 得到

$$
\begin{aligned}
e^{\hat{T}} &= 1 + \hat{T} + \frac{1}{2}\hat{T}^2 + \frac{1}{3!}\hat{T}^3 + \cdots \\
&= 1 + \hat{T}_1 + \left(\hat{T}_2 + \frac{1}{2}\hat{T}_1^2\right) + \left(\hat{T}_3 + \hat{T}_1\hat{T}_2 + \frac{1}{2}\hat{T}_1^3\right) + \cdots \\
&= 1 + \hat{c}_1 + \hat{c}_2 + \hat{c}_3 + \cdots
\end{aligned}
\qquad (4-7)
$$

式中，$\hat{c}_1$、$\hat{c}_2$、$\hat{c}_3$ 等分别为单、双、三体耦合簇，分别代表 1、2、3 个电子从占据轨道被激发到虚轨道上。

需要指出的是，耦合簇波函数不能通过标准的本征值方法计算得到，而是通过迭代求解。

$$\left\langle \varPhi_0 \left| e^{-\hat{T}} \hat{H} e^{\hat{T}} \right| \varPhi_0 \right\rangle = E \qquad (4-8)$$

$$\left\langle \varPhi_a^r \left| e^{-\hat{T}} \hat{H} e^{\hat{T}} \right| \varPhi_0 \right\rangle = 0 \qquad (4-9)$$

$$\left\langle \varPhi_{ab}^{rs} \left| e^{-\hat{T}} \hat{H} e^{\hat{T}} \right| \varPhi_0 \right\rangle = 0 \qquad (4-10)$$

通常耦合簇方法的计算量非常大，目前比较实用和可靠的是 CCSD（T）方法，该方法包含了一个单激发和三激发的耦合项。由于耦合簇方法也是基于单行列式参考的，因此结果的准确性依赖于单参考态是否是主要的。T_1 诊断可用来考察耦合簇波函数的多参特征：

$$T_1 = \frac{|t_1|}{\sqrt{N}} \qquad (4-11)$$

式中，$|t_1|$ 为单激发幅度的模；N 为相关电子数目。对于闭壳层体系，当 T_1 诊断值不超过 0.02 时，可认为 CCSD（T）方法的结果非常准确；否则，认为体系的非动态相关效应可能比较大，CCSD（T）的结果可能不准确。对于开壳层体

系，T_1 诊断值不大于 0.045 都是可以接受的[28,29]。

4.2.4　密度泛函理论

密度泛函理论（density functional theory，DFT）可计算复杂体系，且计算耗时较少，同时计算结果精度也能够满足众多研究工作需求，因此得到了广泛应用。密度泛函理论是凝聚态物理和计算化学领域最常用的方法之一，常被用来研究分子和凝聚态的性质。与上述从多电子波函数出发讨论电子相关处理不同，DFT 方法将直接确定精确的基态能量和电子密度，而不需通过多电子波函数中间步骤。N 电子波函数是基于 $3N$ 个坐标变量，而密度泛函方法只与 3 个变量有关，因此 DFT 方法可以大大简化电子结构计算。

虽然密度泛函理论的概念起源于 Thomas-Fermi 模型，但直到 Hohenberg-Kohn 定理[12]提出后才有了坚实的理论依据。Hohenberg-Kohn 第一定理指出体系的基态能量仅仅是电子密度的泛函：

$$E = F[\rho(x)] \tag{4-12}$$

一般情况下体系中的基态能量可以分解为：

$$E_0[\rho] = T + E_{ee}[\rho] + E_{eN}[\rho] \tag{4-13}$$

式中，T 为电子动能；$E_{ee}[\rho]$ 为电子-电子相互作用能；$E_{eN}[\rho]$ 为电子-核相互作用能。

Hohenberg-Kohn 第二定理证明了以基态密度为变量，将体系能量最小化之后就得到了基态能量。对于一个近似的（或试探性的）电子密度 $\rho'(r)$，如果有 $\rho'(r) \geqslant 0$ 和 $\int \rho'(r)\mathrm{d}r = N$（$N$ 为电子总数），则变分原理成立：

$$E_0 \leqslant E[\rho'] \tag{4-14}$$

对于式（4-14），如果连接密度和能量的泛函形式能够确定，那么 DFT 方法就是精确的。然而实际上，没有给出精确的泛函形式，而且也没有一个系统的方案去优化泛函。密度泛函方法在量子化学上的普遍应用是通过 Kohn 和 Sham[13]引入轨道的方法实现的。DFT 基态能量 $E[\rho]$ 可以分解为[30]：

$$E[\rho] = T_s[\rho] + V_{\text{ne}}[\rho] + J[\rho] + E_{\text{XC}}[\rho] \qquad (4\text{-}15)$$

式中，$T_s[\rho]$ 为电子动能；$V_{\text{ne}}[\rho]$ 为电子与原子核吸引势能，简称外场能；$J[\rho]$ 为库仑作用能；$E_{\text{XC}}[\rho]$ 为交换-相关能。其中电子动能可以表示为：

$$T_s[\rho] = \sum_i \left\langle \varPhi_i \left| -\frac{1}{2}\nabla^2 \right| \varPhi_i \right\rangle \qquad (4\text{-}16)$$

式中，$\varPhi_i$ 表示已给电子 KS 轨道。KS 参考态电子密度为：

$$\rho(r) = \sum_i |\varPhi_i(r)|^2 \qquad (4\text{-}17)$$

电子与原子核吸引能可以表示为：

$$V_{\text{ne}}[\rho] = \int \rho(r)\upsilon(r)\mathrm{d}r \qquad (4\text{-}18)$$

库仑作用能为：

$$J[\rho] = \frac{1}{2}\iint \frac{\rho(r)\rho(r')}{|r-r'|}\mathrm{d}r\mathrm{d}r' \qquad (4\text{-}19)$$

不同密度泛函理论方法的区别在于交换-相关能泛函形式不同，而且其具有的精确度直接决定了 DFT 理论的准确性和可靠性，在泛函中引入密度梯度可得到更精确的交换-相关能。$E_{\text{XC}}[\rho]$ 可以表示为：

$$E_{\text{XC}}[\rho] = \int f[\rho_\alpha(r),\rho_\beta(r),\nabla\rho_\alpha(r),\nabla\rho_\beta(r)]\mathrm{d}^3r \qquad (4\text{-}20)$$

式中，ρ_α 和 ρ_β 分别表示 α 和 β 电子自旋密度。

在 Kohn-Sham 密度泛函理论（KS-DFT）中，$E_{\text{XC}}[\rho]$ 可以分解为交换能 $E_{\text{X}}[\rho]$ 和相关能 $E_{\text{C}}[\rho]$ 两部分：

$$E_{\text{XC}}[\rho] = E_{\text{X}}[\rho] + E_{\text{C}}[\rho] \qquad (4\text{-}21)$$

密度泛函理论的核心任务就是找到尽可能准确的交换相关泛函，不同 DFT 方法的区别也正是交换-相关能泛函形式的不同。如果能够确定精确的交换-相关泛函的形式，则 DFT 将给出精确的总能量和电子相关能。近年来，已经发展了一些常见的交换能量泛函和相关能量泛函[30]。

① 局域密度泛函（local density approximation），其能量泛函

$$E_{\text{LDA}}^{\text{X}} = -\frac{3}{4}\left(\frac{3}{\pi}\right)^{\frac{1}{3}}\int \rho^{\frac{4}{3}}\mathrm{d}r \qquad (4\text{-}22)$$

② 广义密度梯度近似（generalized gradient approximation），常见的泛函类型如 1988 年 Becke 定义的交换能量泛函 E_{B88}^{X}。

$$E_{B88}^{X} = E_{LDA}^{X} - \gamma \int \frac{\rho^{\frac{3}{4}} X^2}{1 + 6\gamma \sinh^{-1} X} d^3 r \qquad (4-23)$$

③ 杂化泛函。目前最常用的杂化交换和相关能量泛函是 E_{B3LYP}^{XC}。

$$E_{B3LYP}^{XC} = E_{LDA}^{X} + c_0 \left(E_{HF}^{X} - E_{LDA}^{X} \right) + c_X E_{B88}^{X} + E_{VWN3}^{C} + c_C \left(E_{LDA}^{C} - E_{VWN3}^{C} \right) \qquad (4-24)$$

式中，c_0、c_X 和 c_C 代表三个参数。

4.3　反应动力学理论

4.3.1　传统过渡态理论

传统过渡态理论（transition-state theory，TST），又称活化络合物理论，是在 20 世纪 30 年代由 Eyring 等在统计力学和量子力学的基础上发展而来的[31]。传统过渡态理论认为化学反应要形成产物需要经过一个由反应物分子以一定构型存在的过渡态，而不是只通过简单碰撞就能变成产物。传统过渡态理论的基本假定包括[32]：

① Born-Oppenheimer 近似，即把核运动和电子运动分开处理。

② 反应体系中反应物分子和产物分子的能量分布遵循麦克斯韦-玻尔兹曼分布，可以按化学平衡处理过渡态与反应物之间的浓度。

③ 任意反应物越过势能面上的鞍点后，就不再返回。

④ 量子效应可以按经典配分函数替换为量子配分函数来考虑等。

⑤ 过渡态（或活化络合物）越过势能面上鞍点的振动运动可以和分子体系的其他运动相分离。活化络合物的一个振动运动（分解的键沿键轴方向的振动运动）可以和其他运动分离，该振动无回复力，振动发生后活化络合物分解为产物。

传统过渡态理论的统计热力学表达式如下[33]:

$$k(T) = \sigma \frac{k_B T}{h} \times \frac{Q_{\neq}(T)}{Q_R(T)} \exp\left(-\frac{\Delta E_a}{k_B T}\right) \quad (4\text{-}25)$$

式中，$k(T)$为反应速率常数；σ为反应的对称数；k_B和h分别为 Boltzmann 常数和 Planck 常数；$Q_{\neq}(T)$为扣除反应坐标的振动配分函数以外的分子配分函数；$Q_R(T)$为反应物的配分函数；ΔE_a为反应的活化能，即从过渡态到反应物的能量差。

对于正向反应的对称数，用下式计算。

$$\sigma = \frac{n_{R1} n_{R2}}{n_{TS}} \quad (4\text{-}26)$$

式中，n_{R1}、n_{R2}和n_{TS}分别代表反应物 1、反应物 2 以及过渡态的对称数。组分的对称数可以通过组分的点群来计算，不同点群对应的对称数可以从文献[34]中查阅得到。

过渡态理论认为化学反应速率即过渡态解体的速率，并按统计力学或仿化学热力学方法计算反应速率常数，可从求得的活化焓、活化熵分析判断过渡态的能量和结构。根据反应物分子的某些性质，比如分子的质量、振动频率和能量等可以求得反应的速率常数，无需进行化学动力学实验，仅仅依靠分子参数就可以计算反应速率，故又称为绝对反应速率理论。

4.3.2　变分过渡态理论

变分过渡态理论（variational transition-state theory，VTST）[35]是过渡态理论的改进。传统的过渡态理论可以很好地应用于有明显活化能垒的反应，但是却无法处理无能垒的反应，而变分过渡态理论却可以准确地计算。此外，对于过渡态区有稳定的络合物产生的情况，会造成运动轨迹在分隔曲面上的多次往返。这样的问题需要采用变分过渡态理论来处理。通过有效地在反应物和产物之间沿着最低能量路径移动分隔面，变分过渡态理论可以减少再穿越的效应从而使速率常数变小。变分过渡态理论的速率常数是温度和反应坐标的函数，具体如下：

$$k^{VTST}(T) = \min_s k^{GT}(T, s) \quad (4\text{-}27)$$

$$k^{GT}(T,s) = \sigma \frac{kT}{h} \times \frac{q^{GT}(T,s)}{N_a q_A q_B} \exp[-\beta V_{MEP}(s)] \qquad (4\text{-}28)$$

式中，$k^{GT}(T,s)$ 是传统过渡态理论得到的速率常数；$q^{GT}(T,s)$ 是普通过渡态除去沿反应坐标的运动模式后其他所有运动的配分函数；$V_{MEP}(s)$ 是沿最低能量路径的势能。当过渡态在鞍点时（$s=0$），就变成传统过渡态理论。若考虑量子隧道效应，速率常数变为：

$$k(T) = \kappa(T)k^{CVT}(T) \qquad (4\text{-}29)$$

式中，$\kappa(T)$ 即为隧道系数。对于无能垒的反应，如分子断键和分子缔合反应就可采用变分过渡态理论处理。

4.3.3　单分子反应 RRKM 理论

通常单分子反应都是典型的压强相关的反应，最早用于描述单分子反应的通用理论是由 Lindemann 提出的[36]，它是所有单分子理论研究的基础。单分子反应的机理通常由两步完成，具体如下[37]：

总反应：$A \longrightarrow P$。

具体步骤：① $A + A \underset{k_{-1}}{\overset{k_1}{\longleftrightarrow}} A^* + A$；② $A^* \overset{k_2}{\longrightarrow} P$。

其中，A^* 表示活化分子，利用稳态假设 $\dfrac{dc_A^*}{dt} = 0$ 可推出反应速率

$$r = \frac{k_1 k_2 c_A^2}{k_{-1}c_A + k_2} \qquad (4\text{-}30)$$

当 $k_{-1} \gg k_2$ 时（反应物浓度较高时），$r = kc_A$；当 $k_2 \gg k_{-1}$ 时（反应物浓度很低时），$r = k_1 c_A^2$。式（4-30）可以改写成

$$r = k' c_A \qquad (4\text{-}31)$$

式中

$$k' = \frac{k_1 k_2 c_A}{k_{-1}c_A + k_2} \qquad (4\text{-}32)$$

式（4-32）又可以改进一步写成

$$\frac{1}{k'} = \frac{k_{-1}}{k_1 k_2} + \frac{1}{k_1 c_A}$$

（4-33）

由上式可以看出 $1/k'$ 与 $1/c_A$ 存在线性关系，应该为一直线。但实验值却与这一理论推测有一定的差异，如图 4.1 所示。这是因为真实的速率常数存在压降效应，即在某个区间范围内，真实的压强相关速率常数处在高压极限和低压极限速率常数之间，这也说明 Lindemann-Christiansen 理论仍然存在明显不足。

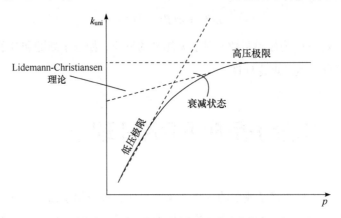

图 4.1　单分子反应压强相关速率常数的压降效应示意图

此后 Hinshelwood 指出，对某些单分子反应，应该考虑分子的运动自由度，因为分子的能量是分配在分子的所有运动自由度中的，许多因素影响分子的能量在各运动自由度中的分配。当分子的富余能量分布在 s 个振动自由度中时，分子就有可能发生反应。然而并非每一振动自由度都会引起富能分子 A^* 转化为产物分子，A^* 可能要经过若干次振动之后，其富余能量才转移到引发 A^* 反应的振动自由度上，使 A^* 转化为产物。改进后的单分子反应，即 Lindemann-Hinshelwood 模型可以很好地解释 k_1 与实验值的差异，但 $1/k'$ 与 $1/c_A$ 关系中实验值与理论值的差异仍不能得到解决，直到后来发展起来的 RRKM 理论才解决了这个难题。

在 Hinshelwood 之后，O. K. Rice、H. C. Ramsperger 和 L. S. Kassel 等又进一步发展了单分子理论，称为 RRK 单分子反应理论[38]。1951 年以后，R. A. Marcus 等又对该理论进一步完善，形成了如今的 RRKM 理论[38]。

RRK 理论认为反应物分子每发生一次碰撞均伴随着能量的传递，这样的碰撞称为强碰撞（strong collision）；碰撞后形成的富能分子寿命则受统计的随机规律支配，也即富余能量随机地分配在分子的正则振动自由度中。富能的反应物分子与松散的耦合振子类似，分子的能量可在各个不同的正则振动模式之间传递，且富能分子中能量在各自由度之间的传递速度大于分子发生化学反应的速率。因此，富能分子 A^* 并不立即转化为产物，而是首先通过多次振动转化为活化络合物 $A^\#$。具体反应步骤如下：

$$A + M \xleftrightarrow[k_{-1}]{k_1} A^* + M$$

$$A^* \xrightarrow{k_2} A^\#$$

$$A^\# \longrightarrow P$$

式中，M 可以是 A 分子，也可以是其他分子，它在碰撞过程中将能量传给 A 分子，则式（4-32）可以改写为：

$$k' = \frac{k_1 k_2 c_M}{k_{-1} c_M + k_2} = \frac{k_2(k_1/k_{-1})}{1 + k_2/(k_{-1}c_M)} \tag{4-34}$$

根据 RRK 理论，富能分子的能量在各个振动自由度上的分配完全是随机的。因此，由 A 到 A^* 的转化完全由统计因素决定。富能分子中高于 E_0^* 的能量转化为活化络合物的某一特定振动模式的概率应与 $\left(\dfrac{E^* - E_0^*}{E^*}\right)^{s-1}$ 成正比，因此得到

$$k_2 = k^\# \left(\frac{E^* - E_0^*}{E^*}\right)^{s-1} \tag{4-35}$$

式中，$k^\#$ 是体系通过鞍点时的速率常数；s 是分子的振动自由度。

虽然根据 RRK 理论计算得到的 $1/k'$ 与 $1/c_M$ 关系能与实验值吻合，但 s 的取值仍要取实验值的 1/2，才能与实验值吻合，这也使得 s 成为一个没有物理意义的参数，同时 RRK 理论对指前因子的估计也不尽如人意，这些缺陷直到 RRKM 理论出现后才得以弥补。

RRKM 理论认为富能分子的能量可分为两部分，即在化学反应过程中保持其量子态不变的非活化部分和活化部分。非活化部分对化学键的断裂毫无贡献，分子的零点能、总的平动能和转动能是非活化的，而振动能和内转动能（internal rotational energy）则是活化的。需要指出的是，只有活化部分对反应才是有贡献的。

在图 4.2 所示的能量图表中，总能量为 E^* 的激发态分子 A^* 转变为 A^+ 时，有部分的活化能量需要用来克服势垒 E_0^*，所以对 A^+ 而言 E_0 是非活化的。其中 X 是 A^+ 沿反应坐标方向的平动能，E_v^+ 和 E_r^+ 分别是 A^+ 的振动能和转动能。它们之间

的关系可以表示为：

$$E^+ = E^* - E_0^* = E_{vr}^+ + X = E_v^+ + E_r^+ + X \qquad (4\text{-}36)$$

利用上述 RRKM 假设和过渡态理论，可以推导出 RRKM 理论下单分子反应微观速率常数的计算公式：

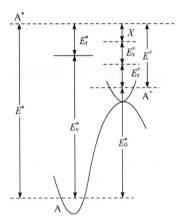

图 4.2　RRKM 理论的能量图

$$k_2(E^*) = \frac{l^+ \sum P(E_{vr}^+)}{h N(E^*) F_r} \qquad (4\text{-}37)$$

式中，l^+ 是统计因子或称反应途径简并度；$\sum P(E_{vr}^+)$ 是能量直到 E_{vr}^+（包括 E_{vr}^+）的活化络合物的振动量子态数目；$N(E^*)$ 是在能量 E^* 处，激发态分子 A^* 的态密度函数；因子 F_r 用于修正活化络合物与富能分子结构上的差异。大多数情况下，活化络合物比富能分子要"松弛"一些，也即化学键伸长一些，所以因子 $F_r > 1$。这说明有部分总体转动能量转移到分子的其他自由度上，从活化络合物与富能分子的转动惯量变化可以求出 F_r。

4.3.4　主方程

主方程（master equation，ME）[39] 通常与 RRKM 理论[40] 结合来求解压强相关反应体系的速率常数和产物分支比等问题。当组分 AB 从能量态 E' 转变成能量态 E 时，其速率常数如下：

$$\frac{\mathrm{d}[\mathrm{AB}(E)]}{\mathrm{d}t} = k(E, E')[\mathrm{AB}(E')] \qquad (4\text{-}38)$$

$$\frac{\partial \rho(E, t)}{\partial t} = \sum_{E'} k(E, E') \rho(E', t) - \sum_{E'} k(E', E) \rho(E, t) \qquad (4\text{-}39)$$

式（4-39）表示布居数密度随时间的变化，该式等号右边第一项表示从能级 E' 到 E 的过程中 $\rho(E, t)$ 的增加，第二项表示从能级 E 到 E' 的过程中 $\rho(E, t)$ 的减少。如果 AB 仅是由于碰撞导致从能级 E 转变到 E'，那么可定义碰撞频率 $\omega(E)$ 为：

$$\omega(E) = \sum_{E'} k(E', E) \qquad (4\text{-}40)$$

则式（4-39）可以变为：

$$\frac{\partial \rho(E,t)}{\partial t} = \sum_{E'} k(E,E')\rho(E',t) - \omega(E)\rho(E,t) \qquad (4\text{-}41)$$

定义归一化的转变概率 $P(E, E')$ 为：

$$P(E, E') = \frac{k(E, E')}{\omega(E')} \qquad (4\text{-}42)$$

则式（4-41）可变为：

$$\frac{\partial \rho(E,t)}{\partial t} = \omega(E')\sum_{E'} P(E,E')\rho(E',t) - \omega(E)\rho(E,t) \qquad (4\text{-}43)$$

式（4-43）成立的条件是碰撞频率 $\omega(E')$ 可以近似认为是一个常数，则从能级 E 到 E' 的转变概率 $P(E', E)$ 和从能级 E' 到 E 的转变概率 $P(E, E')$ 之间存在关系

$$\omega(E')P(E,E')f(E') = \omega(E)P(E',E)f(E) \qquad (4\text{-}44)$$

可以近似认为 $\omega(E) \cong \omega(E')$，则式（4-44）可近似为：

$$P(E,E')f(E') = P(E',E)f(E) \qquad (4\text{-}45)$$

目前常用 "指数下降模型" 来计算 $P(E, E')$。该模型假定在一次单一碰撞事件中，能量转移的概率以指数形式依赖于能量的转变，表达式如下：

$$P(E,E') = A(E')e^{-\alpha(E-E')}, \ E \geqslant E' \qquad (4\text{-}46)$$

式中，α 与去活化碰撞中平均能量转移的倒数成正比：

$$\alpha = \frac{1}{\langle E_{\text{down}} \rangle} \qquad (4\text{-}47)$$

公式（4-46）定义了去活化碰撞的能量转移概率，活化碰撞的能量转移概率如下：

$$P(E,E') = A(E')e^{-\alpha(E-E')}\frac{f(E)}{f(E')}, \ E \geqslant E' \qquad (4\text{-}48)$$

式中，归一化因子 $A(E')$ 可以由下式确定。

$$\sum_{E'} P(E,E') = 1 \qquad (4\text{-}49)$$

在确定了能量转移概率 $P(E', E)$ 之后，公式（4-43）可以写为：

$$\frac{\partial \rho(E,t)}{\partial t} = \hat{M}\rho(E,t) \qquad (4\text{-}50)$$

式中，算符 $\hat{M}$ 表示碰撞项和反应项。该方程可通过定义本征函数 ψ_i 和本征值 λ_i 来求解：

$$\rho(E,t) = \sum_i c_i \psi_i(E) e^{\lambda_i t} \qquad (4\text{-}51)$$

用 ψ_i 的展开式来描述布居分布函数，用 λ_i 来定义它们的指数衰退，展开系数 c_i 是 $t = 0s$ 时刻的密度分布。由于所有的密度分布是有限的，且总质量保持守恒，因此所有的 λ_i 必须是小于等于零的实数。

4.4　计算实例

4.4.1　甲苯关键氢提取反应的研究现状

芳香烃是汽油、柴油和航空煤油等实际化石燃料中重要的成分，而甲苯是重要的芳香烃燃料之一，也是最简单的支链芳香烃；高精度的甲苯燃烧机理对构建化石燃料燃烧机理和理解化石燃料的燃烧过程均有很大的帮助，因此，针对甲苯的机理参数计算或机理优化对于芳烃的动力学研究至关重要[41-45]。另外，准确的速率常数是燃烧机理构建的基础。研究表明，甲苯燃烧时其主要消耗途径就是与 OH、H、O、CH_3 和 HO_2 这些小自由基碰撞发生提氢反应，且通过分析发现 $C_6H_5CH_3$ + OH $\longrightarrow$ $C_6H_5CH_2$ + H_2O、$C_6H_5CH_3$ + OH $\longrightarrow$ $C_6H_4CH_3$ + H_2O 和 $C_6H_5CH_3$ + H $\longrightarrow$ $C_6H_5CH_2$ + H_2 这些反应也是影响甲苯点火的重要反应，它们的速率常数不准确会使基于甲苯燃烧机理的模拟预测值与实验结果产生很大偏差[41]。因此，以上氢提取反应速率参数的精确计算在甲苯燃烧机理构建及优化中极其关键。

本工作中的氢提取反应主要是小分子自由基与甲苯碰撞，使得甲基或苯环上的 C—H 键发生断裂，然后氢转移到提取物上。这些反应的速率常数差异显著，其大小主要取决于甲苯上被提氢的位置（有两种类型：a，甲基上的氢；b，苯环上邻位、间位和对位上的氢）和提取物的类型。燃烧系统中，提取物主要是一些小分子活泼的自由基，如 OH、H、O、CH_3 和 HO_2 等，生成的大自由基主要是苄

航空燃料燃烧及其化学动力学

基（$C_6H_5CH_2$）和甲苯基（三种类型邻位、间位和对位的甲苯基，即 o-$C_6H_4CH_3$、m-$C_6H_4CH_3$、p-$C_6H_4CH_3$）。在本节的研究中，主要考察 OH、H、O、CH_3 和 HO_2 自由基从甲苯不同位置上提氢的二十个反应：

$$C_6H_5CH_3 + OH \longrightarrow C_6H_5CH_2 + H_2O \qquad (4\text{-}52)$$

$$C_6H_5CH_3 + OH \longrightarrow o\text{-}C_6H_4CH_3 + H_2O \qquad (4\text{-}53)$$

$$C_6H_5CH_3 + OH \longrightarrow m\text{-}C_6H_4CH_3 + H_2O \qquad (4\text{-}54)$$

$$C_6H_5CH_3 + OH \longrightarrow p\text{-}C_6H_4CH_3 + H_2O \qquad (4\text{-}55)$$

$$C_6H_5CH_3 + H \longrightarrow C_6H_5CH_2 + H_2 \qquad (4\text{-}56)$$

$$C_6H_5CH_3 + H \longrightarrow o\text{-}C_6H_4CH_3 + H_2 \qquad (4\text{-}57)$$

$$C_6H_5CH_3 + H \longrightarrow m\text{-}C_6H_4CH_3 + H_2 \qquad (4\text{-}58)$$

$$C_6H_5CH_3 + H \longrightarrow p\text{-}C_6H_4CH_3 + H_2 \qquad (4\text{-}59)$$

$$C_6H_5CH_3 + O \longrightarrow C_6H_5CH_2 + OH \qquad (4\text{-}60)$$

$$C_6H_5CH_3 + O \longrightarrow o\text{-}C_6H_4CH_3 + OH \qquad (4\text{-}61)$$

$$C_6H_5CH_3 + O \longrightarrow m\text{-}C_6H_4CH_3 + OH \qquad (4\text{-}62)$$

$$C_6H_5CH_3 + O \longrightarrow p\text{-}C_6H_4CH_3 + OH \qquad (4\text{-}63)$$

$$C_6H_5CH_3 + CH_3 \longrightarrow C_6H_5CH_2 + CH_4 \qquad (4\text{-}64)$$

$$C_6H_5CH_3 + CH_3 \longrightarrow o\text{-}C_6H_4CH_3 + CH_4 \qquad (4\text{-}65)$$

$$C_6H_5CH_3 + CH_3 \longrightarrow m\text{-}C_6H_4CH_3 + CH_4 \qquad (4\text{-}66)$$

$$C_6H_5CH_3 + CH_3 \longrightarrow p\text{-}C_6H_4CH_3 + CH_4 \qquad (4\text{-}67)$$

$$C_6H_5CH_3 + HO_2 \longrightarrow C_6H_5CH_2 + H_2O_2 \qquad (4\text{-}68)$$

$$C_6H_5CH_3 + HO_2 \longrightarrow o\text{-}C_6H_4CH_3 + H_2O_2 \qquad (4\text{-}69)$$

$$C_6H_5CH_3 + HO_2 \longrightarrow m\text{-}C_6H_4CH_3 + H_2O_2 \qquad (4\text{-}70)$$

$$C_6H_5CH_3 + HO_2 \longrightarrow p\text{-}C_6H_4CH_3 + H_2O_2 \qquad (4\text{-}71)$$

针对以上反应已有国内外部分学者开展了相关研究。早期关于式（4-52）速率常数的大多为实验研究[48-53]，由于实验测量的结果往往是在一个特定的温度下或者很窄的工况范围内得到的，因此如果将这些数据用于甲苯燃烧机理在较宽工况范围内去预测甲苯的各种燃烧特性，这显然是不合理的，也难以得到预期结果。

Víctor 等[54]在 BHandHLYP/6-311++G（d, p）水平下，基于 CCSD（T）方法计算了各个稳定物质和过渡态的能量，得到了式（4-52）在低温条件下的反应速率常数，但是没有明确给出高温条件下的速率表达式。Seta 等[55]同时采用实验手段和量子化学计算[分别在 G3（MP2）//B3LYP 和 CBS-QB3 水平下]研究了式（4-52）反应的速率常数；并且 Seta 等的量化计算中，能垒的高度是基于实验的结果拟合得到的，不是采用理论值来计算的。

对于反应式（4-56），早期的实验研究大多集中在 1984～1990 年间[56-60]，先前的实验手段及监测设备有一定的局限性，因此这些实验值从某种程度上来说有些老旧。2006 年，Oehlschlaeger 等[61]基于激波管研究了苄基在 266nm 波长下的 UV 激光吸收反应，并且给出了反应的最佳速率常数。Kislov 等[62]在 2007 年用 G3 方法对式（4-56）反应进行了探索，但是未获得有用的速率数据。2011 年，Tian 等[63]在 CBS-QB3 水平下研究了式（4-56）的反应。

关于式（4-60）反应的研究极少，仅在 1990 年，Hoffmann[64]进行过其实验研究，而且并没有相关的理论研究。

关于式（4-64）反应，Tian 等[63]在 2011 年在 CBS-QB3 水平下对其进行了研究。在 20 世纪 90 年代之前，关于该反应理论和实验的相关研究只停留在 1000K 以下的层面，在实际应用当中的价值非常有限[64-72]。

对于反应式（4-68），R. A. Eng 等[73]在 1998 年以及 M. Scott 等[74]在 2002 年分别使用了不同的方法对其进行过实验研究。Luzhkov 等[75]通过使用量子化学研究了式（4-68）反应的势能面，但是并没有计算速率常数。

另外，针对甲苯苯环上提氢反应的实验和理论研究更是缺乏，只有 Takamasa Seta 等和 Tian 等分别研究了式（4-53）～式（4-55）反应（在 G3 和 CBS-QB3 水平下）以及式（4-57）～式（4-59）反应（在 CBS-QB3 水平下）。在实际应用时常通过相似的反应进行类推来确定这些氢提取反应中的速率常数，甚至早期有不少甲苯燃烧机理构建时，没有考虑这一部分的反应，这显然是不严谨的。

由于这些反应的重要性，Bounaceur[41]、Narayanaswamy[45]、Metcalfe[42]、Andrae[46]和 Yuan[47]把它们包含在甲苯的详尽化学燃烧机理当中。在上述甲苯机理中，大多数的氢提取反应速率常数都采用估计数值和在狭窄参数范围内的实验数值，只有少部分速率常数采用精准的计算数值。在动力学机理中，一定种类的反应系统会产生不一致的实验数值和理论数值，在同一水平下进行速率常数的计算是非常有必要的。

综上所述，在甲苯的燃烧反应机理中，早期有关氢提取反应的研究相对匮乏，通过提取氢生成甲苯的实验是远远不够的，且缺乏系统的高精度理论计算。因此，需要在一个高精度的理论框架下，系统计算这些重要的氢提取反应的速率常数和热力学参数，以利于提高甲苯燃烧的动力学研究和优化甲苯燃烧机理。

4.4.2　计算方法

本书中 20 个甲苯氢提取反应势能面上所有稳定点的能量以及它们的构型和振动频率均是在 Gaussian 09 程序包[77]中采用 G4 组合方法[76]计算得到的，所有这些计算的资源都是在深圳超级计算中心的电脑上完成的。除了式（4-52）的过渡态，其他所有的反应物、产物与过渡态的几何构型和振动频率（频率校正因子为 0.9845）都是在 G4 组合算法中 B3LYP/6-31G（2df, p）的水平上计算的。这是因为式（4-52）（$C_6H_5CH_3 + OH \longrightarrow C_6H_5CH_2 + H_2O$）的过渡态采用 B3LYP 方法，使用 6-31G（2df, p）基组或者其他较大的基组，如 6-311G（2d, p）、6-311G（d, p）、6-311+G（d, p）、6-311++G（d, p）均找不到其过渡态构型。由于式（4-52）这个反应是放热反应，并且实验的结果也显示该反应的速率常数会随着温度的增大而增大，因此反应式（4-52）是有能垒的且是存在过渡态的。在文献[54]中采用 BHandHLYP/6-311G（d, p）方法找到了式（4-52）的过渡态，且在过渡态之前存在一个类似反应物的络合物；同时在文献[55]中，在 B3LYP/6-31G（d）的水平上找到了式（4-52）的过渡态结构。为了使本书的计算方法统一，最后采用了文献[15]中报道的 6-31G（d）基组来确定式（4-52）的过渡态构型；找到这个构型之后仍然采用 G4 组合方法对其进行高精度的能量计算。由于 G4 组合算法计算能垒的精度在 1kcal/mol，因此该方法的计算结果能够精确地预测甲苯燃烧机理中这些氢提取反应的热力学和动力学参数。

对于 G4 组合算法，它是在 B3LYP/6-31G（2df, p）水平上去寻找稳定点的几何构型及它们的振动频率（校正因子为 0.9845）。Hartree-Fock 能量限制和一系列的单点相关能是采用 MP4//CCSD（T）//MP2（full）方法并结合 6-31G（2df, p）和 6-31G（d）基组计算得到的。MP4/6-31G（d）的能量、四个相关能、HF 限制校正和自旋-轨道修正结合在一起形成了 E（combined），然后算出 E（HLC）。G4

组合方法最终的能量就是 E（combined）和 E（HLC）相加。所有的过渡态找到之后，首先要确认过渡态的能量是否只有一个虚频，其次还需要在 B3LYP/6-31G（2df, p）水平上借助内禀反应坐标扫描（Intrinsic reaction coordinate，IRC）[78]来确认过渡态是否连接着对应的反应物和产物。需要注意的是，反应式（4-52）的过渡态 IRC 扫描是在 B3LYP/6-31G（d）水平上进行的。

计算时还考虑了反应体系中内转动的情况，将那些扭转能垒小于 1kcal/mol，且扭转能量的曲线是不规则的转子看成自由转子，其他的转子则看成禁阻转子。另外，采用一维禁阻内转子方法（one-dimensional hindered internal rotor method）[79]去评估在计算配分函数中低频转动的贡献；内转动的扫描是在 B3LYP/6-31G（2df, p）水平上采用对应二面角每 5°的柔性扫描，它的结果可以给出能垒高度、能量极小点的数目以及对称数。

所有稳定构型的标准生成焓[standard enthalpies of formation，$\Delta_f H^\ominus$(298K)，kcal/mol]均是在 G4 水平上采用原子化焓的方法计算得到的。在本书中，采用原子化焓方法计算标准生成焓 $\Delta_f H^\ominus$(298K)用到 C、H 和 O 原子在 0K 时的生成焓 $\Delta_f H^\ominus$(0K)（C 为 169.98kcal/mol，H 为 51.63kcal/mol，O 为 58.99kcal/mol）和稳定构型在 0K 时的生成焓 $\Delta_f H^\ominus$(0K)。反应物、产物和过渡态在不同温度下的生成焓（enthalpies of formation，$\Delta_f H^\ominus$）、熵（entropies，$\Delta_f S^\ominus$）和比热容（heat capacities，C_p）均是采用 ChemRate 程序包[80]计算得到的，其计算是根据统计力学原理开展的。

反应的速率常数是基于传统过渡态理论（transition state theory，TST）[81]得到的，该理论是在 1935 年由 E. Eyring、M. G. Evans 和 M. Polanyi 首先提出来的，后来经过了发展和完善。它可以根据反应物分子的某些性质，比如分子的质量、振动频率和能量等求得反应的速率常数，为定性理解化学反应速率提供了一个很好的理论框架。

过渡态的一个振动运动可以与其他运动分离，该振动没有回复力，振动发生后过渡态将分解为产物。这个理论是计算双分子气相反应速率常数最适合的方法[82]。众所周知，双分子反应 X +Y = XY$^\neq$的速率常数 k 表达式为[83]：

$$k = \kappa V_m \frac{k_B T}{h} \times \frac{Q^\neq}{Q_X Q_Y} \exp\left(\frac{-\Delta E_{B,0}}{RT}\right) \tag{4-72}$$

式中，κ 为隧穿效应系数，它用于表示隧穿效应的影响；V_m 为温度 T 时理想气体的摩尔体积；k_B 为玻尔兹曼常量（Boltzmann constant）；h 为普朗克常量（Planck constant）；$Q^{\neq}$、Q_X 和 Q_Y 分别为过渡态和反应物的配分函数；R 为通用气体常量（gas constant）；$\Delta E_{B,0}$ 是零点振动能量（ZPVE）校正的电子势垒高度。另外，隧穿效应系数 κ 可以通过下面的 Wigner 公式[84]来计算。

$$\kappa = 1 + \frac{1}{24}\left(\frac{h\nu}{k_B T}\right)^2\left(1 + \frac{RT}{\Delta E_{B,0}}\right) \tag{4-73}$$

式中，ν 是连接反应坐标的虚频。一般来说，隧穿效应在高温情况下是不明显的。

反应速率常数 k 在 300～2000K 之间可以拟合为一个三参数的阿伦尼乌斯公式（Arrhenius equation）：

$$k = AT^n\left(\frac{-E_a}{RT}\right) \tag{4-74}$$

这种三参数的反应速率常数可以直接用于 CHENKIN 格式的燃烧机理，并且可直接用于目前的 CFD 计算中。式（4-74）中所有的前置指数项（AT^n）的单位均是 cm³/（mol·s），温度的单位均是开尔文（K）。

4.4.3 结果讨论及验证

4.4.3.1 几何结构和热化学性质

表 4.1 给出了在 G4 水平下所有反应和产物的标准生成焓及其相关实验数据，同时在辅助信息中提供了获得标准生成焓所需分子的平衡构型和谐波振动频率。从表中可知，计算结果能较好地与实验数值相匹配，且最大误差不超过 0.5kcal/mol。这也表明用 G4 方法来计算这些分子性质的可靠性。

表 4.1　反应物和产物的标准生成焓 $\Delta_f H^{\ominus}$(298K)

组分	计算值	实验值	组分	计算值	实验值
H	52.10	52.10	CH₃	34.52	35.06
O	59.43	59.57	CH₄	−17.87	−17.83
OH	8.64	8.93	C₆H₅CH₃	11.99	11.95

组分	计算值	实验值	组分	计算值	实验值
H_2	−0.34	0.00	$C_6H_5CH_2$	49.71	49.71
HO_2	2.99	2.94	$o\text{-}C_6H_4CH_3$	72.11	—
H_2O_2	−31.68	−32.45	$m\text{-}C_6H_4CH_3$	72.15	—
H_2O	−57.38	−57.79	$p\text{-}C_6H_4CH_3$	72.69	—

注：表中所有值的单位均是 kcal/mol，实验值来自 NIST[85]。

在本书中只考虑组分和过渡态中碳-碳键的内旋转，甲苯中的甲基被看作是自由旋转体，因为扭转能量能垒是 0.028kcal/mol，并且能量曲线非常不规律。同样的，在氢提取反应的过渡态中，在间位和对位的甲基键也被看作是自由旋转体，而在甲基位和邻位的内转动被看作是禁阻内转子。

4.4.3.2 势垒高度和反应速率常数

表 4.2 列出了在 G4 理论下反应物的势垒高度和产物能量。从表中可以看出，从甲苯的甲基中提取氢原子的势垒高度要低于从苯基环中提取氢原子的势垒高度。可以推测 $C_6H_5CH_2$ 自由基比 $C_6H_4CH_3$ 自由基稳定，能垒相差 22kcal/mol。除了 HO_2 自由基，在 o、m、p 位置的氢提取反应势垒高度区别非常小，相差数值在 0.5kcal/mol 之内，甚至对 HO_2 来说，差别也在 1kcal/mol 之内。从势垒高度的结果中可知，OH 自由基是最活跃的，然后是 O、H、CH_3，最不活跃的自由基是 HO_2。因为 OH 自由基最活跃，所以不具备选择条件（从甲基中提取氢原子的势垒高度只比在苯基环中提取氢原子的势垒高度高 2kcal/mol），H 基是最佳选择，甲基和苯基环的势垒高度相差 10kcal/mol。

表 4.2 甲苯氢提取反应体系的相对能量　　　　单位：kcal/mol

反应物		过渡态		产物	
$C_6H_5CH_3+OH$	$TS_{OH\text{-}CH3}$	1.2	$C_6H_5CH_2+H_2O$	−28.5
	$TS_{OH\text{-}o}$	3.2	$o\text{-}C_6H_4CH_3+H_2O$	−6.2
	$TS_{OH\text{-}m}$	3.5	$m\text{-}C_6H_4CH_3+H_2O$	−6.1
	$TS_{OH\text{-}p}$	3.6	$p\text{-}C_6H_4CH_3+H_2O$	−5.6
$C_6H_5CH_3+H$	$TS_{H\text{-}CH3}$	5.9	$C_6H_5CH_2+H_2$	−15.2
	$TS_{H\text{-}o}$	15.2	$o\text{-}C_6H_4CH_3+H_2$	7.1

反应物	过渡态		产物	
$C_6H_5CH_3$+H	TS_{H-m}	15.3	m-$C_6H_4CH_3$+H_2	7.2
	TS_{H-p}	15.6	p-$C_6H_4CH_3$+H_2	7.7
$C_6H_5CH_3$+O	TS_{O-CH3}	4.2	$C_6H_5CH_2$+OH	−13.6
	TS_{O-o}	9.6	o-$C_6H_4CH_3$+OH	8.7
	TS_{O-m}	9.7	m-$C_6H_4CH_3$+OH	8.8
	TS_{O-p}	10.0	p-$C_6H_4CH_3$+OH	9.3
$C_6H_5CH_3$+CH_3	$TS_{CH3-CH3}$	10.2	$C_6H_5CH_2$+CH_4	−14.2
	TS_{CH3-o}	16.3	o-$C_6H_4CH_3$+CH_4	7.8
	TS_{CH3-m}	16.6	m-$C_6H_4CH_3$+CH_4	7.9
	TS_{CH3-p}	16.8	p-$C_6H_4CH_3$+CH_4	8.5

反应物	过渡态		络合物		产物	
$C_6H_5CH_3$+HO_2	$TS_{HO2-CH3}$	13.5	—	—	$C_6H_5CH_2$+H_2O_2	2.8
	TS_{HO2-o}	22.7	CP_{HO2-o}	21.3	o-$C_6H_4CH_3$+H_2O_2	25.1
	TS_{HO2-m}	23.3	CP_{HO2-m}	21.4	m-$C_6H_4CH_3$+H_2O_2	25.2
	TS_{HO2-p}	23.7	CP_{HO2-p}	22.1	p-$C_6H_4CH_3$+H_2O_2	25.7

在 $C_6H_5CH_3$ + OH $\longrightarrow$ R · + H_2O 的氢提取反应中，笔者计算了四个通道。表 4.2 总结了在 0K 下，所有过渡态和产物的计算能量。过渡结构在反应物之上，甲基分别是 1.2kcal/mol、3.2kcal/mol、3.5kcal/mol、3.6kcal/mol，苯基环分别是正位、间位和对位。可以非常清楚地看到，通过 OH 自由基，甲基中氢元素的提取要比苯基环容易得多。产物的能量低于反应物的能量。笔者粗略计算了内部旋转能量。在甲苯 CH_3 的旋转中，TS_{OH-m} 和 TS_{OH-p} 被看作是自由旋转体，但 TS_{OH-o} 和 TS_{OH-CH3} 被看作是禁阻内转子。因为这些双分子反应忽略了与压力有关的影响，速率常数计算适用于温度在 300~2000K 的范围，如下所示：

$$k_{OH-CH3} = 130169.1T^{2.28} \exp\left(\frac{572.97}{RT}\right)[cm^3/(mol \cdot s)]$$

$$k_{OH-o} = 277.73T^{2.99} \exp\left(\frac{-1245.72}{RT}\right)[cm^3/(mol \cdot s)]$$

$$k_{OH-m} = 819.67T^{3.10} \exp\left(\frac{-1507.71}{RT}\right)[cm^3/(mol \cdot s)]$$

$$k_{\text{OH-p}} = 763.895T^{3.10}\exp\left(\frac{-1688.65}{RT}\right)[\text{cm}^3/(\text{mol}\cdot\text{s})]$$

在目前的甲苯燃烧动力学机理中，甲苯苯环上三个位置（邻位、间位和对位）的氢提取反应通道一般集总为一个通道来处理，且三个甲苯基自由基（o-$C_6H_4CH_3$、m-$C_6H_4CH_3$ 和 p-$C_6H_4CH_3$）也往往被集总为一个甲苯基（$C_6H_4CH_3$）来参与反应。因此，笔者首先基于以上三个速率常数 $k_{\text{OH-o}}$、$k_{\text{OH-m}}$ 和 $k_{\text{OH-p}}$ 在较宽温度范围内分别计算苯环不同位置上发生氢提取反应的速率，然后在各温度下对三个反应速率求和，进而获取该温度下 OH 自由基在苯环上提氢的总反应速率，最后通过数据拟合得到一个三参数形式的新速率常数 $k_{\text{OH-ring}}$（之后的 H、O、CH_3 和 HO_2 相关的苯环上三个位置的氢提取反应也进行了同样的处理）。这样处理也方便与其他机理中相应的速率常数和其他的实验值、计算值进行对比。这个新的速率常数 $k_{\text{OH-ring}}$ 在温度范围为 300～2000K 之间的三参数阿伦尼乌斯表达式如下：

$$k_{\text{OH-ring}} = 1747.54T^{3.10}\exp\left(\frac{-1548.92}{RT}\right)[\text{cm}^3/(\text{mol}\cdot\text{s})]$$

对于 $C_6H_5CH_3 + H \longrightarrow R\cdot + H_2$ 也是甲苯燃烧和热裂解过程中重要的反应。由表 4.2 可以看出，该反应体系的能垒要高于 OH 自由基参与的氢提取反应体系的能垒。在温度 300～2000K 内相应的 5 个反应速率常数的表达式如下：

$$k_{\text{H-CH3}} = 1.07\times10^6T^{2.27}\exp\left(\frac{-4392.37}{RT}\right)[\text{cm}^3/(\text{mol}\cdot\text{s})]$$

$$k_{\text{H-o}} = 3.21\times10^7T^{1.81}\exp\left(\frac{-14155.56}{RT}\right)[\text{cm}^3/(\text{mol}\cdot\text{s})]$$

$$k_{\text{H-m}} = 1.11\times10^8T^{1.80}\exp\left(\frac{-14389.02}{RT}\right)[\text{cm}^3/(\text{mol}\cdot\text{s})]$$

$$k_{\text{H-p}} = 1.05\times10^8T^{1.81}\exp\left(\frac{-14672.53}{RT}\right)[\text{cm}^3/(\text{mol}\cdot\text{s})]$$

$$k_{\text{H-ring}} = 2.0\times10^8T^{1.83}\exp\left(\frac{-14381.8}{RT}\right)[\text{cm}^3/(\text{mol}\cdot\text{s})]$$

$C_6H_5CH_3 + O \longrightarrow R\cdot + OH$ 氢提取反应体系的相对能量仍然在表 4.2 中给出了，同时可以看到，$C_6H_5CH_3 + O$ 反应体系中的能垒要小于 $C_6H_5CH_3 + H$ 反应体系中对应的能垒，高于 $C_6H_5CH_3 + OH$ 反应体系中的能垒。从一定程度上可以说，O 自由基在甲苯上提氢的能力要大于 H 自由基，但是比 OH 自由基的提氢能力要弱。该反应体系在温度 300~2000K 范围内的速率常数表达式如下：

$$k_{\text{O-CH3}} = 7.54 \times 10^4 T^{2.57} \exp\left(\frac{-3145.75}{RT}\right)[\text{cm}^3/(\text{mol} \cdot \text{s})]$$

$$k_{\text{O-o}} = 2.81 \times 10^6 T^{2.41} \exp\left(\frac{-8837.35}{RT}\right)[\text{cm}^3/(\text{mol} \cdot \text{s})]$$

$$k_{\text{O-m}} = 1.16 \times 10^6 T^{2.44} \exp\left(\frac{-9052.88}{RT}\right)[\text{cm}^3/(\text{mol} \cdot \text{s})]$$

$$k_{\text{O-p}} = 1.57 \times 10^6 T^{2.41} \exp\left(\frac{-9440.52}{RT}\right)[\text{cm}^3/(\text{mol} \cdot \text{s})]$$

$$k_{\text{O-ring}} = 2.57 \times 10^6 T^{2.44} \exp\left(\frac{-9143.4}{RT}\right)[\text{cm}^3/(\text{mol} \cdot \text{s})]$$

$C_6H_5CH_3 + CH_3 \longrightarrow R \cdot + CH_4$ 反应体系在甲苯的燃烧和裂解模拟中都是比较重要的反应通道，这个反应体系中各稳定结构的相对能量均在表 4.2 中给出了。可以看出，该通道反应体系中各势能面上的能垒均高于 OH、H 和 O 参与的氢提取反应体系中对应的能垒高度，这也可以说明 CH_3 自由基提取甲苯上的 H 的速率要小于 OH、H 和 O 自由基，具体的结果在之后的分支比分析中详细讨论。在 300~2000K 温度范围内，$C_6H_5CH_3 + CH_3 \longrightarrow R \cdot + CH_4$ 反应中各速率常数的表达式如下：

$$k_{\text{CH3-CH3}} = 2.56 T^{3.81} \exp\left(\frac{-7395.74}{RT}\right)[\text{cm}^3/(\text{mol} \cdot \text{s})]$$

$$k_{\text{CH3-o}} = 91.44 T^{3.28} \exp\left(\frac{-14233.33}{RT}\right)[\text{cm}^3/(\text{mol} \cdot \text{s})]$$

$$k_{\text{CH3-m}} = 197.27 T^{3.28} \exp\left(\frac{-14542.45}{RT}\right)[\text{cm}^3/(\text{mol} \cdot \text{s})]$$

$$k_{\text{CH3-p}} = 204.90 T^{3.31} \exp\left(\frac{-14723.92}{RT}\right)[\text{cm}^3/(\text{mol} \cdot \text{s})]$$

$$k_{\text{CH3-ring}} = 537.73 T^{3.28} \exp\left(\frac{-14601.1}{RT}\right)[\text{cm}^3/(\text{mol} \cdot \text{s})]$$

$C_6H_5CH_3 + HO_2 \longrightarrow R \cdot + H_2O_2$ 在甲苯初始燃烧的阶段和甲苯的低温燃烧过程中扮演着重要的角色。同时，从表 4.2 中可以看出，这个反应体系中各势能面上的能垒要高于之前 OH、H、O 和 CH_3 自由基的相应能垒高度。需要指出的是，

在 $C_6H_5CH_3 + HO_2 \longrightarrow C_6H_4CH_3 + H_2O_2$ 这类反应历程中，笔者发现在过渡态之后，生成 $C_6H_4CH_3 + H_2O_2$ 之前，有三个范德瓦尔斯络合物（complexes）的存在，其相对能量低于过渡态的能量，但高于对应产物的能量。同样，详细的 IRC 结果也显示，这三个类似产物的络合物在势能面上是存在的，它们的相对能量分别比对应的过渡态低 1.4kcal/mol、1.9kcal/mol 和 1.6kcal/mol，比相应的产物高 3.8kcal/mol、3.8kcal/mol 和 3.6kcal/mol。在计算过程中，笔者认定一旦这些络合物生成，就会迅速地分解为产物 o-$C_6H_4CH_3$、m-$C_6H_4CH_3$、p-$C_6H_4CH_3$ 和 H_2O_2。因此，可假定该反应过程就是 $C_6H_5CH_3 + HO_2$ 直接生成 $C_6H_4CH_3 + H_2O_2$。该近似处理方法在文献[86,87]中得到了成功运用。同样，在 300~2000K 的温度区域内，笔者给出了该反应体系的速率常数表达式：

$$k_{\text{HO2-CH3}} = 7.88 \times 10^{-3} T^{4.29} \exp\left(\frac{-11250.72}{RT}\right) [\text{cm}^3/(\text{mol} \cdot \text{s})]$$

$$k_{\text{HO2-o}} = 1.71 T^{3.65} \exp\left(\frac{-21743.27}{RT}\right) [\text{cm}^3/(\text{mol} \cdot \text{s})]$$

$$k_{\text{HO2-m}} = 3.02 T^{3.64} \exp\left(\frac{-22208.17}{RT}\right) [\text{cm}^3/(\text{mol} \cdot \text{s})]$$

$$k_{\text{HO2-p}} = 3.80 T^{3.62} \exp\left(\frac{-22697.45}{RT}\right) [\text{cm}^3/(\text{mol} \cdot \text{s})]$$

$$k_{\text{HO2-ring}} = 7.60 T^{3.65} \exp\left(\frac{-22222.04}{RT}\right) [\text{cm}^3/(\text{mol} \cdot \text{s})]$$

4.4.3.3 产物分支比分析

分支比在理解燃烧化学反应通道方面非常直观，且可清晰地知道燃料消耗的主要初始路径。图 4.3 给出了各温度下的产物分支比结果。对于 $C_6H_5CH_3$+OH 反应体系，生成 $C_6H_5CH_2 + H_2O$ 的通道在低温（<900K）时比较重要，但是随着温度的升高这个通道将逐渐减弱；从苯基环上提氢生成 $C_6H_4CH_3 + H_2O$ 的通道在 900K 时随温度的升高变得越来越重要。类似的现象也在 $C_6H_5CH_3 + O$ 反应体系中发生，只是从甲苯苯环上提氢的通道在大于 1200K 的情况下才越来越重要。另外对于 $C_6H_5CH_3 + H$、$C_6H_5CH_3 + CH_3$ 和 $C_6H_5CH_3 + HO_2$ 氢提取反应体系来说，从甲苯的甲基上提氢一直占据主要的地位，它在整个温度区间内的通道分支比均比从苯环上提氢的通道要大。但仍需要注意的是，从甲基上提氢的通道依然会随着

温度的升高而变弱。通过查阅相关文献可知，在甲苯上甲基中的 C—H 键能为 88.5kcal/mol，而甲苯苯环上邻位、间位和对位上的 C—H 键能分别为 79.9kcal/mol、95.3kcal/mol 和 110.6kcal/mol。通过键能的结果可以初步解释从甲基上提氢普遍要比在苯环上提氢容易，特别是在低温的情况下。在温度较高的情况下，键能不再是主要的限制，从苯基环上提氢则变得越来越重要。

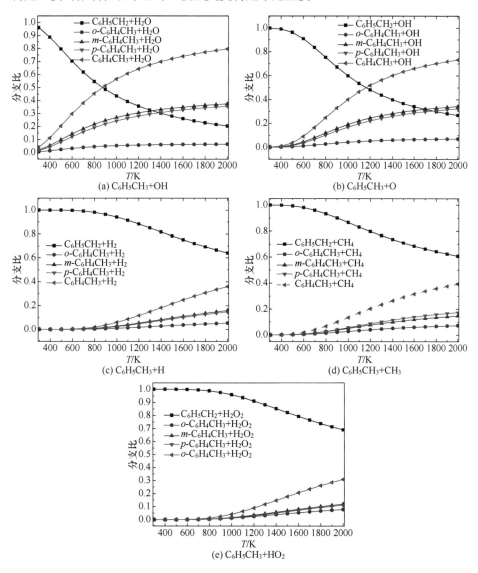

图 4.3　甲苯氢提取反应体系的产物分支比分析

另外还可看出，OH 和 O 的选择性较弱，且它们的能垒相对较低，因此从苯环提氢在高温下变得比较容易。H 自由基的选择性较强，因此，它从甲基上提氢的通道在各温度下都占支配地位。CH_3 自由基的选择性也较弱，但由于从苯环提氢势能面上的能垒相比从甲基上提氢要高，因此 CH_3 从甲基上提氢的反应通道也在各温度下都比较重要。类似的现象在 $C_6H_5CH_3$+HO_2 氢提取反应体系中更为明显。另外，也许是从甲基和苯环上提氢在高温下都比较容易，但由于苄基相对甲苯基要稳定，甲苯基更容易发生进一步的反应，而导致在高温的情况下，生成甲苯基的通道变得越来越强。

4.4.4　动力学模型的验证

为了进一步验证本工作计算的速率常数在现有甲苯燃烧机理优化中的应用，并验证其对预测值的影响，笔者选择了 Narayanaswamy 等和 Andrae 分别构建的模拟甲苯燃烧的模型。笔者将本工作的计算值替换到了现有的甲苯燃烧机理中，对于替换速率常数之后的模型分别命名为 Narayanaswamy-2st 和 Andrae-2st，然后笔者在甲苯的自点火性能、甲苯浓度演变及其层流火焰速度等方面进行了逐一验证。

4.4.4.1　Andrae 模型的验证

从图 4.4（a）中可以看出，原始 Andrae 机理对甲苯点火延迟时间的预测要比实验值快，而笔者的速率常数可以很好地改善甲苯在快速压缩机中低温时点火延迟时间的预测。为了认识这一现象，笔者基于 Andrae 的原始机理在当量比为 1.0、温度为 1000K、压力为 45atm（1atm = 101325Pa）时进行了点火延迟时间的强制敏感度分析。分析结果表明，$H + O_2 + N_2 \Longrightarrow HO_2 + N_2$ 和 $C_6H_5CH_2 + HO_2 \Longrightarrow C_6H_5CH_2O + OH$ 是促进点火最重要的两个反应。另外，$OC_6H_4CH_3 + H \Longrightarrow HOC_6H_4CH_3$ 和 $C_6H_5OH + O_2 \Longrightarrow C_6H_5O + HO_2$ 是抑制甲苯点火的最大的两个反应。因此，$C_6H_5CH_2$ 和 $OC_6H_4CH_3$ 两个组分对甲苯的点火延迟时间有着重要的影响。$C_6H_5CH_3$ 主要通过氢提取反应进行消耗，在原始机理中甲苯会生成约 60% 的 $C_6H_5CH_2$ 和 16% 的 $OC_6H_4CH_3$；而在 Andrae-2st 机理中，会生成约 25% 的 $C_6H_5CH_2$ 和 20% 的 $OC_6H_4CH_3$。这也说明了本工作计算的速率常数减少了 $C_6H_5CH_2$ 的生成，并促进了 OC$_6$H$_4$CH$_3$ 的生成。因此，笔者的速率常数对于甲苯点火延迟时间的预测要变慢，也更为贴近实验值。另外，笔者的速率常数在预测甲苯在激波管中的点火延迟时也有一定的改善，如图4.4（b）所示。

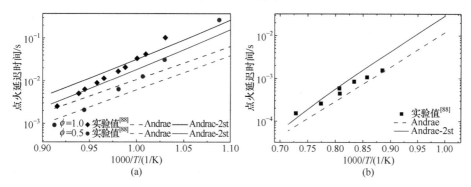

图4.4　在快速压缩机中的点火延迟时间的模拟（模拟范围是 $p = 45$atm，$X_{C6H5CH3} = 0.00962$）及在激波管中点火延迟的结果比较（压力为 12atm，当量比为 1.0）

从图4.5中可知，Andrae 的原始机理在变压流动反应器（variable pressure flow reactor，VPFR）和喷射流反应器（jet-stirred reactor，JSR）模型中对于甲苯消耗的预测比实验值明显偏快，而 Andrae-2st 机理明显地改善了这一现象，特别是在 JSR 中的模拟结果，预测值与实验值基本吻合。同样基于 Andre 原始机理的反应路径分析表明，C$_6$H$_5$CH$_3$ 主要是与 OH、H 和 O 等反应，生成约 60% 的 C$_6$H$_5$CH$_2$ 和 15% 的 C$_6$H$_4$CH$_3$；同时，分析表明 C$_6$H$_5$CH$_2$ 的消耗比 C$_6$H$_4$CH$_3$ 要快很多。在

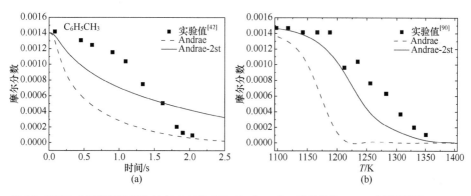

图4.5　VPFR 中甲苯的浓度分布（0.14% 的 C$_6$H$_5$CH$_3$ 在 N$_2$ 中，当量比为 0.977，初始温度为 920K，压力为 12.5atm）及 JSR 中甲苯的浓度分布（0.15% 的 C$_6$H$_5$CH$_3$ 在 N$_2$ 中，当量比 1.0，压力为 1.0atm，停留时间为 0.1s）

Andre 的原始机理中 $C_6H_5CH_3 + OH \Longrightarrow C_6H_4CH_3 + H_2O$ 使用的速率常数在大于 1100K 时，比笔者的计算值要小；同时原始机理中 $C_6H_5CH_3 + OH \Longrightarrow C_6H_5CH_2 + H_2O$ 和 $C_6H_5CH_3 + H \Longrightarrow C_6H_5CH_2 + H_2$ 的速率常数一直大于本工作的计算值。因此在 Andrae-2st 机理中，甲苯通过氢提取反应会生成约 25% 的 $C_6H_5CH_2$ 和 40% 的 $C_6H_4CH_3$，再加上这些产物的次级机理影响，原始的速率常数被替换后抑制了甲苯消耗的速度。

对于层流火焰速度来说，本工作的速率常数对 Andrae 原始机理影响不大，如图 4.6 所示。依据原始机理对层流火焰速度进行灵敏度分析，结果表明 $H + O_2 \Longrightarrow O + OH$ 和 $CO + OH \Longrightarrow CO_2 + H$ 等小分子参与的反应才是影响层流火焰速度的重要反应。笔者计算的这些甲苯氢提取反应对应的灵敏度系数很小，因此可以得出这些氢提取反应对甲苯层流火焰速度影响很微弱。所以本工作的计算结果对原始机理预测层流火焰速度没有明显的改善。

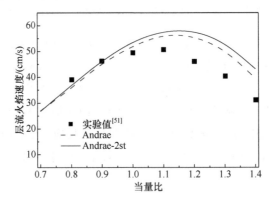

图 4.6　压力为 3atm、温度为 450K 时，$C_6H_5CH_3$/空气在不同当量比下的层流火焰速度分布

4.4.4.2　Narayanaswamy 模型的验证

本工作的计算值对于 Narayanaswamy 模型的作用如图 4.7 所示。从图 4.7（a）中可知，在富油的情况下，本工作的计算值对 Narayanaswamy 机理在预测层流火焰速度时有较好的改进。为了进一步认知该现象，笔者基于 Narayanaswamy 原始机理进行了层流火焰速度的灵敏度分析，发现 $H + O_2 \Longrightarrow O + OH$ 和 $CO + OH \Longrightarrow CO_2 + H$ 是促进层流火焰速度最重要的两个反应，与 Andrae 构建的机理不同的是，Narayanaswamy 机理中甲苯的氢提取反应在层流火焰速度中的作用比较明显；$C_6H_5CH_3 + OH \Longrightarrow C_6H_4CH_3 + H_2O$ 能够加快火焰速度，同时 $C_6H_5CH_3 + H \Longrightarrow$

$C_6H_5CH_2 + H_2$ 和 $C_6H_5CH_3 + OH \Longleftrightarrow C_6H_5CH_2 + H_2O$ 这两个反应抑制火焰速度。在 Narayanaswamy 机理中，$C_6H_5CH_3 + OH \Longleftrightarrow C_6H_4CH_3 + H_2O$ 的速率常数在温度 450K 时比本工作的计算值要大，同时 $C_6H_5CH_3 + H \Longleftrightarrow C_6H_5CH_2 + H_2$ 的值小于本工作的计算结果，这就可以解释本工作的计算结果能够很好地改善 Narayanaswamy 机理预测能力的原因。另外，由图 4.7（b）可以看出，笔者的计算值对 Narayanaswamy 机理预测甲苯浓度演变方面影响不大。这是由于化学动力学机理本身的复杂性和不确定性等因素，本工作的计算结果虽然具有较高的精度，但是不可能对所有的甲苯燃烧机理都有显著改善，或者对一个机理预测的所有燃烧特性均有明显的改进；毕竟甲苯的燃烧特性，不单单与这些重要的氢提取反应有关，还与苄基和甲苯基等重要组分的次级机理和模型中的核心机理有很大的相关性。但是从本工作的计算结果也可以看出，高精度的速率常数计算是非常有必要的，对机理的构建和机理的后期优化都有着重要的贡献，甚至有决定性的作用。

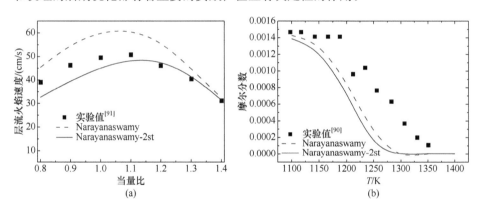

图 4.7　压力为 3atm、温度为 450K 时，$C_6H_5CH_3$/空气在不同当量比下的层流火焰速度分布及 JSR 中甲苯的浓度分布（0.15% 的 $C_6H_5CH_3$ 在 N_2 中，当量比 1.0，压力为 1.0atm，停留时间为 0.1s）

4.5　小结

　　在本章中，笔者主要介绍了通过量子化学理论计算获取燃烧基元反应速率常数的途径和主要理论及方法，其中量子化学计算主要以基元反应势能面为基础，通过统计动力学方法获得该反应随压力和温度变化的速率常数；燃烧机理应适用于不同温度、压力、当量等较宽工况范围，且保证燃烧机理中的反应类型较为全面，包括热分解、低温氧化和高温氧化等，更重要的是，机理中的反应参数具备随温度和压力变化的可迁移性。

笔者以甲苯的氢提取反应为例，采用高精度的量化计算 G4 方法计算了 OH、H、O、CH_3 和 HO_2 自由基在甲苯上提氢的反应，并给出了 CHEMKIN 格式的动力学机理及适用于 300～2000K 温度区间内的相关参数；并且将计算的热动力学参数替换到 Andrae 和 Narayanaswamy 等构建的机理中去验证，证明了本工作计算值的精度和有效性，笔者对甲苯的苯基环的氢提取反应的计算在很大程度上弥补了苯基环提氢实验探究和理论计算的缺口。总之，机理中高精度参数的计算结果，对燃料燃烧模型的构建和后期的优化起到很大的作用，同时为构建更全面的燃烧机理提供了支撑。

参考文献

[1] Dagaut P, Cathonnet M. The ignition, oxidation, and combustion of kerosene: A review of experimental and kinetic modeling[J]. Progress in Energy & Combustion Science, 2006, 32(1): 48-92.

[2] 齐飞, 李玉阳, 曾美容, 等. 燃烧反应动力学研究进展与展望[J]. 中国科学技术大学学报, 2013, 43(11): 948-958.

[3] 孙家钟, 何福城. 定性分子轨道理论[M]. 长春: 吉林大学出版社, 1999.

[4] Cramer C J. Essentials of computational chemistry: theories and models[M]. John Wily & Sons Ltd, 2002.

[5] Bunge C F. Present status of selected configuration interaction with truncation energy error[J]. Advances in Quantum Chemistry, 2018, 76: 3-34.

[6] Ruiz M B. Configuration interaction study of the 3P ground and low-lying states of the boron anion. The boron electron affinity[J]. Advances in Quantum Chemistry, 2019, 79: 135-153.

[7] Ning H, Gong C, An N, et al. Low- and intermediate-temperature combustion of ethylcyclohexane: A theoretical study[J]. Combust Flame, 2015, 162: 4167-4182.

[8] Xi S, Xue J, Wang F, et al. Theoretical study on reactions of α-sitehydroxyethyl and hydroxypropyl radicals with O_2[J]. The journal of physical chemistry A, 2021, 125: 5423-5437.

[9] Guo M, Cao Z, Wang Z, et al. Properties of closed-shell superheavy element hydrides and halides using coupled-cluster method and density functional theory with spin-orbit coupling[J]. The Journal of Chemical Physics, 2018, 148: 044304.

[10] Watts J D, Bartlett R J. Triple excitations in coupled-cluster theory: Energies and analytical derivatives[J]. International Journal of Quantum Chemistry, 1993, 48: 51-66.

[11] Parr R G, Yang W. Density functional theory of atoms and molecules[M]. New York: Oxford University Press, 1989.

[12] Hohenberg P, Kohn W. Inhomogeneous electron gas[J]. Phys Rev, 1964, 136: B864-B871.

[13] Kohn W, Sham L J. Quantum density oscillations in an inhomogeneous electron gas[J]. Physical Review, 1965, 140: A1133-A1138.

[14] Peverati R, Truhlar D G. An improved and broadly accurate local approximation to the exchange-correlation density functional: The MN12-L functional for electronic structure calculations in chemistry and physics[J]. Physical Chemistry Chemical Physics, 2012, 14(38): 13171-13174.

[15] Wardlaw D M, Marcus R A. Historical perspective on: RRKM reaction rate theory for transition states of any looseness[J]. Chemical Physics Letters, 1984, 110: 230-234.

[16] Klippenstein S J. Variational optimizations in the Rice-Ramsperger-Kassel-Marcus theory calculations for unimolecular dissociations with no reverse barrier[J]. Journal of Chemical Physics, 1992, 96(7): 5558-5558.

[17] Klippenstein S J, Marcus R A. High pressure rate constants for unimolecular dissociation/free radical recombination: Determination of the quantum correction via quantum Monte Carlo path integration[J]. The Journal of Chemical Physics, 1987, 87(6): 3410-3417.

[18] 甯红波, 李泽荣, 李象远. 燃烧反应动力学研究进展[J]. 物理化学学报, 2016, 32(1): 131-153.

[19] Miller J A, Klippenstein S J, Robertson S H, et al. Detailed balance in multiple-well chemical reactions[J]. Physical Chemistry Chemical Physics Pccp, 2009, 11(8): 1128-1137.

[20] Golden D M, Barker J R. Pressure-and temperature-dependent combustion reactions[J]. Combust Flame, 2011, 158: 602-617.

[21] Szabo A, Ostlund N S. Modern quantum chemistry: introduction to advanced electronic structure theory[M]. New York: McGraw-Hill Publishing Company, 1989.

[22] Sherrill C D, Schaefer H F. The configuration interaction method: Advances in highly correlated approaches[J]. Adv Quant Chem, 1999, 34: 143-269.

[23] Pople J A, Head-Gordon M, Raghavachari K. Quadratic configuration interaction. A general technique for determining electron correlation energies[J]. J Chem Phys, 1987, 87: 5968-5975.

[24] Schmidt M W, Gordon M S. The construction and interpretation of mcscf wavefunctions[J]. Annu Rev Phys Chem, 1998, 49: 233-266.

[25] Andersson K, Malmqvist P A, Roos B O. Second-order perturbation theory with a complete active space self-consistent field reference function[J]. J Chem Phys, 1992, 96: 1218-1226.

[26] Bartlett R J. Coupled-cluster approach to molecular structure and spectra: A step toward predictive quantum chemistry[J]. J Phys Chem, 1989, 93: 1697-1708.

[27] Watts J D, Gauss J, Bartlett R J. Coupled-cluster methods with noniterative triple excitations for restricted open-shell Hartree-Fock and other general single determinant reference functions. Energies and analytical gradients[J]. J Chem Phys, 1993, 98: 8718.

[28] Lee T J, Taylor P R. A diagnostic for determining the quality of single-reference electron correlation methods[J]. J Quant Chem Symp, 1989, 23: 199-207.

[29] Xiong S Z, Yao Q, Li Z R, et al. Reaction of ketenyl radical with hydroxyl radical over $C_2H_2O_2$ potential energy surface: A theoretical study[J]. Combust Flame, 2014, 161: 885-897.

[30] Cohen J, Mori-Sanchez P, Yang W T. Challenges for density functional theory[J]. Chem Rev, 2012, 112: 289-320.

[31] Eyring H. The activated complex in chemical reactions[J]. J Chem Phys, 1935, 3: 107-115.

[32] Steinfeld J I, Francisco J S, Hase W L. Chemical kinetics and dynamics[M]. New Jersey: Upper Saddle River, 1999.

[33] Fernández-Ramos A, Miller J A, Klippenstein S J, et al. Modeling the kinetics of bimolecular reactions[J]. Chem Rev, 2006, 106: 4518-4584.

[34] Duncan W, Bell R, Troung T N. TheRate: Program forab initio direct dynamics calculations of thermal and vibrational-state-selected rate constants[J]. J Comput Chem, 1998, 19: 1039-1052.

[35] Wigner E. Calculation of the rate of elementary association reactions[J]. The Journal of Chemical Physics, 1937, 5(9): 720-725.

[36] Lindemann F A, Arrhenius S, Langmuir I, et al. Discussion on "the radiation theory of chemical action"[J]. Transactions of the Faraday Society, 1922, 17: 598-606.

[37] 何玉蕚, 袁永明, 薛英. 物理化学[M]. 北京: 化学工业出版社, 2006.

[38] Robinson P J, Holbrook K A. Unimolecular Reactions[M]. New York: Wiley-Interscience, 1972.

[39] Gilbert R G, Smith S C. Theory of Unimolecular and Recombination Reactions[M]. Blackwell: London, 1990.

[40] Marcus R A. Unimolecular dissociations and free radical recombination reactions[J]. J Chem Phys, 1952, 20: 359-364.

[41] Bounaceur R, Da Costa I, Fournet R, et al. Experimental and modeling study of the oxidation of toluene[J]. Int J Chem Kinet, 2005, 37: 25-49.

[42] Metcalfe W K, Dooley S, Dryer F L. Comprehensive detailed chemical kinetic modeling study of toluene oxidation[J]. Energy Fuels, 2011, 25: 4915-4936.

[43] Mehl M, Pitz W J, Westbrook C K, et al. Kinetic modeling of gasoline surrogate components and mixtures under engine conditions[J]. Proc Combust Inst, 2011, 33(1): 193-200.

[44] Sakai Y, Miyoshi A, Koshi M, et al. A kinetic modeling study on the oxidation of primary reference fuel-toluene mixtures including cross reactions between aromatics and aliphatics[J]. Proc Combust Inst, 2009, 32: 411-418.

[45] Narayanaswamy K, Blanquart G, Pitsch H. A consistent chemical mechanism for oxidation of substituted aromatic species[J]. Combust Flame, 2010, 157: 1879-1898.

[46] Andrae J C G. Comprehensive chemical kinetic modeling of toluene reference fuels oxidation[J]. Fuel, 2013,107: 740-748.

[47] Yuan W, Li Y, Dagaut P, et al. Investigation on the pyrolysis and oxidation of toluene over a wide range conditions. I. Flow reactor pyrolysis and jet stirred reactor oxidation[J]. Combust Flame, 2015, 162: 3-21.

[48] Perry R A, Atkinson R, Pitts Jr J N. Kinetics and mechanism of the gas phase reaction of hydroxyl radicals with aromatic hydrocarbons over the temperature range 296—473 K[J]. J Phys Chem, 1977, 81: 296-304.

[49] Kenley R A, Davenport J E, Hendry D G. Gas-phase hydroxyl radical reactions. Products and pathways for the reaction of hydroxyl with aromatic hydrocarbons[J]. J Phys Chem, 1981, 85: 2740-2746.

[50] Tully F P, Ravishankara A R, Thompson R L, et al. Kinetics of the reactions of hydroxyl radical with benzene and toluene[J]. J Phys Chem, 1981, 85: 2262-2269.

[51] Mulder P, Louw R. Vapour-phase chemistry of arenes. Part 13. Reactivity and selectivity in the gas-phase reactions of hydroxyl radicals with monosubstituted benzenes at 563 K[J]. J Chem Soc Perkin Trans 2, 1987, 9: 1167-1173.

[52] Knispel R, Koch R, Siese M, et al. Adduct formation of OH radicals with Benzene, Toluene, and Phenol and consecutive reactions of the adducts with NO_x and O_2[J]. Berichte der Bunsengesellschaft für physikalische Chemie, 1990, 94: 1375-1379.

[53] Markert F, Pagsberg P. UV spectra and kinetics of radicals produced in the gas phase reactions of Cl, F and OH with toluene[J]. P Chem Phys Lett, 1993, 209: 445-454.

[54] Uc V H, Alvarez-Idaboy J R, Galano A, et al. Theoretical determination of the rate constant for OH hydrogen abstraction from toluene[J]. J Phys Chem A, 2006, 110: 10155-10162.

[55] Seta T, Nakajima M, Miyoshi A. High-temperature reactions of OH radicals with benzene and toluene[J]. J Phys Chem A, 2006, 110: 5081-5090.

[56] Rao V S, Skinner G B. Formation of deuterium atoms in the pyrolysis of toluene-d8 behind shock waves. Kinetics of the reaction C7D8 + H .fwdarw. C7D7H + D[J]. J Phys Chem, 1984, 88: 4362-4365.

[57] Rao V S, Skinner G B. Formation of hydrogen and deuterium atoms in the pyrolysis of toluene-d8 and toluene-.alpha.,.alpha.,.alpha.-d3 behind shock waves[J]. J Phys Chem, 1989, 93: 1864-1869.

[58] Braun-Unkhoff M, Frank P, Just T. A shock tube study on the thermal decomposition of toluene and of the phenyl radical at high temperatures[J]. Symposium (International) on Combustion, 1989, 22: 1053-1061.

[59] Robaugh D, Tsang W. Mechanism and rate of hydrogen atom attack on toluene at high temperatures[J]. J Phys Chem, 1986, 90: 4159-4163.

[60] Hippler H, Reihs C, Troe J. Elementary steps in the pyrolysis of toluene and benzyl radicals[J]. Z Phys Chem, 1990, 167: 1-16.

[61] Oehlschlaeger M A, Davidson D F, Hanson R K. Experimental investigation of toluene + H ⟶ Benzyl + H₂ at high temperatures[J]. J Phys Chem A, 2006, 110: 9867-9873.

[62] Kislov V V, Mebel A M. Ab Initio G3-type/statistical theory study of the formation of indene in combustion flames. Ⅰ. Pathways involving benzene and phenyl radical[J]. J Phys Chem A, 2007, 111: 3922-3931.

[63] Tian Z, Pitz W J, Fournet R, et al. A detailed kinetic modeling study of toluene oxidation in a premixed laminar flame[J]. Proc Combust Inst, 2011, 33: 233-241.

[64] Hoffmann A, Klatt M, Wagner H G. An investigation of the reaction between O(³P) and toluene at high temperatures[J]. Z Phys Chem, 1990, 168: 1-12.

[65] Price S J W, Trotman Dickenson A F. The pyrolysis of trimethyl bismuth, trimethyl antimony and dimethyl tin dichloride[J]. Trans Faraday Soc, 1958, 54: 1630-1637.

[66] Cher M. The reaction of methyl radicals with toluene[J]. The Journal of Physical Chemistry, 1964, 68: 1316-1321.

[67] Mulcahy M F R, Williams D J, Wilmshurst J R. Reactions of free radicals with aromatic compounds in the gaseous phase. Ⅰ. Kinetics of the reaction of methyl radicals with toluene[J]. Aust J Chem, 1964, 17: 1329-1341.

[68] Cher M, Hollingsworth C S, Sicilio F. The vapor phase reaction of methyl radicals with toluene at 100—300°[J]. J Phys Chem, 1966, 70: 877-883.

[69] Dunlop A N, Kominar R J, Price S J W. Hydrogen abstraction from toluene by methyl radicals and the pressure dependence of the recombination of methyl radicals[J]. Can J Chem, 1970, 48: 1269-1272.

[70] Zhang H X, Ahonkhai S I, Back M H. Rate constants for abstraction of hydrogen from benzene, toluene, and cyclopentane by methyl and ethyl radicals over the temperature range 650—770K[J]. Can J Chem, 1989, 67: 1541-1549.

[71] Szwarc M, Roberts J S. The activation energy and the steric factor of the reaction between methyl radicals and toluene[J]. Trans Faraday Soc, 1950, 46: 625-629.

[72] Mulder P, Louw R. Gas-phase thermolysis of tert-butyl hydroperoxide in a nitrogen atmosphere. The

effect of added toluene[J]. Recl Trav Chim Pays-Bas, 1984, 103: 148-152.

[73] Eng R A, Fittschen C, Gebert A, et al. Kinetic investigations of the reactions of toluene and of p-xylene with molecular oxygen between 1050 and 1400K[J]. Symposium (International) on Combustion,1998, 27: 211-218.

[74] Scott M, Walker R W. Addition of toluene and ethylbenzene to mixtures of H_2 and O_2 at 773K: Part I : Kinetic measurements for H and HO_2 reactions with the additives and a data base for H abstraction by HO_2 from alkanes, aromatics and related compounds[J]. Combust flame, 2002, 129: 365-377.

[75] Luzhkov V B. Mechanisms of antioxidant activity: The DFT study of hydrogen abstraction from phenol and toluene by the hydroperoxyl radical[J]. Chem Phys, 2005, 314: 211-217.

[76] Curtiss L A, Redfern P C, Raghavachari K. Gaussian-4 theory using reduced order perturbation theory[J]. The Journal of Chemical Physics, 2007, 127(12): 84-108.

[77] Frisch M J, Trucks G W, Schlegel H B, et al. Gaussian 09[P]. Gaussian Inc, Wallingford CT, 2009.

[78] Gonzalez C, Schlegel H B. An improved algorithm for reaction-path following[J]. J Chem Phys, 1989, 90: 2154-2161.

[79] Pitzer K S, Gwinn W D. Energy levels and thermodynamic functions for molecules with internal rotation I . Rigid frame with attached tops[J]. J Chem Phys, 1942, 10: 428-440.

[80] Mokrushin V, Tsang W. ChemRate, v.1.5.8.[C]. National Institue of Standards and Technology: Gaithersburg, MD, 2009.

[81] Li S H, Guo J J, Li R, et al. Theoretical prediction of rate constants for hydrogen abstraction by OH, H, O, CH_3, and HO_2 radicals from toluene[J]. Journal of Physical Chemistry A, 2016, 120(20): 3424-3432.

[82] Guo J, Tang S, Tan N. Theoretical and kinetic study of the reaction of C_2H_3 + HO_2 on the $C_2H_3O_2H$ potential energy surface[J]. RSC Advances, 2017, 7(71): 44809-44819.

[83] McQuarrie D A, Simon J D. Physical chemistry: A molecular approach[M]. Sausalito: University Science Books, 1997.

[84] Steinfeld J I, Francisco J S, Hase W L. Chemical kinetics and dynamics(2nd)[J]. New York: Prentice Hall, 1999.

[85] NIST. Computational chemistry comparison and benchmark database[DB/OL]. NIST Standard Reference Database Number 101, 2013, available at http://webbook.nist.gov/.

[86] Baulch D L, Cobos C J, Cox R A, et al. Summary table of evaluated kinetic data for combustion modeling: Supplement 1[J]. Combust flame, 1994, 98: 59-79.

[87] da Silva G, Bozzelli J W. Kinetic modeling of the benzyl + HO_2 reaction[J]. Proc Combust Inst, 2009, 32: 287-294.

[88] Mittal G, Sung C-J. Autoignition of toluene and benzene at elevated pressures in a rapid compression machine[J]. Combust Flame, 2007, 150: 355-368.

[89] Shen H-P S, Vanderover J, Oehlschlaeger M A. A shock tube study of the auto-ignition of toluene/air mixtures at high pressures[J]. Proc Combust Inst, 2009, 32: 165-172.

[90] Dagaut P, Pengloan G, Ristori A. Oxidation, ignition and combustion of toluene: Experimental and detailed chemical kinetic modeling[J]. Phys Chem Chem Phys, 2002, 4: 1846-1854.

[91] Johnston R J, Farrell J T. Laminar burning velocities and Markstein lengths of aromatics at elevated temperature and pressure[J]. Proc Combust Inst, 2005, 30: 217-224.

第 **5** 章

燃料燃烧化学
反应动力学机理

5.1　反应类规则

　　燃烧动力学是化学动力学的一个部分，研究遵循化学动力学的一般规律。燃烧动力学主要研究燃烧反应机理、燃烧反应速度及其影响因素。由于燃烧反应的复杂性、燃烧测量手段的多样性和燃烧动力学在国防和国民经济的工程应用背景，燃烧研究成为一个重要的多学科交叉领域[1,2]。

　　燃烧化学反应动力学机理是燃烧反应动力学数值研究的核心，其规模和复杂程度会随着燃料类型的不同呈现出很大的差异。而反应机理构建的核心就是依据反应类规则，按照层级构建的思想类似堆积木的方式完成机理的搭建[3-5]。碳氢燃料的燃烧化学反应过程中会涉及成千上万的反应，但是总结起来也只有固定的几种不同反应类型。这些反应可以分为高温反应类型和低温反应类型[3,4,6-18]，高温反应主要是烷基自由基的热裂解生成烯烃分子和更小的烷基自由基，低温反应主要是由烷基自由基和氧气分子相互反应引发。在下面的叙述中，RH 表示烷烃分子 C_nH_{2n+2}，$R\cdot$ 表示烷基自由基 C_nH_{2n+1}，R′表示烯烃分子 C_nH_{2n}，R″表示烯基自由基 C_nH_{2n-1}，$\longrightarrow$ 表示该反应不可逆，$\Longrightarrow$ 表示该反应可逆，具体可参考文献[3-18]。

5.1.1　高温反应

5.1.1.1　烷烃单分子裂解反应

　　烷烃的单分子裂解是烷烃反应的初始反应，包含了两种类型：烷烃分子的碳碳键断裂和烷烃分子的碳氢键断裂，如式（5-1）和式（5-2）所示。

$$RH \longrightarrow R\cdot + R\cdot \tag{5-1}$$

$$RH \longrightarrow R\cdot + H\cdot \tag{5-2}$$

　　这两类反应描述的都是共价键的断裂，从而形成了两个自由基，因此共价键的强度与反应的快慢有很大的关系。因为碳氢键的强度大于碳碳键，所以碳碳键的断裂就比碳氢键的断裂易于发生；同时，叔碳上发生断裂反应易于仲碳易于伯碳。

5.1.1.2　自由基对烷烃的氢提取反应

自由基对烷烃的氢提取反应也是烷烃初始反应的一种重要类型，烷烃上的碳氢键断裂，氢转移到与其发生反应的自由基上，生成烷基自由基 R·，如式（5-3）所示。可与烷烃分子发生此类反应的自由基很多，包括 H、OH、O、HO_2 和烷烃裂解生成的 CH_3、C_2H_5 等小分子自由基以及其他反应生成的较大的自由基等。

$$RH + X \longrightarrow R· + XH \tag{5-3}$$

烷烃分子上氢的种类和数量对这类反应的反应速率影响较大，一般键能伯碳>仲碳>叔碳，叔氢最活泼，最易发生反应。小分子自由基的活性较大，最易与烷烃分子发生反应；由于大分子自由基的活性相对较小，在机理构建时一般不考虑。

5.1.1.3　烷基的氢迁移重排

通过五、六、七元环过渡（包括氢原子在内），烷基上的氢原子发生迁移，从而引起烷基自由基位置的变化，如式（5-4）所示。

$$R_1· \longrightarrow R_2· \tag{5-4}$$

5.1.1.4　烷基的裂解反应

烷基自由基通过 β 裂解（发生在烷基的 β 位）生成自由基和烯烃。通常考虑两种反应路径：一种是生成一个烯烃和一个氢自由基，另一种是生成一个小的烯烃和一个小的烷基自由基，如式（5-5）和式（5-6）所示。

$$R· \longrightarrow R' + H· \tag{5-5}$$

$$R· \longrightarrow 小的 R' + 小的 R· \tag{5-6}$$

烷基的裂解反应只有在相对较高温度时（$T > 900K$）比较重要，在温度较低时烷基和氧气分子发生反应的速度比烷基自由基的 β 裂解快很多。

5.1.1.5　烷基氧化生成烯烃

温度较高时，烷基自由基与氧气分子反应生成烯烃和过氧化氢自由基，如式（5-7）所示。

$$R· + O_2 \longrightarrow R' + HO_2 \tag{5-7}$$

5.1.1.6　烯烃的氢提取反应

烯烃的氢提取反应可以根据烯烃上被提取的氢的位置分为三类：烷基位氢提取反应，如式（5-8）所示；烯基位氢提取，如式（5-9）所示；烯丙基位氢提取如式（5-10）所示。

$$R' + X \longrightarrow 烯基\ R'' + XH \qquad\qquad （5\text{-}8）$$

$$R' + X \longrightarrow 乙烯基\ R'' + XH \qquad\qquad （5\text{-}9）$$

$$R' + X \longrightarrow 烯丙基\ R'' + XH \qquad\qquad （5\text{-}10）$$

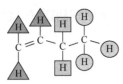

图 5.1　1-丁烯的氢原子种类示意图

图 5.1 以不同的图形符号标记了烯烃上三种位置的氢：在双键上的氢是烯基位氢（三角形）；与双键相邻的碳上的氢是烯丙基位氢（正方形）；远离双键的碳上的氢是烷基位氢（圆形）。

最容易发生氢提取反应的是烯丙基位上的氢，因为烯丙基位上的氢被提取后会生成稳定的共轭自由基，若该共轭自由基接着发生 β 裂解反应，便会生成共轭双烯；烯烃上烯丙基位的氢有可能是伯氢、仲氢、叔氢，不同级别的氢会对此类反应的反应速率产生影响。

在双键上的氢有仲氢和叔氢两种类型，发生氢提取反应后会生成烯基自由基，进而该烯基自由基便会发生裂解反应生成炔烃或者连二烯。烯基位的氢提取相对于烯丙位要困难一些，氢的种类和等价氢的个数同样会影响反应的动力学数据。

对于长链烯烃来说，烯烃烷基自由基上的氢提取反应扮演着非常重要的角色，提取远离双键的碳上的氢后接着可以反应生成二烯，二烯在燃料燃烧的反应过程中经常出现。因为双键对长链烯烃上氢的影响会随着氢的远离而逐渐变小，所以一般只有在 γ 位的氢比较重要，远离双键的烷基氢的提取反应可以忽略。

5.1.1.7　烯烃自由基的裂解反应

烯烃的氢提取反应会生成三种类型的烯烃自由基，这三种类型的烯烃自由基会继续分解。烯丙型自由基 β 位上的氢会发生断裂，生成双烯，如式（5-11）所示。比如 3-戊烯自由基分解生成 1,3-戊二烯，3-丁烯自由基会分解生成 1,3-丁二烯。

$$烯丙基\ R'' \longrightarrow 二烯烃 \qquad\qquad （5\text{-}11）$$

烯基自由基发生 β 裂解时有两种途径，在自由基 β 位的左右两边发生断裂，分别生成连二烯和炔烃，如式（5-12）所示。

$$\text{乙烯基 R''} \longrightarrow \text{连二烯或炔烃} \qquad (5\text{-}12)$$

烷基位的烯烃自由基发生异构化反应会产生另一种烷基位的烯烃自由基。此外这种自由基也可以发生 β 裂解，生成连二烯和小的烷基自由基，如式（5-13）所示；或者生成一个小的烯烃和一个小的烷基位烯基自由基，如式（5-14）所示。

$$\text{烯基 R''} \longrightarrow \text{双烯} + \text{小的 R·} \qquad (5\text{-}13)$$

$$\text{烯基 R''} \longrightarrow \text{小的 R'} + \text{小的烯基 R''} \qquad (5\text{-}14)$$

5.1.1.8 烯烃的裂解反应

烯烃的裂解反应有很多途径，但是产生烯丙基自由基的反应途径相对于其他反应途径，活化能较小，因此在构建机理时只需考虑这一种烯烃裂解的类型，如式（5-15）所示。

$$\text{R'} \longrightarrow \text{烯丙基 R''} + \text{R}_2· \qquad (5\text{-}15)$$

5.1.1.9 烯烃的加成反应

与烯烃进行加成反应的主要是 H、O、OH、CH_3 和 HO_2 自由基，如式（5-16）和式（5-17）所示。如烯烃与 H 和 CH_3 加成都会生成烷基自由基，这两类反应均是烷基自由基裂解的逆反应。

$$\text{R'} + \text{H·} \longrightarrow \text{R·} \qquad (5\text{-}16)$$

$$\text{R'} + \text{CH}_3· \longrightarrow \text{R·} \qquad (5\text{-}17)$$

烯烃与 O 发生加成反应时，O 与双键上的碳相连，而双键上的碳与其相邻的碳会发生 C—C 键断裂反应，最终生成羰基自由基以及烷基自由基，如式（5-18）所示。

$$\text{R'} + \text{O·} \longrightarrow \text{羰自由基} + \text{R·} \qquad (5\text{-}18)$$

烯烃和 OH 的加成反应可以生成醛或酮和一个烷基自由基，如式（5-19）所示。

$$\text{R'} + \text{OH·} \longrightarrow \text{醛或酮} + \text{R·} \qquad (5\text{-}19)$$

HO_2 和烯烃的加成反应，生成过氧烷基自由基，如式（5-20）所示。

$$\text{R'} + \text{HO}_2· \longrightarrow \text{ROOH·} \qquad (5\text{-}20)$$

详细的高温燃烧反应的路径，见图 5.2。

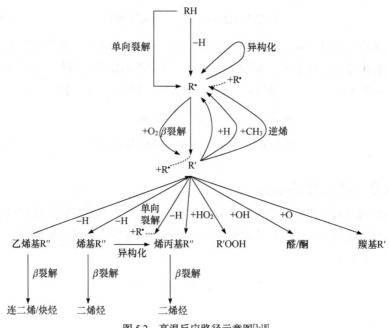

图 5.2 高温反应路径示意图[3-18]

5.1.2 低温反应

5.1.2.1 烷基与氧分子加成反应

该反应通常在低温下发生。该类反应活化能较低，近似于零。烷基自由基能与氧气进行加成反应，生成过氧烷基自由基，如式（5-21）所示。

$$R \cdot + O_2 = RO_2 \tag{5-21}$$

由于该类反应是可逆反应，当系统温度升温后反应会向左边进行，导致 RO_2 的浓度迅速下降。

5.1.2.2 过氧烷基自由基异构化反应

该反应通过一个环状过渡态，使得过氧烷碳链上的氢转移，由过氧基变成过氧氢自由基，如式（5-22）所示。该类反应是可逆反应，碳链上氢的种类及环状过渡态的大小决定其反应速率。

$$RO_2 \cdot = ROOH \cdot \tag{5-22}$$

5.1.2.3 过氧烷基与 HO_2、H_2O_2 反应

过氧烷基与 HO_2、H_2O_2 反应，抢夺其氢并生成过氧化氢烷烃，如式（5-23）和式（5-24）所示。

$$RO_2 \cdot + HO_2 \longrightarrow ROOH \cdot + O_2 \tag{5-23}$$

$$RO_2 \cdot + H_2O_2 \longrightarrow ROOH \cdot + HO_2 \tag{5-24}$$

该类反应是双分子反应，反应物分子 $RO_2 \cdot$、HO_2、H_2O_2 的浓度决定反应速率，HO_2 的浓度与燃烧反应中的其他组分相关。单分子异构化反应相比于该类反应速度更快。

5.1.2.4 氢过氧烷烃的氧氧均裂反应

氢过氧烷烃上的氧氧键断键，生成烷氧基及羟基自由基，如式（5-25）所示。

$$ROOH \longrightarrow RO \cdot + OH \cdot \tag{5-25}$$

5.1.2.5 烷氧基裂解反应

烷氧基极不稳定，易发生裂解反应，大的烷氧基能够裂解生成很稳定的含氧组分，比如醛或酮，还有一些较小的烷基自由基，如式（5-26）所示。

$$RO \cdot \longrightarrow 醛或酮 + 小的 R \cdot \tag{5-26}$$

5.1.2.6 氢过氧烷基与氧分子加成反应

$$ROOH \cdot + O_2 \longrightarrow O_2ROOH \cdot \tag{5-27}$$

5.1.2.7 氢过氧烷基裂解反应

氢过氧烷基的 C—O 键、C—C 键会发生断裂，生成小分子烯烃、过氧化氢烯烃、较小的过氧化氢烷基、醛或酮和一些较小的烷基自由基等，如式（5-28）～式（5-31）所示。

$$ROOH \cdot \longrightarrow 烯烃 + HO_2 \tag{5-28}$$

$$ROOH \cdot \longrightarrow 小分子烯烃 + 小的 ROOH \cdot \tag{5-29}$$

$$ROOH \cdot \longrightarrow 过氧化氢烷基 + 小的 R \cdot \tag{5-30}$$

$$ROOH \cdot \longrightarrow 醛或酮 + 小的 OH \cdot \tag{5-31}$$

5.1.2.8 环氧醚生成反应

氢过氧烷基的 O—O 键发生断裂，断键后碳链上剩下的氧与碳链上不同位置的碳相连，由此形成环氧醚，如式（5-32）所示；与 β、γ、δ、ε 位上的碳连接，生成环氧乙烷、环氧丁烷、四氢呋喃和四氢吡喃。该类反应中环氧醚的大小决定反应活化能。

$$ROOH\cdot \longrightarrow 环醚 + OH\cdot \tag{5-32}$$

5.1.2.9 双过氧化氢烷基氧氧均裂反应

该类反应可以生成过氧化氢酮类化合物和羟基 OH·，如式（5-33）所示。

$$HOOROOH\cdot \longrightarrow O=ROOH + OH\cdot \tag{5-33}$$

5.1.2.10 氢过氧环醚生成反应

与环氧醚的形成类似，双过氧化氢烷基自由基上的 O—O 键发生断裂，生成过氧环醚，如式（5-34）所示。

$$HOOROOH\cdot \longrightarrow 过氧环醚 + OH\cdot \tag{5-34}$$

5.1.2.11 氢过氧烷基酮裂解反应

羟基从过氧化氢酮上分裂出去生成烷氧基酮，接下来烷氧基酮发生裂解形成较小的醛和酮自由基，如式（5-35）和式（5-36）所示。

$$O=ROOH\cdot \longrightarrow O=RO\cdot + OH\cdot \tag{5-35}$$

$$O=RO\cdot \longrightarrow 醛 + 酮自由基 \tag{5-36}$$

5.1.2.12 环氧醚氢提取反应

活泼的自由基 X 提取环氧醚的氢，使得环状结构遭遇破坏，生成酮自由基，如式（5-37）所示。

$$环醚 + X \longrightarrow 酮自由基 + XH \tag{5-37}$$

与烷基、烯烃自由基的氢提取反应相似，氢的种类也与环氧醚发生氢提取的难易程度相关。从易到难的顺序如下：叔氢、仲氢、伯氢。此外，如果氢是连接在氧原子的碳上，则非常容易被脱去。

5.1.2.13 氢过氧环醚裂解反应

过氧环醚裂解生成醛或酮、酮自由基和羟基，如式（5-38）所示。

$$过氧环醚 \longrightarrow 醛或酮 + 酮自由基 + OH \cdot \qquad （5\text{-}38）$$

5.1.2.14 酮自由基裂解反应

β 键断裂，酮自由基会形成更加稳定的烯醛或烯酮与小分子的烷基自由基，也有可能生成较小的酮自由基和较小的双烯，如式（5-39）和式（5-40）所示。

$$酮自由基 \longrightarrow 烯醛或烯酮 + 小的 R \cdot \qquad （5\text{-}39）$$
$$酮自由基 \longrightarrow 小的酮自由基 + 小的 R \cdot \qquad （5\text{-}40）$$

反应类规则是机理自动生成程序的核心和基础，要构建出更合理、更准确的反应机理，需要进行实验和理论的不断创新研究，对反应类规则进行进一步的完善。详细的低温燃烧反应路径，见图5.3。

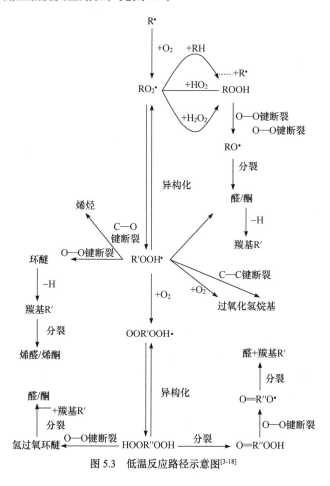

图5.3　低温反应路径示意图[3-18]

5.2 化学动力学机理

5.2.1 化学动力学机理概述

目前用得较多的是 CHEMKIN 格式的化学反应机理，该反应机理在大部分 CFD 软件中能够得到很好的运用[1,2]。以 CHEMKIN 格式的燃烧化学动力学机理为例，其包含四个文件：热力学数据文件、气相化学文件、输运特性文件、表面化学文件。这四个文件中热力学文件和气相化学文件是必需的，其他两个文件视情况而定。

① 热力学数据文件（必需）：主要包含组分的元素构成信息和适合于热力学参数的多项式系数，给定了热力学数据适用的温度范围以及不同温度范围内所采用的系数，如图 5.4 所示。

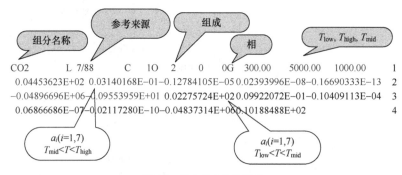

图 5.4　热力学文件的组成

具体实施时，可使用 National Institute of Standards and Technology（NIST）的基团贡献法计算得到组分的热力学参数。对于不能用基团贡献法获得热力学数据的组分，采用量子化学方法，在 B3LYP/6-31G（d, p）或其他计算方法水平上计算它们的热力学数据，拟合得到如下形式：

$$C_{\mathrm{p,m}}/R = a_1 + a_2 T + a_3 T^2 + a_4 T^3 + a_5 T^4 \tag{5-41}$$

$$S_{\mathrm{m}}^{\ominus}/(RT) = a_1 \ln T + a_2 T + (a_3/2)T^2 + (a_4/3)T^3 + (a_5/4)T^4 + a_7 \tag{5-42}$$

$$\Delta_f H_m^{\ominus}/(RT) = a_1 + (a_2/2)T + (a_3/3)T^2 + (a_4/4)T^3 + (a_5/5)T^4 + a_6/T \quad (5\text{-}43)$$

式中，$C_{p,m}$ 是恒压摩尔热容；$S_m^{\ominus}$ 是标准摩尔熵；$\Delta_f H_m^{\ominus}$ 是标准摩尔生成焓；$a_i(i=1\sim 7)$ 则是拟合参数。组分的热力学参数能够通过一组参数表示为温度的函数，反之，特定温度下组分的热力学参数同样也可通过上述表达式计算得到。组分的输运数据通过物质的临界参数计算得到，但像缺乏临界参数的自由基这类物质，则近似采用与其结构最接近的中性分子的数据。

② 气相动力学文件（必需）：主要包含了燃烧涉及的元素、组分、反应，其中每个反应后罗列了三个参数，分别对应着修正的阿伦尼乌斯公式的 A、n、E 三个参数，用于计算不同温度下的反应速率常数（对于压力相关反应等其他的反应来说，后面会附加额外的参数，如 PLOG、CHEB 等），如图 5.5 所示。

```
ELEMENTS H    O    N    END
SPECIES  H2 H O2 O OH HO2 H2O2 H2O N N2 NO END
REACTIONS
    H2+O2=2OH                     0.170E+14   0.00   47780
    OH+H2=H2O+H                   0.117E+10   1.30    3623  ! D-L&W
    O+OH=O2+H                     0.400E+15  -0.50       0  ! JAM 1986
    O+H2=OH+H                     0.506E+05   2.67    6290  ! KLEMM,ET AL
    H+O2+M=HO2+M                  0.361E+18  -0.72       0  ! DIXON-LEWIS
        H2O/18.6/   H2/2.86/   N2/1.26/
    OH+HO2=H2O+O2                 0.750E+13   0.00       0  ! D-L
    H+HO2=2OH                     0.140E+15   0.00    1073  ! D-L
    O+HO2=O2+OH                   0.140E+14   0.00    1073  ! D-L
    2OH=O+H2O                     0.600E+09   1.30       0  ! COHEN-WEST.
    ......
END
```

图 5.5　动力学文件构成

③ 输运特性文件（有时必需）：主要包含组分的结构信息和气相组分的基本分子参数，如 Lennard-Jones 深度、直径以及偶极力矩、极性和转动松弛因子，如图 5.6 所示。

```
AR       0    136.500    3.330    0.000    0.000    0.000
AR*      0    136.500    3.330    0.000    0.000    0.000
C        0     71.400    3.298    0.000    0.000    0.000
C2       1     97.530    3.621    0.000    1.760    4.000
C2O      1    232.400    3.828    0.000    0.000    1.000
CN2      1    232.400    3.828    0.000    0.000    1.000
C2H      1    209.000    4.100    0.000    0.000    2.500
C2H2     1    209.000    4.100    0.000    0.000    2.500
C2H2OH   2    224.700    4.162    0.000    0.000    2.000
CH2OH    2    417.000    3.690    1.700    0.000    2.000
```

图 5.6　输运数据文件组成

④ 表面化学文件（可选）：主要包含表面状态、点反应物、固体反应物、表面反应等涉及的参数，如图 5.7 所示。

```
!---------------------------SURFACE KINETICS PRE-PRCCESSOR INPUT--------------
MATERIAL WAFER
STTE/POLY/ SDEN/2.25E-9/
SSI(S)  SICL(S) SICL2(S) SICL3(S)
END
BULK SI(B)/2.33/
REACTIONS  MWOFF
    CL + SI(S)    => SICL(S)                          1.0   0.0  0.0
        STICK
    E + CL2+ + 2SI(S) => 2SICL(S)                     0.4   0.0  0.0
        BOHM
    E + CL+ + SICL3(3) + SI(B) +> SICL4 + SI(S)       0.50  0.0  0.0
        BOHM
        ENRGDEP/1. 0.5 1.0/  UNITS/EVOLT/
    E + CL+ + #SICL3(S) + #SI(B) + SICL(S) &
       => SICL2(S) + #SICL2 + $SICL(S)                0.50  0.0  0.0
        BOHM
        YIELD/0.0712 1.21 0.5 1.0/  UNITS/EVOLT/
!           /A  Eth[eV] a b /   for #=A(Ei^a-Eth^a)^b
END
MATERIAL WALL
SITE/METAL/ SDEN/2.25E-9/
AAL(S) ALCL(S)
END
REACTIONS  MWOFF
    CL+ + E        => CL                  0.6   0.0  0.0
        BOHM
    CL + AL(S)    => ALCL(S)              1.0   0.0  0.0
        STICK
END
```

图 5.7　表面化学文件

5.2.2　化学动力学机理的构建

目前燃烧动力学领域中普遍认为大分子碳氢燃料（一般指 C_5 及以上）的燃烧模型可以由小分子碳氢燃料（一般指 $C_0 \sim C_4$）核心反应机理和大分子碳氢组分到小分子碳氢组分的反应子机理构成，相关热动力学参数可依据类比给定[19]。大分子碳氢燃料通过裂解和氧化反应会生成大量小分子组分和自由基，其对燃料的着火、火焰传播等燃烧特性有主导性作用。You 等[20]的研究表明，大分子碳氢燃料层流火焰传播速度对 $H_2/CO/C_1 \sim C_3$ 参与的反应更加敏感。Ranzi 等[21]通过系统对比碳氢燃料火焰传播速度实验数据发现，高温下离解的小分子组分和自由基有较高活性，两者之间极强的耦合关系对于层流火焰速度和着火延迟均具有至关重要性。因此，以核心机理为基础，根据燃料结构、不同燃料的反应类型及起始反应物碳原子数的差异，逐级构建反应机理。

将大分子碳氢燃料的燃烧反应过程分成两个部分考虑：一是详细和普适的小分子机理（$H_2/CO/C_1 \sim C_n$，一般 n 取 1、2、3 或 4）作为整个机理的核心，用于描述着火后的反应过程和火焰传播速度，且与燃料的种类关系不大；二是用来与核心机理耦合且专门描述和控制着火特性的子机理，可以通过借鉴已有文献资料提取或构建，并根据实验数据进行优化以适合不同种类的燃料[22-25]。子机理包括高温机理和低温机理，高温阶段包括裂解和氧化等反应，低温阶段则以氧化反应为主。对于机理的性能，由于上述方法兼顾了火焰传播速度、关键组分变化和着火延迟特性，可以如实地呈现燃料的燃烧特性。如于维铭等[22]提出的 RP-3 煤油替代燃料由四种组分构成，它的机理同样需由四种不同类型的烃类替代燃料机理整合而成；为了方便整合，发展单独的组分燃料机理时为它们选择了共同的核心机理；煤油四组分替代燃料反应机理可以视作由一个共同的核心机理加正癸烷、正十二烷、乙基环己烷和对二甲苯四个燃料的大分子到小分子过渡的子机理构成的整体，如图 5.8 所示。

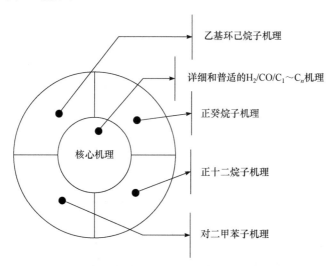

图 5.8　国产 RP-3 煤油四组分替代燃料反应机理构建示意图[22]

所谓替代燃料模型（surrogate fuel model，SFM），是指采用尽可能少数量的未掺混、纯净碳氢燃料物质按一定配方组成的燃料混合物来模拟真实燃油的理化特性。它本质上是一种简化与理想性的处理方法，即在方案构思初始便将需要的研究内容降低到工作量和计算耗费允许的范围之内。替代燃料模型组分的选择与研究目的和燃料本身的物质组成与理化性质密切相关。按照研究目不同，替代模型通常分为物理替代和化学替代两种[26-30]。

物理替代燃料模型应具有与实际燃料相似的物理特性，其主要用于计算燃料的储存、加热和流动等特性，但只限于预测燃料的物理变化过程及其相关性质。物理替代燃料模型主要应用于分析燃料的流动、传热以及液滴蒸发等过程。目前已有一些混合物物性预测软件，例如 REFPROP、DIPPR 和 SUPERTRAPP 等大大提高了物理替代燃料模型的构建效率。在物理替代燃料模型的构建过程中，其基础组分的比例常需多次迭代优化方能使模型燃料与实验值的物性参数匹配良好。相比化学替代，物理替代一般不涉及复杂的化学动力学过程，考虑的因素也更少，因而实现过程相对简单。

化学替代燃料模型应具有和实际燃料相近或相似的化学组分及着火延迟、绝热火焰温度、层流火焰传播速度和化学反应速率等化学特性，可用于模拟燃料的点火、燃烧及裂解与结炭等化学变化过程的相关性质。即利用模型燃料来替代复杂燃料的化学反应机理，从而模拟燃料的气相燃烧现象及过程。针对构建模型燃料的复杂程度不同，可将构建模型燃料方法分为三类：单组分替代法、代表成分替代法和参数匹配替代法。参数匹配替代法是目前最常用的模型燃料构建方法，通过对目标参数的匹配以确定各基础燃料的比例。如何选取合适的目标参数是构建复杂燃料替代模型的关键。为此，学者们做了非常多的尝试，并提出了多种不同的目标参数。理论上，通过更多目标参数的匹配，可以获得能更全面地反映目标燃料燃烧特性的模型燃料。然而，随着目标参数数量的增多，基础燃料的种类也将增多，进而可能导致模型燃料变得过于复杂。同时，更多的目标参数必然需要更多的实验数据，这将增加模型燃料构建的成本。

兼具物理替代和化学替代两种性质的替代燃料模型称为全面替代模型。全面替代燃料模型中各代表组分的选取需遵循以下原则：

① 可行性，即选用的各成分必须易于获取并适宜实验条件，且备选成分应该具有已知的详细动力学机理或适宜构建可用的动力学机理以及其他热力学数据。

② 简化性，即选取的研究对象应是煤油中占据较大比例并对其燃烧性质有巨大影响的组分，对不参与燃烧或者对燃烧效果影响不大的成分给予舍弃。基于当前模拟计算能力的限制，正构烷烃碳原子数目应少于12，单环烷烃碳原子数目应

不大于10，芳烃组分尽量选取简单的，如苯、烷基苯和萘等。

③ 相似性，即替代燃料应具有与实际燃料匹配的物理和化学性能，包括热物性（密度、黏度、热容、碳氢比等）、挥发性（沸点范围、闪点和蒸气压力等）、碳烟形成趋势（烟点和光度等）和燃烧特性（释热速率、着火延迟、传播速度、火焰温度、易燃性和衰退率等）等理化性质应与航空煤油基本符合。

④ 成本和实用性，即确保有限成本下的实验可重复性和可追踪性，燃料组分应易于获取且相对便宜。

替代燃料模型对于航空煤油性质研究和模拟发动机各个工况中的燃烧进程等科学探索工作具有无可替代的重要作用，在这一研究思想指导下，国内外诸多科研工作者提出了针对各种煤油型号的替代模型并发展出了实用性较强的反应机理。目前能实现燃料详细机理构建的单位有劳伦斯利弗莫尔国家试验室（Lawrence Livermore National Laboratory，LLNL）、美国国家标准与技术研究院（National Institute of Standards and Technology，NIST）以及国内的清华大学、上海交通大学、西安交通大学、四川大学、大连理工大学等，研究人员通过简化单一组分机理、组合多个组分机理进行模拟仿真，构建最终的替代燃料反应机理。

为实现燃料燃烧机理高效的构建，并结合现有燃烧动力学成果及其计算机，国内外现已有许多研究组都开发出了机理自动生成程序，用来构建碳氢燃料燃烧的化学动力学机理。EXGAS、MAMOX、MOLEC、RGM、REACTION 和 COMGEN 等是国际上承认并有一定知名度的机理自动生成程序[17,18,26-29]。李军等自主研发了 ReaxGen[30] 机理自动生成程序，目前可用于自主构建链烷烃和单环烷烃单组分的高温燃烧机理。烃的燃烧反应是典型的链反应，高温燃烧的反应种类是有限的，具有可程序化的特征；因为在燃烧过程中高碳烃的同类型组分反应具有共性，当这些组分的反应活性中心一致时，则具有相同的反应类型，并且组分大小和环境对其影响很小，其反应动力学参数可按照反应归类的方式确定。

5.2.3　化学动力学机理的优化

碳氢燃料反应动力学机理是进行燃烧数值模拟计算的基础，动力学机理的准确性直接决定了燃烧性质预测的准确性，利用替代燃料构建反应动力学机理取得的模拟结果的精度取决于对模型中单个燃料组分反应动力学性质的理解程度。为了得到航空煤油的反应机理，必须先获取其替代燃料模型中主要组分的反应机理。反应机理的构建是一个重复式的过程，其中实验数据的比较是最关键的步骤。显而易见，反应机理模型经过的验证实验越多，其可靠性就越大。一个适合的反应机理必须能够真实呈现燃料的着火与燃烧特性，其构建目标就是要使其能够准确地反映燃料在模拟环境中的着火延迟时间、火焰传播速度和一些关键组分的演变进程。当完成包含反应机理的一系列化学数据的收集后，必须将模拟计算的结果与实验数据进行比较。刚开始的结果并不一定一致，这表明必须增加化学反应，或（和）调整反应速率（特别是这些速率只是个估计值，或文献资料有较大差异的时候）以尽量满足实验条件[22]，如图 5.9 所示。

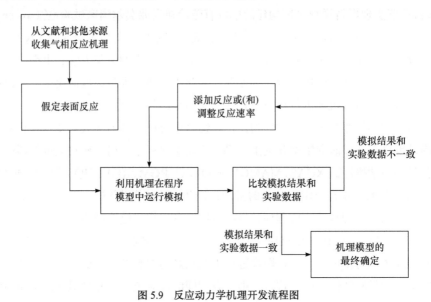

图 5.9　反应动力学机理开发流程图

5.3　化学动力学机理的验证

化学动力学机理的全面验证是确保模型适用于不同温度、压力、当量等工况的前提。这是因为实际燃烧的过程发生在宽广的温度、压力范围和当量比条件下，且燃烧模型中包含热解、低温氧化和高温氧化三大类反应，而这三大类反应又各自包括大量的子类型反应，它们或对温度敏感，或对压力敏感，或对氧化氛围敏感，或对边界条件敏感。因此，为了提高模型的精确性和适用性，就需要针对各种燃料在不同温区、不同压力、不同反应氛围、不同物理模型下的燃烧实验数据进行广泛的验证。目前用于验证模型的燃烧反应动力学实验主要分为微观燃烧结构测量和宏观燃烧参数测量两大类。其中，微观燃烧结构由自由基、活泼中间体、同分异构体及大分子多环芳烃等多种不同类型的燃烧组分构成，能够为模型的验证提供大量的验证数据；且微观燃烧结构是燃烧反应过程中的具体表现，可直接用于验证相应目标组分所参与反应的速率常数。但由于燃烧中存在成百上千种组分，且多为浓度较低的活泼中间体，这给传统燃烧诊断技术带来了巨大的挑战[1,2,17,18,26-29]，导致对微观燃烧结构的全面测量成为燃烧研究中的世界性难题。而宏观参数则包括着火延迟时间、火焰传播速度、着火和熄火极限等，对于衡量燃料的燃烧特性具有重要意义。

建立化学反应动力学模型之后，模拟结果需要与实验结果进行对比，验证反应动力学机理的准确性，并进行适当的优化，因此实验也是机理研究的重要组成部分。在验证机理时，大多数研究人员采用与实际燃烧结果对比的方法，如图5.10所示，对于燃料的着火延迟时间和燃烧速度，只有少数研究者测量了其中间产物和燃烧产物。将模拟结果与实际燃烧结果进行比较，在替代燃料的选择时具有指导意义；将模拟结果与实际中间产物进行比较，在构建和简化机理时具有指导意义；将模拟结果与最后燃烧产物进行比较，对于航空发动机的整体设计和改进具有指导意义。自由基、原子、离子等中间产物对燃料的燃烧效率、污染物的形成

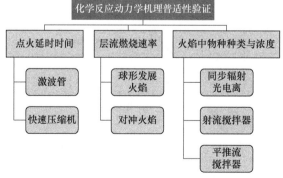

图 5.10　燃烧反应机理的普适性验证

有重要的影响，为加强对燃烧过程的认识和控制，发展出能够精确模拟航空煤油替代燃料的反应动力学模型，并将其应用于航空发动机燃烧室燃烧过程的数值模拟计算中，对替代燃料的燃烧反应机理进行了研究。

对于替代燃料在 CHEMKIN 中模拟结果的研究分为三个方面:着火延迟时间、组分质量分数、层流燃烧速度。目前，对于替代燃料的研究仅停留在数值模拟结果与实际燃料对比验证方面。在对实际燃料进行化学特性研究时，对于着火延迟时间和层流燃烧速度研究得较多，而对其组分质量分数的研究相对较少，应加大采用 JSR 等设备对燃料中间产物进行研究的力度，这对于化学反应动力学模型的建立具有指导意义[31-34]。

5.3.1 点火延迟时间

郭俊江、李树豪等[31]构建了正庚烷的低温燃烧机理，为了验证其可靠性，采用 CHEMKIN-Ⅱ 程序包中的激波管模块，在当量比ϕ为 1.0、压力 p 为 13.5bar 的工况下计算了正庚烷的点火延迟时间，结果如图 5.11 所示。由图可知，无论是基于详细机理、半详细机理，还是框架机理进行模拟，计算值与相应的点火延迟时间实验数据均吻合较好，且都能较好地呈现出正庚烷低温燃烧时负温度曲线的典型特征。说明构建的正庚烷低温燃烧新机理能够很好地预测正庚烷的点火延迟燃烧特性，其普适性得到了初步验证。

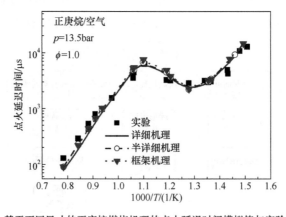

图 5.11　基于不同尺寸的正庚烷燃烧机理的点火延迟时间模拟值与实验值对比[31]

5.3.2 层流火焰传播速度

郭俊江等[32,33]采用系统的方法构建了正癸烷、正丙基环己烷和甲基环己烷的高温燃烧机理，除了对点火延迟时间验证外，还需要对燃料的层流火焰传播速度进一步验证。采用 CHEMKIN-Ⅱ程序包中的 PREMIX 模块模拟了正癸烷、正丙基环己烷和甲基环己烷在不同当量比和不同初始温度条件下的层流火焰传播速度，模拟过程中采用混合平均方法求解输运数据。图 5.12 给出了正癸烷在初始温度分别为 360K、403K 和 500K，压力为 $1.0×10^5$Pa 时层流火焰传播速度随当量比的变化情况，可以看出模拟值与实验结果吻合较好，能够高精度地预测正癸烷的火焰特性，为正癸烷高温燃烧机理的普适性提供了进一步的佐证和支撑。

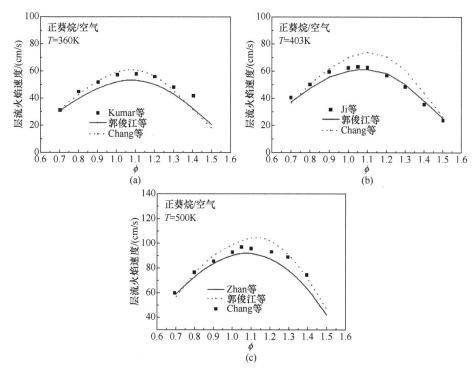

图 5.12 不同初始温度下，正癸烷层流火焰传播速度随当量比变化的模拟结果[33]

郭俊江等[32]在不同当量比（$0.7 \leqslant \phi \leqslant 1.5$）条件下还对正丙基环己烷和甲基环己烷的层流火焰传播速度进行了对比验证，如图 5.13 所示。结果表明，基于构建的正丙基环己烷和甲基环己烷高温燃烧机理的数值模拟结果能够很好地与实验数据吻合，显示所构建机理的合理性和普适性。

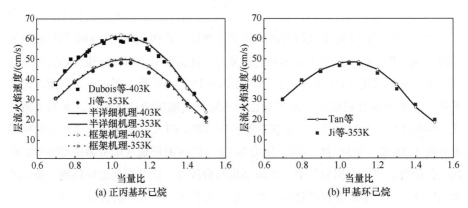

图 5.13　正丙基环己烷和甲基环己烷层流火焰速度随当量比变化的模拟结果[32]

5.3.3　组分浓度

郭俊江、李树豪等[34]探究了不同小分子核心机理对高链烷烃燃烧模型构建的影响，选择了目前四种主流的小分子核心机理，采用 ReaxGen 构建了四组正庚烷燃烧模型。为系统比对这四个燃烧模型的精度和普适性，除了对正庚烷点火延迟时间和火焰传播速度的重现，还需要验证燃烧模型对燃料燃烧过程中组分浓度的预测，因此基于四组燃烧模型预测了正庚烷在射流搅拌反应器中的组分浓度随温度的变化，结果如图 5.14 所示。

计算结果显示,四组燃烧模型的模拟值均能够定性地描述正庚烷的实验结果，但是各燃烧机理的模拟值差异还是非常明显。基于 USC Mech Ⅱ、AramcoMech 1.3 和 AramcoMech 3.0 构建的燃烧模型精度较为接近，对 $n\text{-}C_7H_{16}$、CO 和 CO_2 的预测与实验值非常吻合，但整体来看，AramcoMech 1.3 核心机理对于正庚烷燃烧模型更加适合，对应的燃烧模型预测精度最高；而 FFCM-1 核心机理较差，就本次研究结果来说，其不适用于大分子燃料燃烧机理的构建。还需要注意的是，四组燃烧模型对 O_2 浓度的预测都存在较大的偏差，因此，需要进一步分析造成这种偏差的原因，但这并不违背上述的研究结论。

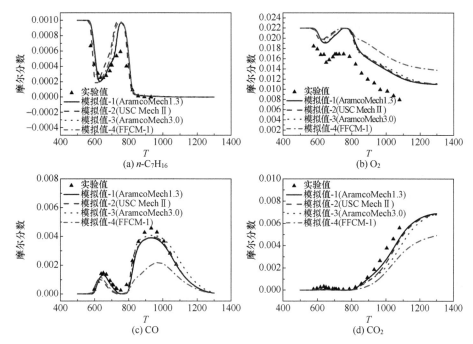

图 5.14　基于不同核心机理构建的正庚烷燃烧机理对于 JSR 中组分浓度的预测[34]

5.4　燃料基础燃烧数值模拟

5.4.1　封闭均相反应器模型

　　零维封闭均相反应器（图 5.15）为理想状态，并假定燃料与氧化剂充分混合、在系统中分布均匀、燃烧空间封闭，在数值模拟过程中忽略热损失，忽略气流对燃烧过程的影响，只考虑化学动力学对燃烧的影响。0-D 模型适合化学研究或者证实系统的效果。

图 5.15　封闭均相反应器模型

5.4.2 平推流反应器

一般平推流反应器（图 5.16），在横向流动方向假定反应器是均衡的，并忽略扩散、独立控制热损失和表面化学反应等因素。假设在稳态条件下，交叉流面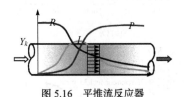径向完全均匀混合，且轴向无混合，轴向没有质量和能量转移。另外，气体流速很快，流动方向的扩散通量可以忽略。即简化为只考虑流动方向变量的一维问题，其主要的控制方程包括质量守恒方程、组分守恒以及能量守恒方程。

图 5.16 平推流反应器

5.4.3 激波管

激波管是实验室中产生激波以迅速升至高温的装置，许多点火延迟时间和反应速率的测量都可以通过激波管来完成。简化的入射激波模型和反射激波模型如图 5.17 所示。由于激波管内的实际流动十分复杂，通常为了便于分析把激波管看作理想激波管，并做了一些合理假设[35]：

① 管内流动是严格的一维流；

② 略去流体黏性和热传导作用；

③ 膜片破裂是瞬时完成的，接触面本身突然加速到均匀速度，而且接触面两边的气体无热量交换；

④ 在中心稀疏波区域内，流动是等熵的；

⑤ 在运动激波前后的区域中，热力学过程是绝热的，因此相对于激波而言，气流的能量是守恒的；

⑥ 高低压段的气体均为量热完全气体。

激波管内状态可以分为 5 个区，如图 5.18 所示，需要按区求解热力学状态参数：4 区分别是低压段和高压段的初始状态；2 区是 1 区气体经过激波压缩后的状态；5 区是 2 区气体经过反射激波再次压缩后的状态；3 区是高压段气体在膨胀波后的状态。

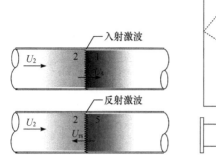

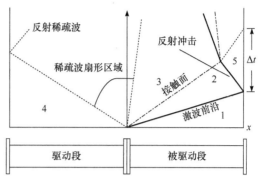

图 5.17　入射激波模型和反射激波模型　　　　图 5.18　激波管各区的气体状态关系

激波可以作为一个间断面来处理，则气流通过激波应该满足质量守恒、动量守恒和能量守恒方程。可以得到激波前后的参数关系，具体如下：

$$\frac{\rho_2}{\rho_1} = \frac{(\gamma+1)Ms^2}{(\gamma-1)Ms^2+2} \tag{5-44}$$

$$\frac{P_2}{P_1} = 1 + \frac{2\rho_1 a_1 W}{p_1(\gamma+1)}\left(Ms^2 - \frac{1}{Ms}\right) = 1 + \frac{2\gamma}{\gamma+1}\left(Ms^2 - 1\right) \tag{5-45}$$

$$\frac{T_2}{T_1} = 1 + \frac{2(\gamma+1)}{(\gamma+1)^2}\left(\gamma Ms^2 - \frac{1}{Ms^2} - \gamma + 1\right) \tag{5-46}$$

式中，Ms 表示入射激波马赫数；下标 1 和 2 分别表示 1 区和 2 区；a_1 表示声速；W 表示入射激波速度；γ 表示绝热系数。

在以 5 区为实验区的激波管实验中，需要计算 5 区的气体状态参数。由推导 2 区气体状态参数的过程可知，上式同样适用于反射激波作用前后的气体，只需将公式中气体状态参量的下标 1 换为 2、下标 2 换为 5 以及入射激波马赫数 Ms 换为反射激波马赫数 Mr 即可。需要指出的是，负号表示反射激波向左传播。所以，只需推导出 Mr 和 Ms 之间的关系，就可由上式得到反射激波后气体状态关于初始气体状态和入射激波速度的关系。

$$\frac{\rho_5}{\rho_1} = \frac{(\gamma+1)Ms^2[2\gamma Ms^2-(\gamma-1)]}{[(\gamma-1)Ms^2+2][2(\gamma-1)Ms^2-(\gamma-3)]} \tag{5-47}$$

$$\frac{P_5}{P_1} = \frac{[2\gamma Ms^2-(\gamma-1)][(3\gamma-1)Ms^2-2(\gamma-1)]}{p_1(\gamma+1)[(\gamma-1)Ms^2+2]} \tag{5-48}$$

$$\frac{T_s}{T_1} = \frac{[2(\gamma-1)Ms^2 - (\gamma-3)][(3\gamma-1)Ms^2 - 2(\gamma-1)]}{(\gamma+1)^2 Ms^2} \tag{5-49}$$

点火延迟时间定义为燃烧开始到定义的着火点这段时间，通常以 OH 或 CH 浓度变化率最大时刻来定义点火延迟时间。等容情况下的能量和质量守恒控制方程为：

$$\frac{\mathrm{d}T}{\mathrm{d}t} = -\frac{1}{\rho \bar{c}_v} \sum_{k=1}^{K} h_k \dot{\omega}_k W_k \tag{5-50}$$

$$\frac{\mathrm{d}Y_k}{\mathrm{d}t} = \frac{\dot{\omega}_k W_k}{\rho} \tag{5-51}$$

式中，T 表示温度；ρ 表示质量密度；$\bar{c}_v$ 表示等比热容；h_k 表示组分 k 的焓值；$\dot{\omega}_k$ 表示第 k 个组分的化学反应速率；W_k 表示第 k 个组分的摩尔质量；Y_k 则表示第 k 个组分的质量分数。

5.4.4　火焰传播速度

碳氢燃料高温氧化或燃烧是非常复杂的，传热、传质和化学热力学相互耦合影响火焰速度和厚度。采用最简单的流动条件和最简单的火焰结构，也即一维扁平层流预混火焰为例进行讨论。

一维扁平层流预混火焰模型是在如下假设[36]的基础上得出的。

① 遵从理想气体方程（即 $pV = nRT$）。

② 忽略外力。

③ 整个体系被认为是连续的。

④ 忽略火焰前后很小的压力变化，即压力是常数。

⑤ 体系服从局部热平衡假设。

⑥ 火焰是静止的。

⑦ 忽略气流的动能。

⑧ 忽略气体和颗粒辐射造成的热通量。

⑨ 忽略相互热扩散和质量扩散效应。

火焰分析中的控制体见图 5.19。

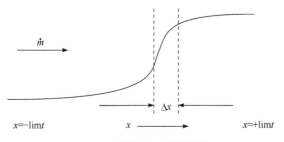

图 5.19　火焰分析中的控制体

基于以上假定，就可以得到研究主体的控制方程。对于体积 $\Delta V = A\Delta x$，根据质量守恒定律可以得到主体质量守恒方程

$$\frac{\mathrm{d}(\rho v_x)}{\mathrm{d}x} = 0 \tag{5-52}$$

而对与任一组分 i，可得到组分守恒方程

$$\frac{\mathrm{d}\dot{m}_i''}{\mathrm{d}x} = \frac{\mathrm{d}(\dot{m}''Y_i)}{\mathrm{d}x} = \dot{m}_i''' \tag{5-53}$$

式中，$\dot{m}''$ 表示总的质量通量；$\dot{m}_i'''$ 表示第 i 种组分在单位体积内的质量生成速率。式（5-53）可以写成每种组分的形式，其中氧化剂和产物的质量生成速率与燃料的质量生成速率有关系。以简化的总包反应方程式为例

$$1\mathrm{kg}\ 燃料 + \frac{1}{v}\ \mathrm{kg}\ 氧化剂 \longrightarrow (v+1)\mathrm{kg}\ 产物 \tag{5-54}$$

因而

$$\dot{m}_F''' = \frac{1}{v}\dot{m}_{Ox}''' = -\frac{1}{1+v}\dot{m}_{Pr}''' \tag{5-55}$$

式中，$\dot{m}_F'''$ 表示燃料在单位体积内的质量生成速率；$\dot{m}_{Ox}'''$ 表示氧化剂在单位体积内的质量生成速率；$\dot{m}_{Pr}'''$ 表示产物在单位体积内的质量生成速率。可以写出每种组分的守恒方程：

燃料：

$$\dot{m}''\frac{\mathrm{d}Y_F}{\mathrm{d}x} = \dot{m}_F''' \tag{5-56}$$

氧化剂：

$$\dot{m}''\frac{\mathrm{d}Y_{Ox}}{\mathrm{d}x} = v\dot{m}_F''' \tag{5-57}$$

产物：

$$\dot{m}''\frac{\mathrm{d}Y_{\mathrm{Pr}}}{\mathrm{d}x}=-(v+1)\dot{m}_{\mathrm{F}}'''\qquad(5\text{-}58)$$

基于能量守恒方程可知

$$\dot{m}''c_{\mathrm{p}}\frac{\mathrm{d}T}{\mathrm{d}x}=-\sum h_{\mathrm{f},i}^{0}\dot{m}_{i}'''\qquad(5\text{-}59)$$

然后利用总包反应化学当量关系，则上式可以改为：

$$\dot{m}''c_{\mathrm{p}}\frac{\mathrm{d}T}{\mathrm{d}x}=-\dot{m}_{\mathrm{F}}'''\Delta h_{\mathrm{c}}\qquad(5\text{-}60)$$

式中，Δh_{c} 是燃料的燃烧热，基于式（5-54）中给定的化学计量系数，其计算公式为：

$$\Delta h_{\mathrm{c}}=h_{\mathrm{f,F}}^{0}+vh_{\mathrm{f,Ox}}^{0}-(v+1)h_{\mathrm{f,Pr}}^{0}\qquad(5\text{-}61)$$

然后将式（5-61）带入式（5-60）可得

$$\dot{m}''\frac{\mathrm{d}T}{\mathrm{d}x}=\frac{-\dot{m}_{\mathrm{F}}'''\Delta h_{\mathrm{c}}}{c_{p}}\qquad(5\text{-}62)$$

而层流火焰速度和式（5-62）中的 $\dot{m}''$ 存在简单的关系式

$$\dot{m}''=\rho_{\mathrm{u}}S_{\mathrm{L}}\qquad(5\text{-}63)$$

通过数值求解 $\dot{m}''$ 则可以最终得到燃料燃烧的层流火焰传播速度，更进一步详细的信息可以参考文献[36]。

5.4.5 全混流搅拌反应器

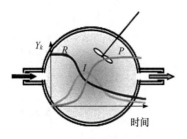

图 5.20 射流搅拌反应器

射流搅拌反应器（图 5.20）是持续搅拌反应器中的一种，其主要特点是保证燃料组成能够在容器内达到完全混合状态；此外，射流搅拌反应器能够与气相色谱和质谱联用，容易识别和检测气相组分的组成与浓度。另外，采用高速的入口射流的实验反应器很接近这一理想的反应器。

射流搅拌反应器常被用来研究燃料的氧化和裂解，主要测量在反应器出口处气相组分浓度随

航空燃料燃烧及其化学动力学

不同参数（如反应温度、停留时间、压力和入口气相组成）的变化情况。从这些参数中，可以推测燃料的反应活性以及反应产物的选择性。

气体在反应器中的平均停留时间为：

$$t_{\mathrm{R}} = \rho V / \dot{m} \tag{5-64}$$

式中，质量流率 $\dot{m} = \rho_{\mathrm{m}} A u$，$A$ 表示截面积，u 表示流速。考虑稳态条件下，基于质量守恒方程可以得到

$$A \frac{\mathrm{d}\rho_{\mathrm{m}}}{\mathrm{d}t} + \frac{\dot{m}_2 - \dot{m}_1}{\Delta x} = 0 \tag{5-65}$$

对方程两边同时除以 A，则

$$\frac{\mathrm{d}\rho_{\mathrm{m}}}{\mathrm{d}t} + \frac{\dot{m}_2 - \dot{m}_1}{V_{\mathrm{CV}}} = 0 \tag{5-66}$$

对于任一组分 k 可以写出质量守恒方程

$$\frac{\mathrm{d}(\rho_{\mathrm{m}}\omega_k)}{\mathrm{d}t} = \frac{(\dot{m}\omega_k)_1 - (\dot{m}\omega_k)_2}{V_{\mathrm{CV}}} + R_k \tag{5-67}$$

式中，ω_k 表示组分 k 的质量分数。

基于动量守恒方程可以得到

$$\frac{\mathrm{d}(\rho_{\mathrm{m}}u)}{\mathrm{d}t} = \frac{(\dot{m}u)_1 - (\dot{m}u)_2}{V_{\mathrm{CV}}} \tag{5-68}$$

又可以基于能量守恒方程得到

$$\frac{\mathrm{d}(\rho_{\mathrm{m}}h_m)}{\mathrm{d}t} = \frac{(\dot{m}h_m)_1 - (\dot{m}h_m)_2}{V_{\mathrm{CV}}} + \frac{\mathrm{d}p}{\mathrm{d}t} \tag{5-69}$$

式（5-67）～式（5-69）组成了求解全混流搅拌反应器的数学模型，关于全混流搅拌反应器的更多细节可以参见文献[37]。

参考文献

[1] 齐飞, 李玉阳, 曾美容, 等. 燃烧反应动力学研究进展与展望[J]. 中国科学技术大学学报, 2013, 43(11): 948-958.

[2] 甯红波, 李泽荣, 李象远. 燃烧反应动力学研究进展[J]. 物理化学学报, 2016, 32(1): 131-153.

[3] Curran H J, Gaffuri P, Pitz W J, et al. A comprehensive modeling study of n-heptane oxidation [J]. Combust Flame, 1998, 114: 149-177.

[4] Curran H J, Gaffuri P, Pitz W J, et al. A comprehensive modeling study of iso-octane oxidation [J].

Combust Flame, 2002, 129: 253-280.

[5] Westbrook C K, Pitz W J, Herbinet O, et al. A comprehensive detailed chemical kinetic reaction mechanism for combustion of n-alkane hydrocarbons from n-octane to n-hexadecane [J]. Combust Flame, 2009, 156: 181-199.

[6] Pierucci S, Ranzi E. A review of features in current automatic generation software for hydrocarbon oxidation mechanisms[J]. Comput Chem Eng, 2008, 32: 805-826.

[7] Ranzi E. A wide-range kinetic modeling study of oxidation and combustion of transportation fuels and surrogate mixtures [J]. Energy & Fuels, 2006, 20: 1024-1032.

[8] Buda F, Bounaceur R, Warth V, et al. Progress toward a unified detailed kinetic model for the autoignition of alkanes from C_4 to C_{10} between 600 and 1200K[J]. Combust Flame, 2005, 142: 170-186.

[9] Blurock E S. Detailed mechanism generation. 1. generalized reactive properties as reaction class substructures[J]. J Chem Inf Comput Sci, 2004, 44: 1336-1347.

[10] Wang S Q, Miller D L, Cernansky N P, et al. A flow reactor study of neopentane oxidation at 8 atmospheres: Experiments and modeling [J]. Combust Flame, 1999, 118: 415-430.

[11] Sirjean B, Glaude P A, Ruiz-Lopèz M F, et al. Theoretical kinetic study of thermal unimolecular decomposition of cyclic alkyl radicals [J]. J Phys Chem A, 2008, 112: 11598-11610.

[12] Fournet R, Battin-Leclerc F, Glaude P A, et al. The gas-phase oxidation of n-hexadecane [J]. Int J Chem Kinet, 2001, 33: 574-586.

[13] Nehse M, Warnatz J, Chevalier C. Kinetic modeling of the oxidation of large aliphatic hydrocarbons[C]. 26th Symposium (International) on Combustion, 1996, 26: 773-780.

[14] Richard C, Scacchi G, Back M H. Ene reactions of olefins. I. The addition of ethylene to 2-butene and the decomposition of 3-methylpentene-1[J]. Int J Chem Kinet, 1978, 10: 307-324.

[15] Yu J, Eser S. Kinetics of supercritical-phase thermal decomposition of C_{10}-C_{14} normal alkanes and their mixtures [J]. Ind Eng Chem Res, 1997, 36: 585-591.

[16] Herbinet O, Husson B, Serinyel Z, et al. Experimental and modeling investigation of the low-temperature oxidation of n-heptane [J]. Combust Flame, 2012, 159: 3455-3471.

[17] Battin-Leclerc F, Fournet R, Glaude P A, et al. Modeling of the gas-phase oxidation of n-decane from 550 to 1600 K [J]. Proc Combust Inst, 2000, 28: 1597-1605.

[18] Biet J, Hakka M H, Warth V, et al. Experimental and modeling study of the low-temperature oxidation of large alkanes [J]. Energy & Fuels, 2008, 22: 2258-2269.

[19] Westbrook C K, Pitz W J, Curran H J, et al. A comprehensive detailed chemical kinetic reaction mechanism for combustion of n-alkane hydrocarbons from n-octane to n-hexadecane[J]. Combustion and Flame, 2009, 156: 181-199.

[20] You X Q, Egolfopoulos F N, Wang H. Detailed and simplified kinetic models of n-dodecane oxidation: The role of fuel cracking in aliphatic hydrocarbon combustion[J]. Proceedings of the Combustion Institute, 2009, 32: 403-410.

[21] Ranzi E, Frassoldati A, Grana R, et al. Hierarchical and comparative kinetic modeling of laminar flame speeds of hydrocarbon and oxygenated fuels[J]. Progress in Energy and Combustion Science, 2012, 38(4): 468-501.

[22] 于维铭. 航空煤油替代燃料火焰传播速度与反应动力学机理研究[D]. 北京: 清华大学, 2014.

[23] 刘耀东. 基础燃料(PRF)及汽油表征燃料(TRF)化学反应动力学骨架模型的研究[D]. 大连: 大连理工大学, 2013.

[24] Li S H, Guo J, Wang Z, et al. Analysis of combustion characteristics when adding hydrogen and short

chain hydrocarbons to RP-3 aviation kerosene based on variation disturbance method[J]. Energy & Fuels, 2019, 33(7): 6767-6774.

[25] Curran H J. Developing detailed chemical kinetic mechanisms for fuel combustion[J]. Proceedings of the Combustion Institute, 2019, 37(1): 57-81.

[26] Ranzi E, Frassoldati A, Granata S, et al. Wide-range kinetic modeling study of the pyrolysis, partial oxidation, and combustion of heavy n-alkanes [J]. Ind Eng Chem Res, 2005, 44: 5170-5183.

[27] Muharam Y, Warnatz J. Kinetic modelling of the oxidation of large aliphatic hydrocarbons using an automatic mechanism generation [J]. Phys Chem Chem Phys, 2007, 9: 4218-4229.

[28] Chevalier C, Pitz W J, Warnatz J, et al. Hydrocarbon ignition: automatic generation of reaction mechanisms and applications to modeling of engine knock [C]. 24th Symposium (International) on Combustion, 1992, 24: 93-101.

[29] 徐佳琪, 郭俊江, 刘爱科, 等. RP-3 替代燃料自点火燃烧机理构建及动力学模拟[J]. 物理化学学报, 2015, 314: 643-652.

[30] 李军, 邵菊香, 刘存喜, 等. 碳氢燃料热裂解机理及化学动力学模拟[J]. 化学学报, 2010, 68: 239-245.

[31] 郭俊江, 李树豪, 谈宁馨, 等. 正庚烷低温燃烧机理构建[J]. 工程热物理学报, 2014, 35: 2298-2302.

[32] Guo J J, Wang J B, Hua X X, et al. Mechanism construction and simulation for high-temperature combustion of n-propylcyclohexane[J]. Chemical Research in Chinese Universities, 2014, 30: 480-488.

[33] 郭俊江, 华晓筱, 王繁, 等. 采用系统的方法自动构建链烷烃高温燃烧机理[J]. 物理化学学报, 2014, 30: 1027-1041.

[34] Guo J, Li S, Tang S, et al. Influence of different core mechanisms on low-temperature combustion characteristics of large hydrocarbon fuels[J]. Energy & Fuels, 2019, 33(8): 7835-7851.

[35] 肖保国. 激波管内碳氢燃料点火延迟的数值分析[D]. 绵阳: 中国空气动力研究与发展中心, 2005.

[36] 特纳斯. 燃烧学导论: 概念与应用[M]. 3 版. 北京: 清华大学出版社, 2015.

[37] Date A W. Analytic combustion with thermodynamics, chemical kinetics, and mass transfer[M]. Cambridge University Press, 2011.

第**6**章

燃料化学反应
机理简化和分析方法

6.1 概述

随着计算机技术的发展和完善，数值模拟已成为与理论分析和实验技术并列的、独立的研究方法，尤其是对于目前实验技术尚无法达到的极端环境和严苛条件，数值模拟是首选的研究手段，更是实验研究不可或缺的重要补充。另外，燃烧仿真模拟能够使研发人员在不花费高昂费用建立实体样机的情况下研究和开发燃烧系统相关工作[1-8]。碳氢燃料燃烧的数值仿真要考虑流动方程和燃料燃烧的化学反应，以及燃烧中各混合物的物理、化学性质。

为使得数值仿真工作高效快速地开展，在用计算流体力学（CFD）对发动机进行数值模拟时，需要把燃料燃烧的动力学机理与流动方程组耦合起来进行数值求解。科研人员常采用两种途径对其进行优化：一是，采用简化燃烧反应器模型重现实际燃烧系统，把复杂的燃烧过程进行分类和降维处理，进而可把原始的大尺寸燃烧反应机理代入简化的燃烧反应器模型中进行求解；二是，严格按照实际工况条件表征燃烧系统，通过多步简化思路获取小尺寸的简化机理，进而对二者耦合求解。如ANSYS公司已采用以上两种途径对燃料燃烧的高效仿真开展了大量工作，其通过建立等效反应器网络（ERN）对真实燃烧器、燃炉和化学反应器进行仿真，进而可耦合详细的化学反应机理高效地评估并优化动力系统的燃油效果、效率、爆震和排放等。美国Convergent Science Inc.（CSI）公司开发的新一代CFD软件CONVERGE，具备完善的湍流、喷雾、燃烧、排放等发动机缸内分析需要的各种物理模型，并解决了CFD领域中较为棘手的全自动六面体网格剖分和运动边界处理问题，然而在探究燃料不稳定的、高度非线性的化学反应过程时，相应的详细化学反应燃烧机理是必备的。

随着人们不断地对燃烧机理的全面性和可靠性提出更高的要求，以及计算能力的发展和机理自动生成程序的不断完善，对于较大分子燃料的燃烧详细化学动力学机理也能够合理地构建了。但是随着燃料分子尺寸的增大，相应的详细机理中组分数和反应数会呈指数型增长，且一般详细化学动力学反应机理中包含的反应数约是组分数的五倍，导致构建的大分子燃料燃烧的详细机理非常庞大。尤其是长碳链、大分子的碳氢燃料的化学反应机理尤为明显。如果采用上段描述的第一种优化途径进行仿真，对于化学源项的求解将使得计算机难以承受；另外，对燃烧系统进行等效反应器网络的处理，需要较强的专业背景和高昂的时间成本，且其应用的广度也受到限制。因此，基于第二种途径获取小尺寸的反应机理无疑是最好的选择，其在解决工程问题上的灵活性也更高；进而导致了机理简化在燃烧领域中得到了广泛的重视和研究，同时也使得机理简化方法得到了较快的发展[1,9]。

在采用第二种途径进行高效数值仿真时，早期的做法是采用传统的单步或者几步总包化学反应机理直接与流动仿真耦合求解，但是由于这些总包反应机理的参数大都由实验数据反推而得，导致它的应用范围受到限制且其可移植性较差，也不能合理地描述燃烧室内部的流动、温度、组分等详细分布和燃料反应路径的情况。因此，相关科研工作者开始把较复杂且能够合理描述燃料燃烧的详细化学动力学机理与流动方程耦合，进行燃烧数值仿真模拟。燃烧化学反应中复杂的物理化学过程和广泛的时间尺度给数值仿真带来了巨大挑战，为实现燃料燃烧过程高效精确的数值模拟及分析，必须解决燃料复杂化学反应机理中数值求解方程过多和刚性的问题。因此，在合理精度的条件下，获取高精度、尺寸合理的化学动力学机理是至关重要的，不然会导致数值仿真的计算结果没有任何的实际意义和科学价值。所以，高效简化方法的发展和优化研究工作意义重大且亟待突破[9]。

构建燃料燃烧的详细化学动力学机理，不仅可以有助于理解燃料的化学结构对于燃料燃烧性质的影响，而且还可以通过准确地模拟燃料燃烧的化学反应动力学过程，从而在发动机的设计和污染物排放等方面发挥重要的指导作用[1]。由于实际燃料通常所包含的组分非常复杂，不可能针对燃料所包含的每一组分都构建其燃烧机理，因此在构建实际碳氢燃料燃烧化学反应动力学机理时，一般按照化学组成、碳氢比、密度以及摩尔质量等目标选取 3～5 种碳氢化合物作为替代燃料，然后构建替代燃料的详细反应机理[2]。由于要求详细机理能在较宽参数范围内适用，导致燃料燃烧的详细化学反应动力学机理一般非常复杂和庞大，详细化学动力学机理中包含的组分数目随燃料分子尺寸的增加呈指数增长[1]。

在用计算流体力学（CFD）对发动机进行数值模拟时，需要把燃料燃烧的动力学机理与流动方程组耦合起来进行数值求解。目前 CFD 模拟燃烧过程常常采用只包含一步或者少数几步总包反应的极度简化的燃烧动力学模型，这种燃烧动力学模型的适用范围通常比较小，模拟结果的可靠性也不高。然而，如果在 CFD 模拟中使用详细的燃烧动力学机理，求解机理中各组分浓度演变及放热的源项所花费的时间通常大于求解湍流模型所耗费的时间，这会使 CFD 的计算量大得难以承受。另外各组分及其涉及的反应特征时间尺度差异巨大，这种现象在大分子燃料燃烧机理中更加明显，基元反应的特征时间尺度一般在 $10^{-9} \sim 10^2 \mathrm{s}$ 之间[1-3]。这种时间尺度范围跨度大的问题反映到求解微分方程中就导致了计算刚性问题。在用微分方程描述燃料燃烧过程时，详细机理包含着许多相互作用但特征时间尺度差异巨大的基元反应。由于存在快反应，求解快反应的微分方程需要用非常小的步长，导致微分方程的求解计算量非常大或者难以进行，这种微分方程就被认为具有"刚性"[4,5]。因此，为了得到可靠的模拟结果，就必须在保证机理模拟精度的条件下对详细动力学机理进行简化[1-5]。同时，采用简化的燃烧机理使得系统分析燃料燃烧化学过程，研究对燃烧过程起关键作用的化学反应和组分更加容易，从而有助于燃料设计和污染物的控制等。

图 6.1 列举了部分机理简化方法的发展。由图可知相关研究从 20 世纪 80 年代就开始了，随着计算机的发展，机理简化方法的更新也较快，同时新发展的简化方法也趋于多样化和高效率的特点。2000～2016 年发展的简化方法数量是1985～2000 年间的数倍。

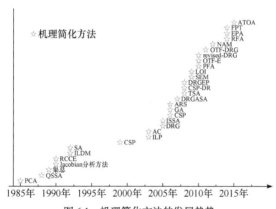

图 6.1　机理简化方法的发展趋势

机理简化方法一般分为两大类[1,6]：框架简化和时间尺度分析方法。框架简化即从详细机理中删除不重要的组分和基元反应，进而得到框架机理（skeletal mechanism）。去掉不重要组分及其所参与反应的方法主要有计算奇异摄动法（CSP）[6,7]、灵敏度分析法（SA）[8]、直接关系图法（DRG）[9]、重要性水平（LOI）方法等[10]；去除冗余反应的方法有主成分分析方法（PCA）[11]、基于 CSP 重要性指针的反应移除方法[4]等。如果对于尺寸不大的机理，运用以上框架简化方法一般就能得到较满意的结果；如果对于大分子燃料的机理或者低温燃烧机理，由于这一类机理的尺寸一般都比较庞大，在运用以上初始框架简化之后一般会采用深度简化方法，如灵敏度辅助的直接关系图法（DRGASA，DRGEPSA）[12-14]等深度框架简化方法得到尽可能小尺寸的框架机理。另外，在深度框架简化之后还可以通过集总的方法（lumping method）有效地减少组分和反应的数目，同时对机理的精度影响不大[15-23]。在框架简化中，目前最重要的方法之一是 Law 等提出的 DRG[9]。DRG 方法由于简单和高效而被迅速地推广应用与改进，进而衍生出多种基于 DRG 思想的简化方法，例如基于误差传播的 DRG 方法（DRGEP）[24]、修正的 DRG 方法（revised-DRG）[25]、路径通量法（PFA）[26]等。基于时间尺度的方法通过分析各反应的时间尺度降低计算的刚性，主要有准稳态近似法（QSSA）[1,4,5]、计算奇异摄动法（CSP）[27]、本征低维流形法（ILDM）[28]等。

简化机理如果包含足够少的组分，就可以直接与 CFD 软件相结合用于大规模仿真模拟计算。笔者发现 DRG 类简化方法、CSP 方法、敏感度分析以及准稳态近似等方法在机理简化中仍扮演着重要的角色。另外，随着人们对简化机理的期望不断增大，既要求简化机理具有较高的模拟精度又要简化机理的尺寸尽可能最小，这对机理简化的方法提出了较高的要求，也在很大程度上促进了新的简化方法的发展，如自组织图（self-organizing map）[29]、人工神经网络（ANN）[30]、熵产率分析（entropy production analysis）[31]和必要性分析法（necessity analysis method）[32]以及其他方法[33,34]等。国内的相关学者也发展了机理简化方法，如中国科技大学的蒋勇、邱榕等学者提出了关联水平法（LOC）[35]，重庆大学的苟小龙提出了多代通量路径分析法（MPFA）[36]，大连理工大学的贾明等学者甚至提出了解耦法（DM）来直接构建小尺寸的燃烧机理[37]。刘爱科等提出了流量投影树法（flux projection tree，FPT）[38]和近似轨迹优化算法（ATOA）[39]。

6.2 简化方法介绍

6.2.1 主要框架简化方法介绍

6.2.1.1 直接关系图法

2005 年，Lu 和 Law 首次提出了直接关系图法（directed relation graph，

DRG）[9]，该方法为检查组分间的耦合关系和去除不重要的组分提供了一个高效的手段。其思路为：一个燃烧机理中，如果某组分 B 的去除将导致组分 A 的生成或消耗产生较大误差，则对 A 组分来说，B 组分是重要的。为了定量描述组分 B 对组分 A 的影响，Lu 等定义了如下关系式：

$$r_{AB}^{o\text{-DRG}} = \frac{\sum\limits_{i=1}^{I} \left| v_{A,i} \omega_i \delta_B^i \right|}{\sum\limits_{i=1}^{I} \left| v_{A,i} \omega_i \right|}, \quad (\delta_B^i = 1，如果\ i\ 个反应包含组分\ B；否则为\ 0) \quad （6\text{-}1）$$

式中，ω_i 为第 i 个基元反应的净反应速率；$v_{A,i}$ 为组分 A 在第 i 个基元反应的化学计量系数。可以看到，$\gamma_{AB}^{o\text{-DRG}}$ 足够大时，去除组分 B 将导致 A 的生成或者消耗产生较大误差；此时可以说明，组分 A 显著依赖于组分 B，如果 A 为指定的重要组分，那么 B 因此被选择为重要组分而保留在机理中。DRG 方法虽然只考虑了组分间的直接关系，且没有将组分的生成消耗分开进行分析，但在众多框架简化中，由于其简单高效，DRG 仍是最主流的框架简化方法之一。

为了得到更加简化的框架机理，Lu 等提出了多步 DRG 方法[40]，即先选取一个较小的阈值，用 DRG 产生一个框架机理之后，通过选取一个较大的阈值再次采用 DRG 方法在框架机理基础上进一步简化。由于 DRG 方法的高效性，多步 DRG 方法并不会明显增加计算时间，与直接采用一个较大阈值的单步 DRG 方法相比，多步 DRG 方法可以删除更多的组分进而得到更小的框架机理，而且得到的框架机理模拟结果与详细机理的模拟结果吻合更好。特别是对于较庞大的详细机理，通过两步或者三步 DRG 方法就可以得到基于 DRG 方法的最小框架机理。此外，DRG 方法对初始组分的选取不敏感，一般只要选择反应物和主要产物即可。但是对于多组分替代模型的详细燃烧机理简化来说，选取 H 自由基作为重要组分，然后进行深度搜索算法寻求重要组分，一般能得到更好的简化结果[41]。

6.2.1.2　基于传播误差的直接关系图法

在 2008 年，Pepiot-Desjardins 等[24]提出了基于误差传播的 DRG 方法（DRGEP）。DRGEP 方法对组分间耦合关系的表达式定义为：

$$r_{AB}^{DRGEP} = \frac{\left| \sum\limits_{i=1}^{I} v_{A,i} \omega_i \delta_B^i \right|}{\max(P_A, C_A)} \quad （6\text{-}2）$$

式中，$P_A = \sum_{i=1}^{I} \max(0, v_{A,i}\omega_i)$ ，$C_A = \sum_{i=1}^{I} \max(0, -v_{A,i}\omega_i)$ 。

该方法主要特征就是引入误差传播的思想，并考虑了组分之间直接和间接的关系，组分 A 不仅能直接受组分 B 的影响，也可以通过第三组分 S 及其他路径来影响 A。两组分之间的路径依赖系数（path-dependent coefficient）被定义为：

$$r_{AB,p} = \prod_{i=1}^{n-1} r_{SiSi+1} \tag{6-3}$$

$$R_{AB} = \max_p(r_{AB,p}) \tag{6-4}$$

式中，$S_1 = A$, $S_n = B$。在 DRGEP 方法中，R_{AB} 是组分之间相关性系数的最终表达式。DRGEP 方法不但考虑了组分之间直接和间接的关系，而且将组分的生成和消耗分开进行了分析，还考虑到不同路径对组分之间的影响。与 DRG 方法相比，DRGEP 方法对初始重要组分的选取依赖性更强。

6.2.1.3　修正的直接关系图法

Luo 等在 2010 年提出了修正的 DRG 方法（revised-DRG）[25]，它将原始的 DRG 方法组分之间各个基元反应影响系数的加和关系，调整为寻求所有反应中的最大相关性系数：

$$r_{AB}^{\text{R-DRG}} = \frac{\max_i \left| v_{A,i}\omega_i \delta_B^i \right|}{\max_i \left| v_{A,i}\omega_i \right|} \tag{6-5}$$

该方法一般用于简化包含同分异构体较多的燃烧模型，如酯类燃料、生物柴油的替代燃料燃烧机理的简化，运用该方法一般能得到较好的结果。

6.2.1.4　路径通量法

Sun 等在 2010 年提出了路径通量分析方法（PFA）[26]，该方法重新定义了组分之间的耦合关系，同时把组分 B 对组分 A 的生成和消耗进行分离，并考虑了组分 A 和 B 通过其他组分 M 之间的间接相互影响。PFA 方法中组分 A 和 B 之间二级相互作用的表达式为：

$$r_{AB}^{\text{PFA}} = r_{AB}^{\text{pro-1st}} + r_{AB}^{\text{con-1st}} + r_{AB}^{\text{pro-2nd}} + r_{AB}^{\text{con-2nd}} \tag{6-6}$$

式中，$r_{AB}^{\text{pro-1st}} = \dfrac{P_{AB}}{\max(P_A, C_A)}$ ，$r_{AB}^{\text{con-1st}} = \dfrac{C_{AB}}{\max(P_A, C_A)}$ ，$r_{AB}^{\text{pro-2nd}} = \sum_{M_i \neq A,B} r_{AMi}^{\text{pro-1st}} r_{MiB}^{\text{pro-1st}}$ ，

$$r_{AB}^{con-2nd} = \sum_{M_i \neq A,B} r_{AMi}^{con-1st} r_{MiB}^{con-1st} \ , \quad P_{AB} = \sum_{i=1}^{I} \max(v_{A,i}\omega_i\delta_B^i, 0) \ , \quad C_{AB} = \sum_{i=1}^{I} \max(-v_{A,i}\omega_i\delta_B^i, 0) \ .$$

因为 PFA 考虑了二代通量的影响，它通常比 DRG 具有更高的精度，同时也更耗时，特别是在对包含大量组分的燃烧模型进行简化时，计算成本将大大增加。在二代 PFA 的基础上，苟小龙等在 2014 年提出了三代路径通量分析方法[36]并简化了甲烷燃烧机理。三代路径通量分析方法是在二代通量分析方法的基础上，加入第三代通量的影响，然后组分之间的相关性系数是由三代通量之和得到的。第三代通量的表达式与第二代类似，其形式如下：

$$r_{AB}^{pro-3nd} = \sum_{M_i \neq A,B} r_{AMi1}^{pro-1st} r_{Mi1Mi2}^{pro-1st} r_{Mi2B}^{pro-1st} \ , \quad r_{AB}^{con-3nd} = \sum_{M_i \neq A,B} r_{AMi1}^{con-1st} r_{Mi1Mi2}^{con-1st} r_{Mi2B}^{con-1st}$$

新的三代路径通量分析方法较之前的二代路径通量分析方法来说，考察的路径更全面，根据苟小龙的结果表明，三代 PFA 的简化精度要高于二代 PFA。

6.2.1.5　基于 CSP 重要性指标的反应移除方法

Lu 等提出了基于 CSP 重要性指标的反应移除方法[4]来进一步简化框架机理。此方法不将可逆反应的正逆反应分开，而是作为一个反应进行计算，因此可以准确判断能快速达到偏平衡的可逆反应的重要性。判断反应重要性的指标定义如下：

$$I_{A,i} = \frac{\left| v_{A,i}\omega_i \right|}{\sum_{i=1}^{I} \left| v_{A,i}\omega_i \right|} \tag{6-7}$$

基于此方法进行简化时，首先设定重要组分和阈值，然后计算重要组分的 $I_{A,i}$ 值，最后保留 $I_{A,i}$ 大于所设定阈值的反应。该方法是将机理中所有的组分设为重要组分，找到对组分生成和消耗不重要的反应，然后将其删除，能使机理尺寸进一步减小。

6.2.1.6　主成分分析法

主成分分析方法（principle component analysis，PCA）在机理简化中应用，可以针对浓度敏感度矩阵进行分析[10]，也可以对速率敏感度矩阵进行分析[42]，这里采用对速率敏感度矩阵进行分析的方法。速率敏感度矩阵的定义如下：

$$F_{ki} = \frac{\partial \ln f_k}{\partial \ln \alpha_i} = \frac{v_{k,i}\omega_i}{f_k} \tag{6-8}$$

式中，f_k 为第 k 个组分的净生成速率；α_i 为第 i 个反应的反应速率常数。在进行主成分分析时，先计算速率敏感度矩阵 F_{ki}，然后对其进行对角化，保留较大特征值对应特征向量中绝对值较大的分量对应的基元反应。

6.2.1.7 交集（intersection）方法

交集的方法由王全德在 2016 年首次提出[43]，它是借助现有框架简化方法的简化结果，取出所有结果中共有的组分作为重要组分，然后依据该重要组分得到最终的框架机理，该方法具有很好的迁移性。不同的简化方法得到的框架机理就算在保留的组分数相近时，它们的点火相对误差也会有明显的差异。因为不同的简化方法得到的简化机理不同，且没有一种成熟的简化方法在机理简化中总是优于其他简化方法，所以在简化机理时，要得到比较好的简化机理，需要尝试多种方法。

王全德等提出了取交集（intersection）的方法，在保证各简化结果的点火延迟误差处于同一水平时（如最大误差不大于 30%），对各简化结果取交集从而得到包含组分数较少的框架机理，如图 6.2 所示。那么很显然根据这个方法得到的框架机理尺寸肯定要小于任何一种框架简化方法得到的结果。那么根据取交集的思想得到的框架机理的精度是否能够与母本框架机理结果的精度保持一致呢？答案是肯定的[14,43]。根据王全德简化丁酸甲酯燃烧机理的结果表明，取交集的方法能够有效地去除冗余组分，且得到的框架机理精度与之前母本框架机理的精度保持一致。取交集的方法在判定重要组分的时候借助其他简化方法的判断，综合了各种框架简化方法的优点，因此能找到尽可能少也是真正重要的组分来重现详细机理的模拟结果。

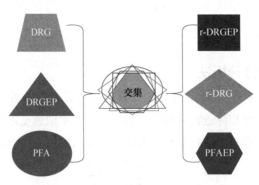

图 6.2　交集方法在机理简化中的应用示意图

6.2.2　时间尺度分析方法介绍

　　时间尺度分析简化方法有准稳态近似方法（QSSA）、部分平衡近似方法（PE）、速度控制的约束平衡方法（RCCE）、计算奇异摄动法及本征低维流形法（ILDM）等。本小节主要介绍目前主流的基于CSP的准稳态近似方法[4,5,40]。准稳态方法是通过假定化学动力学反应机理中那些浓度低、化学反应时间尺度小的组分为准稳态组分，并假定这些准稳态组分的净生成速率为零，从而不再求解这些准稳态组分浓度的微分方程，而通过求解代数方程组的方法来得到这些组分的浓度，这样处理能够大大降低求解微分方程中计算的刚性。在采用准稳态方法时需要解决两个重要的问题[1]：一是准稳态组分的准确选取；二是准稳态组分浓度精确有效地求解。选取准稳态组分的方法通常有两种：第一种方法是通过准稳态组分的定义来选取，即将那些生成速率与消耗速率近似相等并且浓度较低的组分选作准稳态组分。Chen等学者开发的CARM软件[44]以及钱炜祺等学者发展的SPARCK软件[45]就是依据此定义方法来选取准稳态组分的，此方法选取准稳态组分简单方便，但是不够精确[46]。第二种方法是利用CSP方法选取准稳态组分[40]。该方法是对各组分浓度的Jacobian矩阵进行分析，使组分的反应空间解耦合为快慢两个模式，然后再通过判断各组分对快反应或者慢反应模式的贡献，从而准确地选取出准稳态组分。第二种方法能够更加合理地选取准稳态物质，但是由于需要计算Jacobian矩阵，计算量与其他方法相比较大[47]。但考虑到机理简化时需要保证简化机理的精度这一问题，笔者倾向用后者的方法来选择准稳态组分。这种基于CSP方法选择准稳态组分的基本思想如下：

　　在一个由K个组分和I个基元反应组成的化学反应动力学模型中，组分浓度的时间变化率写为：

$$\frac{\mathrm{d}c_k}{\mathrm{d}t} = f_k = \sum_{i=1}^{I} v_{k,i} \boldsymbol{\omega}_i \tag{6-9}$$

$$\frac{\mathrm{d}f}{\mathrm{d}t} = \boldsymbol{J} \times f, \boldsymbol{J} = \frac{\mathrm{d}f}{\mathrm{d}c} \tag{6-10}$$

　　式中，$\boldsymbol{J}$是Jacobian矩阵。CSP方法通过两步修正得到基向量组并将快慢模式解耦合：

$$\frac{\mathrm{d}g}{\mathrm{d}t} = \Lambda \times g \qquad (6\text{-}11)$$

$$g = \mathbf{Y} \times f \qquad (6\text{-}12)$$

$$\mathbf{J} = (\mathbf{X}_{\mathrm{fast}}, \mathbf{X}_{\mathrm{slow}}) \begin{pmatrix} \Lambda_{\mathrm{fast}} & 0 \\ 0 & \Lambda_{\mathrm{slow}} \end{pmatrix} (\mathbf{Y}_{\mathrm{fast}}^{\mathrm{T}}, \mathbf{Y}_{\mathrm{slow}}^{\mathrm{T}})^{\mathrm{T}} \qquad (6\text{-}13)$$

$$\mathbf{X} = (\mathbf{X}_{\mathrm{fast}}, \mathbf{X}_{\mathrm{slow}}), \mathbf{Y} = (\mathbf{Y}_{\mathrm{fast}}^{\mathrm{T}}, \mathbf{Y}_{\mathrm{slow}}^{\mathrm{T}})^{\mathrm{T}} \qquad (6\text{-}14)$$

式中，c_k 为第 k 个组分的浓度；Λ 为由 Jacobian 矩阵的本征值组成的对角化矩阵；$\mathbf{X}$、$\mathbf{Y}$ 为 Jacobian 矩阵行和列本征矢量构成的矩阵。上式推导中略去了 $\mathbf{Y}$ 矩阵随时间的变化。根据 Jacobian 矩阵本征值实部的大小，能够把反应空间分为快模式和慢模式。基于上述理论思想，Lu 等提出了一种准稳态组分的识别方法[40]：

$$D^{\mathrm{slow}} = \mathbf{X}_{\mathrm{slow}} \times \mathbf{Y}_{\mathrm{slow}}, \ \left| D_i^{\mathrm{slow}} \right| < \varepsilon \qquad (6\text{-}15)$$

式中，ε 是在简化时设定的一个相对误差的控制阈值。因为准稳态组分受快反应模式的影响远大于受慢反应模式的影响，故定义在慢反应模式中贡献小于所设定阈值的组分为准稳态组分。此方法的另一个优点是不会将部分平衡的组分误选为准稳态组分，因此简化机理的模拟结果会更加精确[48]。在该方法中采用定点迭代求解的方法求解准稳态组分的浓度。

6.2.3　机理简化方法的发展

既然机理简化在研究燃料化学动力学机理研究中如此重要，那么机理高效简化方法的发展同样是一个很有意义的工作。基于这个方面的需求，笔者课题组也开展了机理简化方法发展的工作，开发了近似轨迹优化算法、通量投影树法和基于误差传播的 DRG 类方法。本小节简单介绍了这些简化方法的工作原理，并进行了初步验证和分析。

6.2.3.1　近似轨迹优化算法

近似轨迹优化算法（approximate trajectory optimization algorithm，ATOA）[39]的思路是从详细机理包含的 I 个基元反应中挑选 i 个重要基元反应，使得由框架机理得到的用以描述系统状态的 N 维空间轨迹与详细机理得到的轨迹尽量接近，这样能保证框架机理对点火延迟、熄火及层流火焰等燃烧现象的描述接近于详细机理的结果。由于去掉 $I-i$ 个冗余基元反应所引起的各组分生成速度误差向量可表示成

$$\boldsymbol{\omega}_{\mathrm{err}} = \boldsymbol{\omega}_{\mathrm{det}} - \boldsymbol{\omega}_{\mathrm{ske}} = \sum_{j=1}^{I} \boldsymbol{\omega}_i - \sum_{k=1}^{I} \boldsymbol{\omega}_j \qquad (6\text{-}16)$$

式中，$\boldsymbol{\omega}_{\mathrm{ske}}$ 为框架机理中所有反应引起的组分生成速度矢量加和。在框架机理简化过程中，寻找尽可能少的重要反应，使其在各状态点的误差向量的模与详细机理下组分生成速度向量的模的比值均小于给定阈值 ε：

$$\left| \boldsymbol{\omega}_{\mathrm{err}} \right| / \left| \boldsymbol{\omega}_{\mathrm{det}} \right| < \varepsilon \qquad (6\text{-}17)$$

上式阈值取值范围为 $0 \sim 1$。通常阈值越小产生的框架机理包含的基元反应越多，框架机理与详细机理描述的燃烧轨迹越接近，框架机理模拟误差越小。简化开始时假设所有反应均属于冗余反应集，在 ATOA 算法中，冗余反应集中各基元反应的重要性由该反应引起的组分生成速度向量在误差向量方向的投影来确定。投影的绝对值最大，则表示该反应对总误差向量有较大影响，该反应将添加到重要反应集中。重要反应集中增加一个基元反应后会使误差向量发生变化，为此需要使用式（6-16）重新计算误差向量，然后重复以上重要基元反应集增补过程直到式（6-17）得到满足。这样获得了一个重要反应集，这个重要反应集也构成了一个候选框架机理。框架机理的优劣将由燃烧模拟误差来判断。在 ATOA 算法中，将进一步采用迭代改进算法[49, 50]对重要反应集进行优化，以获得在满足式（6-17）的条件下包含尽量少组分且燃烧模拟误差较小的重要反应集。为获得最佳简化机理，简化过程将不断重复，直至获得满意的框架机理为止。

6.2.3.2　通量投影树算法

在通量投影树算法（flux projection tree，FPT）[38]中，通过一个组分对总组分通量的贡献值来评价该组分的重要程度，如图 6.3 所示。所有组分的总通量可以表达 N 维向量 $\boldsymbol{F}$，其中 N 代表详细机理中的组分数，总通量向量 $\boldsymbol{F}$ 中的每一个分量对应着一个组分的总通量。B 对所有组分通量的贡献值 $\boldsymbol{F}_{\mathrm{B}}$ 可定义为一个 N 维向量，从而 B 对总通量的贡献值 R_{B} 可由 $\boldsymbol{F}_{\mathrm{B}}$ 在 $\boldsymbol{F}$ 上的投影确定：

$$R_{\mathrm{B}} = \frac{\boldsymbol{F}^{\mathrm{T}} \times \boldsymbol{F}_{\mathrm{B}}}{\boldsymbol{F}^{\mathrm{T}} \times \boldsymbol{F}} \qquad (6\text{-}18)$$

$$\boldsymbol{F} = \begin{bmatrix} f_1 & f_2 & \cdots & f_{\mathrm{A}} & \cdots & f_N \end{bmatrix}^{T}, \ \boldsymbol{F}_{\mathrm{B}} = \begin{bmatrix} f_{1,\mathrm{B}} & f_{2,\mathrm{B}} & \cdots & f_{\mathrm{A,B}} & \cdots & f_{N,\mathrm{B}} \end{bmatrix}^{T} \quad (6\text{-}19)$$

$$f_{\mathrm{A}} = \sum_{i=1}^{I} \left| v_{\mathrm{A},i}\omega_i \right|, \ f_{\mathrm{A,B}} = \sum_{i=1}^{I} \left| v_{\mathrm{A},i}\omega_i \delta_{\mathrm{B}}^{i} \right| \qquad (6\text{-}20)$$

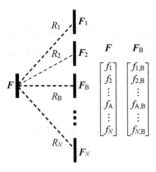

图 6.3　FPT 简化方法的示意图

如果组分 B 在所有组分总通量的贡献值 R_{B} 大于给定的阈值，则组分 B 为重要组分，否则为冗余组分。FPT 方法的简化效果及可靠性，此处不再赘述，从相关文献中可以看出笔者发展的 FPT 方法的简化力度不亚于原始 DRG 方法及其衍生的 DRG 类简化方法。由于 FPT 方法运行不需要初始设置重要组分，所有的组分相关性系数在每个抽样点只运行一次，且在运行过程中不会采用深度搜索算法对次级重要组分进行搜索，因此其运行的速度要快于其他 DRG 类的方法，在之后的简化实例中会对运行时间进行量化比较。但是，为了说明笔者发展的 FPT 方法的高效性，采用包含 253 个组分、1542 个反应的机理，在保证同样的模拟结果采样的情况下，对各种简化方法运行一次的时间进行了准确统计。对简化时间统计的详细结果如表 6.1 所示。可以看出，DRG 类方法中 PFA 由于考虑了二代通量的影响，花费时间偏大，其他三种简化方法的时间基本一致，都约为三十几秒；笔者发展的 FPT 方法花费的时间仅为 20s，明显小于其他简化方法时间的花费，因此在简化过程中采用 FPT 方法将大大节省时间。

表 6.1　不同简化方法运行时间的比较

简化方法	DRG	R-DRG	DRGEP	PFA	**FPT**
时间/s	34	33	39	95	**20**

6.2.3.3　基于误差传播的 DRG 类方法

基于误差传播的 DRG 类方法的发展得益于 DRGEP 方法的提出，笔者发现误差传播的思想可以更有效地寻求组分之间的耦合关系，并考虑了组分之间所有可能的路径。因此，笔者将误差传播的思想与其他 DRG 类简化方法结合起来，得到了（DRG）EP（原始的 DRG 定义的组分之间的关系系数与误差传播结合得到的简化方法）、（revsied-DRG）EP、PFAEP 等简化方法。（DRG）EP、（revsied-DRG）EP 和 PFAEP 的定义式可以表示如下：

$$R_{AB}^{(o\text{-}DRG)EP} = \max_{(P=1,p)} \left(r_{AB,p}^{o\text{-}DRG} \right) \tag{6-21}$$

$$r_{AB,p}^{o\text{-}DRG} = \prod_{i=1}^{n-1} r_{SiSi+1}^{R\text{-}DRG} \tag{6-22}$$

$$R_{AB}^{(R\text{-}DRG)EP} = \max_{(P=1,p)} \left(r_{AB,p}^{R\text{-}DRG} \right) \tag{6-23}$$

$$r_{AB,p}^{R\text{-}DRG} = \prod_{i=1}^{n-1} r_{SiSi+1}^{R\text{-}DRG} \tag{6-24}$$

$$R_{AB}^{PFAEP} = \max_{(P=1,p)} \left(r_{AB,p}^{PFA} \right) \tag{6-25}$$

$$r_{AB,p}^{PFA} = \prod_{i=1}^{n-1} r_{SiSi+1}^{PFA} \tag{6-26}$$

6.2.4　化学动力学机理的系统简化

对于大分子燃料的复杂动力学机理的简化，显然仅仅用框架简化或者单一的简化方法得到的简化机理尺寸是无法满足 CFD 数值模拟需求的。为了解决这一问题，Lu 等提出了大分子燃料复杂动力学机理的系统组合简化策略[4]，其系统简化流程由多种简化方法构成。Lu 等以正庚烷低温燃烧动力学机理简化为例（首先采用高效的 DRG 方法将详细机理的尺寸大大减小，然后采用深度框架机理方法 DRGASA 进一步减小框架机理的尺寸；再去除框架机理中冗余的反应，并对框架机理中的同分异构体集总得到最简的框架机理；在此框架机理的基础上，采用时间尺度分析方法-准稳态方法得到全局简化机理）详细介绍了系统简化流程。其系统简化流程如图 6.4 所示。

Lu 等通过以上多种简化方法组合系统简化，包含 561 个组分、2539 个反应的正庚烷燃烧详细机理，最后被简化到 52 个组分、48 个反应的全局简化机理。该简化机理的尺寸仅为详细机理尺寸的十分之一，同时保留了详细机理的模拟精度，使得正庚烷的燃烧机理应用于 CFD 数值模拟中的计算量急剧减少，大大节约了计算成本；并且该简化机理避免了数值模拟计算中的刚性问题。

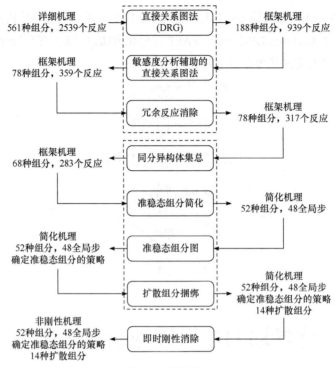

图 6.4 复杂机理系统简化流程图（1）

由于系统简化的高效性，笔者运用 FORTRAN 语言，实现了一些简化方法。在此基础上，笔者参照 Lu 的简化思想给出了系统简化策略，并与 Lu 等的系统简化流程做了对比，如图 6.5 所示。首先，在初始框架简化的时候，笔者可以采

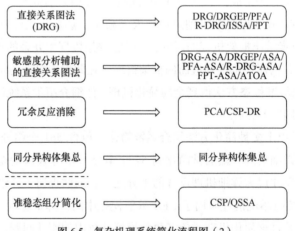

图 6.5 复杂机理系统简化流程图（2）

用 DRG 类方法和笔者发展的 FPT 方法；其次，在做深度框架简化时，笔者可以采用灵敏度辅助的 DRG 类方法和笔者发展的 ATOA 方法；然后采用 PCA 和基于 CSP 重要性指针的方法去除框架机理中的冗余反应；随后采用同分异构体集总方法进一步减少框架机理；最后采用时间尺度分析方法-基于 CSP 的准稳态组分方法简化，从而得到全局简化机理。

6.3 碳氢燃料化学动力学机理的自动简化

在上一节中详细介绍了机理简化时的工作。从详细机理出发在一定工况范围内得到简化的机理大致可以分为以下几个步骤：

① 编译详细动力学文件和热力学文件；

② 在设定的工况下，在零维封闭均相反应器中或者其他反应器中对详细机理模拟，并对模拟结果进行采样；

③ 设定阈值，运用 DRG 方法（其他简化方法）在采样点上求解，得到不重要的组分；

④ 从详细机理出发，删除不重要的组分及其参与的反应，得到框架机理；

⑤ 编译框架机理和热力学文件；

⑥ 在设定的工况下，在零维封闭均相反应器中对框架机理进行模拟；

⑦ 比较框架机理和详细机理的模拟结果，进而评判框架机理的优劣；

⑧ 增大阈值，重复③～⑦的步骤，直到找到笔者可容忍误差范围内包含组分数最少的机理。

在做机理简化时，要得到合适的简化机理，需要设定合适的阈值，给出在可容忍误差范围内最小尺寸的机理，但是这个合适的机理需要笔者不停地尝试才能找到，所以要不停地重复以上操作。这使机理简化工作的繁杂性变大，同时使人力成本大大增加。如果将这一工作交给计算机来处理，不但能节省人力成本，并且由于简化机理的尺寸与精度不是一个线性的关系，可以借助计算机强大的处理能力，将阈值的步长设置得足够小，且将阈值的范围包含到 0~0.9999 的全阈值段，在保证简化机理精度的情况下，得到尺寸最小的简化机理。因此，对碳氢燃料化学动力学详细机理的自动简化将会是一个重要的发展趋势。

在进行碳氢燃料动力学机理简化时，一般会要求得到的简化机理在包含尽可能少的组分和基元反应时，其模拟结果与详细机理的模拟结果相比仍保持较高的精度，即简化机理的模拟结果相对误差要小于给定的误差。比如在简化碳氢燃料燃烧机理时，一般会以点火延迟时间的相对误差不大于 30%、绝热火焰温度的相对误差小于 5%为标准。那么在动力学机理简化过程中要实现这一目标，就需要确定合适的阈值，然后对得到的简化机理进行燃烧过程模拟并对其模拟结果进行分析和对比。因此这就要求在简化过程中，从一个较小阈值出发（一般设为 0.01），然后不断地增大阈值，直到找到合适的阈值并得到简化的动力学机理，最后针对该简化机理开展烦琐的验证对比工作。那么对详细的碳氢燃料化学动力学机理实现自动简化，就要使简化程序本身按照初始设置的阈值、步长实现自动循环，得到不同阈值下的简化机理，并对得到的每个简化机理自动模拟并验证对比，直到程序找到合适的阈值，同时自动给出满足精度要求的简化机理。这一工作会在很大程度上提高机理简化的效率，同时增大并改善机理简化的力度。

普林斯顿大学的 Wenting Sun 和 Yiguang Ju 等在 2009 年开发了 Princeton-ChemRC 机理简化软件[51]，该软件包含了 DRG 和 PFA 简化方法，简化时的抽样可以覆盖到 SENKIN、PSR 和 PFA 等燃烧模型[52]的计算结果。重要的是 Princeton-ChemRC 是一个免费的机理简化软件，为相关科研工作者提供了极大的便利。Reaction Design 公司也开发了 CHEMKIN-PRO Reaction WorkBench 机理自动简化软件[53]，不过它是一个商业化软件。Reaction WorkBench 中采用 DRG、PCA 和 CSP 三种方法对详细机理进行简化，用户在简化过程中可以控制程序的运行，不但可以在框架机理中任意保留组分，而且可以使用参数化的研究方法；运行时还会对机理的简化效果进行评价。Shi 等[54]在 2010 年也开展了机理自动简化的工作，但他们考虑了框架简化 DRGEP 和 PCA 方法。2013 年，肖干等[55]参考 Shi 等的做法也开展了类似的自动简化工作，他们均没能提供使用的自动简化程序。

由于简化工作所需，笔者从 2013 年开始参与碳氢燃料燃烧机理自动简化程序 ReaxRed 1.0 的开发[56,57]，并于 2014 年完成，并申请了中华人民共和国计算机软件著作权。ReaxRed 采用 DRG、DRGEP、revised-DRG、PFA 和基于 CSP 指针法移除冗余反应方法。在之后的时间笔者对 ReaxRed 1.0 进行了优化和升级，增加了其他几种框架简化方法和时间尺度分析简化方法得到自动简化程序的新版本 ReaxRed 2.0，实现了对详细机理的系统简化。另外，笔者在程序中改变简化机理评判标准，得到了碳氢燃料热裂解机理自动简化的 ReaxRed 2.0x 版本。

6.3.1　机理自动简化程序 ReaxRed 1.0

　　笔者参与开发的碳氢燃料化学动力学机理自动简化程序 ReaxRed 1.0 中包含多种简化方法。基于本章讨论的机理简化方法，笔者的自动简化程序 ReaxRed 1.0 中引入了 6 种框架简化方法、1 种时间尺度分析方法（即基于 CSP 的准稳态的方法），同时程序在简化过程中会依据点火延迟时间（τ）以及绝热火焰温度（T）对不同阈值下的简化机理进行初步验证和分析，最后给出具有较高精度的框架机理和简化的全局机理。ReaxRed 1.0 自动简化程序基于零维封闭均相反应器的模拟结果，采用 FORTRAN 计算机语言编写；在 Linux 环境下，通过因特尔公司的非商业版 Intel® Fortran Composer XE 2013 for Linux 编译器编译产生 ReaxRed 1.0 可执行码。笔者在运行 ReaxRed 1.0 时，需要给出重要组分、简化条件的抽样标准、初始阈值和步长等文件；或者在执行 ReaxRed 1.0 时，按照程序的提示要求输入对应的参数。一般情况下，在简化单组分燃料的化学动力学机理时，笔者推荐选取燃料、氧化剂、稀释气体和产物等作为重要组分，初始阈值一般设置为 0.01、阈值步长一般设置为 0.0001 以及终止阈值为 0.99。设置好这些参数后，自动简化程序 ReaxRed 会根据阈值的步长自动循环；同时得到对应阈值下的简化机理，并验证简化机理的模拟精度。如果获得的简化机理的最大相对误差大于初始设定的点火延迟时间和绝热火焰温度的相对误差或者达到终止阈值，ReaxRed 结束循环并会输出上一次循环简化结果，以这一步的简化结果为基础进入下一个框架简化或者终止程序结束简化。这里给出了评判简化过程中得到的简化机理精度的两个标准的表达式：

$$\varepsilon_\tau = \left| \tau_{detailed} - \tau_{skeletal} \right| / \tau_{detailed}, \quad \varepsilon_T = \left| T_{detailed} - T_{skeletal} \right| / T_{detailed} \tag{6-27}$$

　　式中，τ 表示点火延迟时间；T 表示绝热火焰温度；ε_τ、ε_T 表示点火延迟时间的相对误差和绝热火焰温度的相对误差，ReaxRed 程序在缺省时分别为 0.3 和 0.05，也可以在运行该程序之前指定这两个相对误差的上限。ReaxRed 自动简化程序是在零维封闭均相反应器中自动点火的条件下抽样，简化机理的相对误差是通过模拟点火延迟和绝热火焰温度的模拟结果进行评估的，同时需要强调的是，按照该标准得到的简化机理在预测浓度分布、熄火和层流火焰等燃烧特性时仍能得到较合理的结果[57-61]。

6.3.1.1 ReaxRed 1.0 程序的介绍

ReaxRed 1.0 程序是碳氢燃料燃烧反应动力学机理的自动简化程序。ReaxRed 1.0 分为两个简化子程序 Auto-ds 和 Auto-dr，共包含 5 种机理简化方法：DRG、DRGEP、R-DRG、PFA 和基于 CSP 重要性指标的反应移除方法。自动简化程序是用 Intel® Fortran Composer XE 2013 for Linux[62]编译产生的，运行平台是 Linux 系统。ReaxRed 1.0 程序的公开版本在 http://ccg.scu.edu.cn 应用软件页面有相关介绍。

6.3.1.2 ReaxRed 1.0 的验证

早期的 ReaxRed 1.0 开发之后，笔者对 Qin 等构建的包含 70 种组分、463 个反应的 C_3 机理进行了简化[63]，成功获取了用于预测乙烯燃烧的简化机理。笔者选取了机理自动简化程序 ReaxRed 中 Auto-ds 模块的 DRGEP 简化方法在当量比 0.5~1.5、压力 1~10atm、温度 1000~1600K 的工况范围内，对其恒压自点火的仿真结果进行抽样和计算，最终在阈值为 0.1310 时得到了包含 32 种组分、172 个反应的最优框架机理，此时最大点火误差为 7.13%。从图 6.6 中可以看到如果阈值继续增大，超过 0.1310 之后，有一个跳跃使相对误差超过 30%，这一结果已不在笔者可容忍的限度内，所以之后不同阈值下的框架机理笔者将舍弃。另外，从图 6.6 中笔者还可以看到，相对误差与阈值之间不是一个线性的关系，这是化学动力学机理本身的复杂性导致的。在 32 个组分、172 个反应的最优框架机理基础上，在同样工况范围内对最优框架机理模拟采样，通过 Auto-dr 模块中的基于 CSP 重要性指针法去除机理中的冗余反应，来继续减小框架机理的尺寸。此时在阈值为 0.0637 时，删除了 51 个冗余反应，得到了 32 个组分、121 个反应的最简框架机理，其最大点火误差仅为 7.28%。图 6.6 是框架机理与详细机理的自点火模拟结果的对比。可以看出，框架机理简化结果（符号）均落在了详细机理模拟结果的线上。由此可知，笔者的简化机理具有较高的精度，很好地重现了点火延迟时间的结果。

由于机理简化工作是在零维封闭均相反应器中恒压自点火的过程进行抽样，因此简化得到的机理能够很好地重现详细机理的自点火过程是意料之中的事情。那么依据自点火特性进行简化所获取的框架机理是否能够重理详细机理在其他燃烧模型中的仿真结果，其是否具有较好的普适性，这都需要拓展验证。笔者因此进一步验证了在预混火焰模型中关键组分浓度演变、温度分布以及预混层流火焰速度等燃烧特性的预测精度。由图 6.7 可以看出笔者的简化机理很好地重现了详

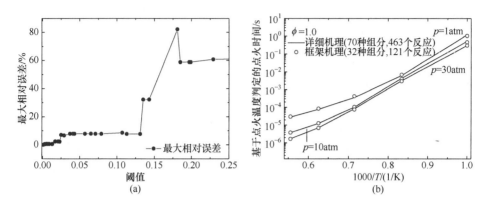

图 6.6　DRGEP 方法在不同阈值下框架机理预测点火延迟时间的最大相对误差曲线和 32 个组分框架机理的乙烯点火延迟时间结果与详细机理对比

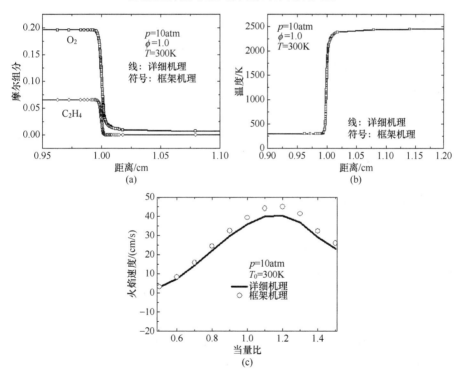

图 6.7　32 个组分、121 个反应的框架机理预测重要组分浓度、温度演变以及不同当量比下层流火焰速度分布的结果与详细机理对比

细机理的模拟结果，特别是在重要组分浓度分布和温度分布曲线的拐点处也能吻合得较好。图 6.7 中，还给出了不同当量比下层流火焰速度的分布，框架机理的模拟结果定量地重现了详细机理的模拟。因此这一结果可以表明，笔者简化的框架机理忠实于详细机理的化学反应过程，保留了真实的、主要的反应体系。所以，笔者简化思路的可行性和简化机理的可靠性得到了很好的验证，得到的 32 个组分、121 个反应的框架机理适用于 CFD 数值模拟。

为了验证自动简化程序在大分子碳氢燃料燃烧机理中的简化效果，笔者采用机理自动简化软件 ReaxRed 对 Metcalfe 等构建的甲苯燃烧机理[64]进行了简化，详细机理包含 329 个组分、1888 个基元反应。在压力为 1～30atm、当量比为 0.5～1.5 和温度为 1000～1600K 的工况范围内，对详细机理的恒压自点火过程的模拟结果进行抽样，基于 ReaxRed 分别采用 DRG、DRGEP、R-DRG 和 PFA 四种简化方法对详细机理进行简化，在不同的简化方法中产生的框架机理与其最大相对误差的关系如图 6.8 所示。从图中可以看出，不同简化方法得到的>90 个组分框架机理的相对误差差别不明显；在 90 个组分附近的时候，所有简化方法得到的框架机理的点火最大相对误差急剧增大。从图 6.8 中还可以看出，在框架机理尺寸的不同范围内，各种简化方法的精度具有很明显的竞争。比如在 90～120 个组分尺寸的框架机理内，PFA 和 DRG 方法得到的框架机理精度要明显高于 DRGEP 得到的框架机理，稍微高于 R-DRG 简化方法得到的框架机理；而在 70～90 个组分的尺寸内，R-DRG 简化方法得到的框架机理精度明显优越于其他三种简化方法得到的框架机理；在 70～90 个组分尺寸范围内，DRGEP 得到的框架机理精度又均高于其他三种简化方法。另外，还可以看到，框架机理的点火延迟时间相对误差与框架机理中包含的组分数不是一个线性的关系。

那么在保证最大点火相对误差不大于 30%的情况下，且包含的组分数最少的框架机理是由 DRG 方法简化得到的包含 50 个组分、201 个反应的最优框架机理，此时它的最大点火误差为 29.7%，平均点火相对误差仅为 8.7%；其他三种简化方法得到的 50 个组分框架机理的误差都远远大于 30%。因此，就该甲苯燃烧机理而言，DRG 方法是最合适的框架简化方法。

在 50 个组分最优框架机理的基础上，基于该框架机理在同样的工况范围内进行自点火模拟并抽样，采用基于 CSP 重要性指针方法，移除了 68 个冗余反应，最后得到包含 50 个组分、133 个反应的最简框架机理。此时的最简框架机理精度依然维持在 30%以内，最大点火误差为 27.7%，平均点火相对误差仅为 10.4%。

依据该框架机理在较宽的参数范围内，模拟了甲苯燃烧的点火延迟时间、组分浓度分布（完全搅拌反应器 PSR 中，0.15%的 $C_6H_5CH_3$ 在 N_2 中，当量比为 1.0、压力为 1.0atm，停留时间为 0.1s）等燃烧特性，如图 6.8 所示；最简框架机理的结果很好地重现了详细机理的模拟，可以说笔者得到的框架机理较好地保留了详细机理主要的反应层级结构。

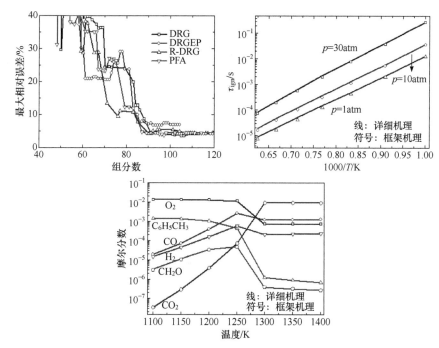

图 6.8　不同简化方法下框架机理的尺寸及其最大相对误差对比与框架机理对自点火和重要组分浓度的预测

对于更大尺寸碳氢燃料燃烧机理的简化研究，笔者测试了基于课题组自主研发的高碳烃燃烧机理自动生成程序 ReaxGen 构建的正十二烷低温燃烧机理[65]。该详细机理包含 1498 个组分、3324 步反应，很好地重现了正十二烷点火延迟时间等实验结果，模拟结果表明该机理的模拟精度较高。笔者简化目标范围为：温度 800～1800K，压力 1～10atm，当量比 0.5～1.5。为了尽可能地减小低温燃烧机理的尺寸，笔者此时采用了两步 DRGEP 的简化策略。首先采用 DRGEP 方法获取包含 772 个组分的框架机理，此时框架机理的最大误差为 23%；然后在 772 个组分框架机理的基础上，继续采用 DRGEP 简化，最后得到包含 377 个组分、1115

个反应的最简框架机理，此时的最大误差为 32.4%，平均相对温度误差为 9.2%。
377 个组分框架机理的点火延迟时间与详细机理的对比如图 6.9 所示。

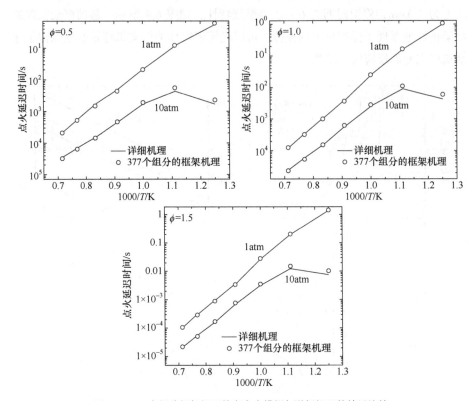

图 6.9　377 个组分框架机理的自点火模拟与详细机理的结果比较

　　此时 ReaxRed 得到的 377 个组分框架机理如果直接用于 CFD 的数值模拟中，会带来计算量巨大的问题。因此，需要借助其他简化方法，来对 337 个组分的框架机理进行深度简化。目前国际上深度简化最流行的做法是 DRGASA 或者 DRGEPSA 等辅助的灵敏性分析方法。笔者课题组的刘爱科博士等开发的深度简化 ATOA 方法简化力度不亚于 DRG 类辅助的灵敏性分析方法，因此，笔者在 337 个组分、1115 个反应的基础上继续采用 ATOA 简化。ATOA 简化的工况范围与之前一致，简化后包含 91 个组分、421 个基元反应。此时 91 个组分框架机理的平均自点火误差为 21.4%，最大自点火误差为 108%，误差较大的地方出现在低温 800K 附近，已远远大于笔者期望的精度。笔者得到的 91 个组分框架机理，很好地重现了高温点火的情况，在低于 1000K 情况下，误差较大。这说明低温燃烧路径的复杂性，决定了低温燃烧机理的简化难度远远大于高温燃烧机理的简化。此时得到的91个组分框架机理，用于CFD的某些计算模型中，如火焰面模型，计算量还是能忍受的，但是用到其他计算模型中会导致计算量巨大和计算刚性的问题。

从简化乙烯高温燃烧机理、甲苯高温燃烧机理到正十二烷低温燃烧机理的结果中可以看出，随着燃料分子尺寸的增大，详细机理包含的组分数明显增多，采用各种框架简化方法对大分子燃料详细机理简化，得到的框架机理依然比较庞大，特别是对于碳氢燃料低温燃烧机理，其反应路径更加复杂，简化难度增大，得到的框架机理尺寸很难用于CFD的数值模拟中。因此笔者有必要对ReaxRed进行升级和优化，引入新的框架简化方法及时间尺度分析方法，以更有效地减少简化机理的尺寸和规模，使基于自动简化程序得到的简化机理直接用于CFD数值模拟的概率大大提高。

6.3.2　ReaxRed 2.0 的开发

在之前开发的ReaxRed 1.0基础上，笔者对自动简化程序进行了升级，并在自动简化程序中加入了FPT方法和误差传播的DRG类简化方法；该方法在之前章节中已经讨论过，这里不再叙述，新简化方法的引入使笔者自动简化程序的框架简化方法得到扩充，达到了10种框架简化方法。一般小分子燃料如乙烯机理简化，得到的框架机理尺寸能适用于CFD数值模拟的要求，但是这是针对小分子燃料的燃烧机理简化的；对于大分子燃料的多组分替代模型而言，仅依靠框架简化得到的简化机理一般很难直接用于CFD。所以有必要对简化程序升级，在自动简化程序ReaxRed 1.0中引入时间尺度分析方法，使升级的自动简化程序对详细反应机理实现了系统简化，为大分子燃料燃烧机理用于CFD数值模拟中提供了技术支撑，进而为了解真实燃料的燃烧机制和发动机的设计奠定了基础。

为了使ReaxRed自动简化程序实现对详细机理的系统简化，笔者引入了基于CSP方法选择准稳态组分方法。在ReaxRed中该模块的命名为Auto-dqs，该方法用在框架简化之后，对框架机理的模拟结果进行时间尺度分析，找到准稳态组分。假定这些准稳态组分的净生成速率为零，从而不再求解这些组分浓度的微分方程，而通过求解代数方程组的方法得到这些准稳态组分的浓度，这样能够降低计算的刚性。该方法是利用 CSP 方法基于框架机理模拟结果进行 Jacobian 矩阵分析，使组分的反应空间解耦合为快慢两个模式，再通过判断各组分对快反应或者慢反应模式的贡献，从而选取准稳态组分。该方法能够更加合理地选取准稳态物质，但是由于需要计算 Jacobian 矩阵，计算量与其他方法相比较大[12]。

笔者在实现该方法自动简化程序的时候，在最简框架机理的基础上，进行了批量模拟；为了方便判定笔者得到的全局简化机理的优劣性，此时模拟的工况范围与框架机理简化时一致。在不同阈值下得到的全局简化机理的点火延迟时间的判断仍是与详细机理的点火延迟时间做对比。对最简框架机理的模拟结果进行 Jacobian 矩阵分析之后，设定阈值，通过组分对慢反应模式的贡献值与阈值的大小比较来选择准稳态组分；阈值越大，选择的准稳态组分数目也就越多。在得到准稳态组分之后，笔者利用程序对得到的全局简化机理进行改写，动力学文件中只给出组分，反应的信息由新的 ckwyp.f 来代替，该程序能给出每个时间下组分的生成速率。所以，得到的全局简化机理需要与对应的 ckwyp.f 文件配合使用[65]。

在引入新的框架简化方法和基于 CSP 的准稳态方法后，使自动简化程序 ReaxRed 实现了对碳氢燃料详细机理的系统简化。新的 ReaxRed 2.0 运行流程如图 6.10 所示。

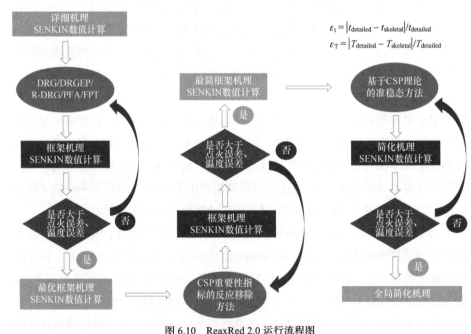

图 6.10　ReaxRed 2.0 运行流程图

为了验证 ReaxRed 2.0 的新增自动简化模块的可行性，笔者基于甲苯 50 个组分最简框架机理，采用 Auto-dqs 模块在同样的工况范围内，基于 CSP 方法确定了 11 个准稳态组分（$C_6H_5CH_2O$、$O-OC_6H_5OJ$、C_6H_5CO、C_3H_2、C_6H_5OO、HCO、C_6H_3、C_6H_5、$C_6H_4CH_3$、$C_{14}H_{11}$、OH），然后采用准稳态方法得到 39 个组分全局简化机理；此时该机理的最大相对误差仅为 27.3%，平均相对误差仅为 10.6%。引入准稳态方法得到的全局简化机理误差与 50 个组分框架机理的误差基本一致，没有明显增大。图 6.11 给出了全局简化机理、框架机理和详细机理的点火延迟时间结果比较。得到的 39 个组分的甲苯简化机理尺寸能够适用于 CFD 数值模拟的要求。

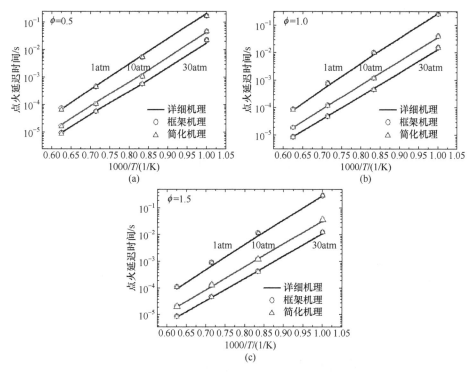

图 6.11　甲苯简化机理、框架机理和详细机理自点火结果比较

6.3.3　ReaxRed 2.0x 自动简化程序的介绍

由于机理自动简化软件 ReaxRed 及其升级版本是针对碳氢燃料燃烧机理开发

的，为了使其能够运用到热裂解机理的简化中，笔者将判定框架机理优劣的标准由点火延迟时间的相对误差改为了产气率的相对误差。对碳氢燃料在恒压裂解的过程中采样，同样采用 ReaxRed 2.0 中包含的框架简化方法和准稳态近似方法作为系统简化手段，来得到框架机理和全局简化机理。由于反应过程中只有燃料的裂解，没有氧化剂的参与，因此在框架简化中，笔者只将燃料设为重要组分，然后通过设定不同阈值并根据深度搜索算法判定重要组分，从而得到不同的热裂解框架机理。需要强调的是，在 ReaxRed 2.0x 的简化中是以产气率的相对误差（$G_{detailed}-G_{skeletal}/G_{detailed}$）作为评判框架机理的标准。对于产气率的研究，实验上测定碳氢燃料热裂解的主要气相组分是 C_4 及以下的小分子，包括甲烷、乙烷、乙烯、丙烷、丙烯、丁烷、异丁烷、丁烯、1,3-丁二烯和氢气等。因此在 ReaxRed 2.0x 中产气率的统计标准是在模拟时间结束的时刻，将所有 C_4 及以下小分子组分的质量分数累加得到的。

6.4 机理分析方法的发展

由于化学反应动力学机理的复杂性，要采用机理分析的手段对动力学机理进行分析。化学反应动力学机理可以帮助人们认知化学变化的反应途径及燃料燃烧的微观机制，认识燃料燃烧的各种特性以及在不同工况下对燃料燃烧起到控制的反应；同时对组分的生成和消耗途径有个直观的认识。

6.4.1 主要机理分析方法

6.4.1.1 敏感度分析

敏感度分析方法可分为局域敏感度分析和全局敏感度分析方法。以全局敏感度分析方法中的强制敏感度分析方法为例进行介绍，该方法的计算量很大，但是能够直接有效地反映对燃料燃烧过程中的点火、层流火焰速度等燃烧性质有直接影响的重要反应。如果直接基于详细机理进行分析，计算量太大，而采用简化的框架机理进行敏感度分析则能够大大降低计算量。因此实际运用时一般会采用零维绝热均相反应器进行恒压自动点火模拟研究，并针对点火延迟时间的敏感度定义如下[66]：

$$灵敏度 = \frac{\tau_{\text{ign}}(2\alpha_i) - \tau_{\text{ign}}(\alpha_i)}{\tau_{\text{ign}}(\alpha_i)} \times 100\% \qquad （6-28）$$

式中，α_i 为第 i 个反应原始的反应速率常数；$\tau_{\text{ign}}(\alpha_i)$ 为反应速率常数不变时的点火延迟时间；$\tau_{\text{ign}}(2\alpha_i)$ 为第 i 个反应的反应速率常数增大 2 倍后对应的点火延迟时间。因此通过式（6-28）的定义结果可知：正的敏感度系数表明增加反应 i 的速率常数会延长燃料的点火延迟时间；负的敏感度系数则表明增加反应 i 的速率常数会缩短燃料的点火延迟时间。另外，还对组分浓度进行了敏感度分析，其灵敏度系数定义如下：

$$灵敏度系数 = \frac{\alpha_i}{X_k^{\max}} \times \frac{\partial X_k}{\partial \alpha_i} \qquad （6-29）$$

6.4.1.2　元素流动分析

元素流动分析方法是由 Revel 在 1994 年提出的[67]。在该方法中，元素 E（如 C、H、O 等）经过反应 i 从一种组分 k_1 流动到组分 k_2 的流动速率 $\dot{E}_{i,k1\to k2}(t)$ 用如下公式表示：

$$\dot{E}_{i,k1\to k2}(t) = \omega_i(t) \frac{N_{\text{E},k1} N_{\text{E},k2}}{B_{\text{E},i}} \qquad （6-30）$$

式中，$\omega_i(t)$ 为 t 时刻反应 i 的反应速率；$N_{\text{E},k1}$、$N_{\text{E},k2}$ 和 $N_{\text{E},i}$ 分别为组分 k_1、k_2 和反应 i 中 E 元素的数目。

对于一个由 K 个组分和 I 个基元反应组成的化学反应动力学模型，在 t 时刻，元素 E 由组分 k_1 到 k_2 的总流量可以通过对所有反应的贡献求和得到。

$$\dot{E}_{k1\to k2}(t) = \sum_{i=1}^{I} \dot{E}_{i,k1\to k2}(t) \qquad （6-31）$$

但式（6-31）只能表示在 t 时刻的局部元素流量的分析，它不能有效地反映全局元素流动信息。因此，为能够获得反应路径的全局信息，He 等提出了时间积分的元素流动分析方法[68,69]：

$$\overline{\dot{E}}_{k1 \to k2} = \int_0^\tau \dot{E}_{k1 \to k2}(t)\mathrm{d}t \qquad (6\text{-}32)$$

式（6-32）适用于描述整个反应时间中的反应路径结果。可以用下面的公式计算反应 i 对于元素 E 从组分 k_1 到 k_2 的流量占元素 E 从组分 k_1 到 k_2 的总流量的比例，以及元素 E 从组分 k_1 到 k_2 的流量占元素 E 从组分 k_1 到其他所有组分的流量的比例。

$$\hat{E}_{i,k1 \to k2} = \frac{\overline{\dot{E}}_{i,k1 \to k2}}{\overline{\dot{E}}_{k1 \to k2}} = \frac{\int_0^\tau \dot{E}_{i,k1 \to k2}(t)\mathrm{d}t}{\int_0^\tau \dot{E}_{k1 \to k2}(t)\mathrm{d}t} \qquad (6\text{-}33)$$

$$\hat{E}_{k1 \to k2} = \frac{\overline{\dot{E}}_{k1 \to k2}}{\sum\limits_k^K \overline{\dot{E}}_{k1 \to k2}} = \frac{\int_0^\tau \dot{E}_{k1 \to k2}(t)\mathrm{d}t}{\sum\limits_k^K \int_0^\tau \dot{E}_{k1 \to k2}(t)\mathrm{d}t} \qquad (6\text{-}34)$$

基于上述公式的分析结果，采用深度或者宽度搜索算法，给定一个初始的重要组分（如燃料），就可以获得燃料燃烧过程的反应路径以及主要反应路径对于相关组分生成和消耗的贡献。

6.4.2　元素路径分析

在之前的元素流动分析基础上，为了定量地描述组分的反应路径信息，笔者提出了元素路径分析，其表达式定义如下：

$$\dot{E}_{i,k1 \to k2}(t) = \frac{\min\left(n_{\mathrm{E},k1}, n_{\mathrm{E},k2}\right)}{\max\left(n_{\mathrm{E},k1}, n_{\mathrm{E},k2}\right)} \qquad (6\text{-}35)$$

$$\dot{E}_{k1 \to k2}(t) = \sum_{i=1}^I \left[\frac{\min\left(n_{\mathrm{E},k1}, n_{\mathrm{E},k2}\right)}{\max\left(n_{\mathrm{E},k1}, n_{\mathrm{E},k2}\right)} \delta_{i,k1,k2} \right] \qquad (6\text{-}36)$$

$$\dot{E}_{i,k1 \to k2} = \frac{\int_0^\tau \dfrac{\min\left(n_{\mathrm{E},k1}, n_{\mathrm{E},k2}\right)}{\max\left(n_{\mathrm{E},k1}, n_{\mathrm{E},k2}\right)}\mathrm{d}t}{\int_0^\tau \sum\limits_{i=1}^I \left[\dfrac{\min\left(n_{\mathrm{E},k1}, n_{\mathrm{E},k2}\right)}{\max\left(n_{\mathrm{E},k1}, n_{\mathrm{E},k2}\right)} \delta_{i,k1,k2} \right]\mathrm{d}t} \qquad (6\text{-}37)$$

$$\dot{E}_{k1 \to k2} = \frac{\int_0^\tau \sum_{i=1}^I \left[\dfrac{\min\left(n_{E,k1}, n_{E,k2}\right)}{\max\left(n_{E,k1}, n_{E,k2}\right)} \delta_{i,k1,k2} \right] \mathrm{d}t}{\sum_k^K \left\{ \int_0^\tau \sum_{i=1}^I \left[\dfrac{\min\left(n_{E,k1}, n_{E,k2}\right)}{\max\left(n_{E,k1}, n_{E,k2}\right)} \delta_{i,k1,k2} \right] \mathrm{d}t \right\}} \tag{6-38}$$

基于上述表达式的分析结果，采用深度搜索算法，给定一个初始的组分（如燃料），就可以获得燃料燃烧过程的反应路径以及主要反应路径对于相关组分生成和消耗的贡献。元素路径分析方法是以元素物质的量来进行追踪的，相比元素流动分析方法来讲，本工作提出的元素路径分析也可得到较为合理的结果。

6.4.3　产率分析

产率分析（ROP）可以直接给出指定组分在整个燃烧过程或者特定的某一个时刻下的生成和消耗信息。而且根据这个产率分析可以定量地给出影响指定组分的生成（P_A）或者消耗（C_A）是由哪些反应作用的。这些反应作用的贡献量可以通过下面的式子描述。对于化学动力学机理中第 i 个反应在燃烧过程中的某个时刻对组分 A 的生成（P_{Ai}）或者消耗（C_{Ai}）的贡献值定义为：

$$P_{Ai} = \frac{\max(v_{A,i}\omega_i, 0)}{P_A}, \ C_{Ai} = \frac{\max(-v_{A,i}\omega_i, 0)}{C_A} \tag{6-39}$$

为了描述在整个燃烧过程中每个反应对组分 A 生成或者消耗的贡献量，时间积分的产率分析的表达式可以定义为下面的形式：

$$P_{Ai}^{\mathrm{int}} = \frac{\int_0^t \max[v_{A,i}\omega_i(t), 0]V(t)\mathrm{d}t}{\int_0^t P_A(t)V(t)\mathrm{d}t} \tag{6-40}$$

$$C_{Ai}^{\mathrm{int}} = \frac{\int_0^t \max[-v_{A,i}\omega_i(t), 0]V(t)\mathrm{d}t}{\int_0^t C_A(t)V(t)\mathrm{d}t} \tag{6-41}$$

式中，$\omega_i(t)$ 表示在 t 时刻第 i 个反应的净反应速率；$V(t)$ 表示 t 时刻反应体系体积的大小。如果这个反应进程是在恒容反应器下进行的，那么上式中的体积这一项可以删除。在实际应用的计算中，经常采用封闭恒压反应器来模拟，因此对每个时刻下的体积可以定义为以下形式。假定整个燃烧过程的气体是理想气体，因此体积的表达式可以定义为：

$$V(t) = \frac{n_{\mathrm{c}}RT(t)}{P\displaystyle\sum_{A=1}^{K} X_{\mathrm{A}}(t)N_{\mathrm{A}}^{\mathrm{c}}} \tag{6-42}$$

式中，n_{c} 表示整个反应体系中碳元素的物质的量；R 表示气体通用常数；$T(t)$、P、$X_{\mathrm{A}}(t)$ 分别表示 t 时刻下的温度、体积和各组分的摩尔分数；$N_{\mathrm{A}}^{\mathrm{c}}$ 表示在 A 组分中碳原子的个数。

参考文献

[1] Lu T F, Law C K. Toward accommodating realistic fuel chemistry in large-scale computations[J]. Prog Energy Combust Sci, 2009, 35: 192-215.

[2] Dagaut P, Cathonnet M. The ignition, oxidation, and combustion of kerosene: A review of experimental and kinetic modeling [J]. Prog Energy Combust Sci, 2006, 32: 48-92.

[3] Chen Z. Studies on the initiation, propagation, and extinction of premixed flames, in mechanical and aerospace engineering[D]. USA: Princeton University, 2009.

[4] Lu T F, Law C K. Strategies for mechanism reduction for large hydrocarbons: n-heptane[J]. Combust Flame, 2008, 154: 153-163.

[5] Lu T F, Law C K. Diffusion coefficient reduction through species bundling[J]. Combust Flame, 2007, 148: 117-126.

[6] Valorani M, Creta F, Goussis D A, et al. An automatic procedure for the simplification of chemical kinetic mechanisms based on CSP[J]. Combust Flame, 2006, 146: 29-51.

[7] Valorani M, Creta F, Donato F, et al. Skeletal mechanism generation and analysis for n-heptane with CSP[J]. Proc Combust Inst, 2007, 31: 483-490.

[8] Rabitz H, Kramer M, Dacol D. Sensitivity analysis in chemical kinetics[J]. Annu Rev Phys Chem, 1983, 34: 419-461.

[9] Lu T F, Law C K. A directed relation graph method for mechanism reduction[J]. Proc Combust Inst, 2005, 30: 1333-1341.

[10] Vajda S, Valko P, Turanyi T. Principal component analysis of kinetic models[J]. Int J Chem Kinet, 1985, 17: 55-81.

[11] Lovas T. Automatic generation of skeletal mechanisms for ignition combustion based on level of importance analysis[J]. Combust Flame, 2009, 156: 1348-1358.

[12] Zheng X L, Lu T F, Law C K. Experimental counterflow ignition temperatures and reaction mechanisms of 1, 3-butadiene[J]. Proc Combust Inst, 2007, 31: 367-375.

[13] Niemeyer K E, Sung C J. Mechanism reduction for multicomponent surrogates: A case study using toluene reference fuels[J]. Combust Flame, 2014, 161: 2752-2764.

[14] Li R, Li S, Wang F, et al. Sensitivity analysis based on intersection approach for mechanism reduction of cyclohexane[J]. Combust Flame, 2016, 166: 55-65.

[15] Fournet R, Warth V, Glaude P A, et al. Automatic reduction of detailed mechanisms of combustion of alkanes by chemical lumping[J]. Int J Chem Kinet, 2000, 32: 36-51.

[16] Huang H, Fairweather M, Griffiths J F, et al. Systematic lumping approach for the reduction of comprehensive kinetic models[J]. Proc Combust Inst, 2005, 30: 1309-1316.

[17] Ranzi E, Dente M, Goldaniga A, et al. Lumping procedures in detailed kinetic modeling of gasification, pyrolysis, partial oxidation and combustion of hydrocarbon mixtures[J]. Prog Energy Combust Sci, 2001, 27: 99-139.

[18] Battin-Leclerc F. Detailed chemical kinetic models for the low-temperature combustion of hydrocarbons with application to gasoline and diesel fuel surrogates[J]. Prog Energy Combust Sci, 2008, 34: 440-498.

[19] Li G, Rabitz H. A general analysis of exact lumping in chemical kinetics[J]. Chem Eng Sci, 1989, 44: 1413-1430.

[20] Li G Y, Rabitz H. A general analysis of approximate lumping in chemical kinetics[J]. Chem Eng Sci, 1990, 45: 977-1002.

[21] Li G Y, Rabitz H, Toth J. A general analysis of exact nonlinear lumping in chemical kinetics[J]. Chem Eng Sci, 1994, 49: 343-361.

[22] Tomlin A S, Li G Y, Rabitz H, et al. A general analysis of approximate nonlinear lumping in chemical kinetics. II. Constrained lumping[J]. J Chem Phys, 1994, 101: 1188-1201.

[23] Ahmed S S, Mauss F, Moreac G, et al. A comprehensive and compact n-heptane oxidation model derived using chemical lumping[J]. Phys Chem Chem Phys, 2007, 9: 1107-1126.

[24] Pepiot-Desjardins P, Pitsch H. An efficient error-propagation-based reduction method for large chemical kinetic mechanisms[J]. Combust Flame, 2008, 154: 67-81.

[25] Luo Z Y, Lu T F, Maciaszek M J, et al. A reduced mechanism for high-temperature oxidation of biodiesel surrogates[J]. Energy Fuels, 2010, 24: 6283-6293.

[26] Sun W, Chen Z, Gou X, et al. A path flux analysis method for the reduction of detailed chemical kinetic mechanisms[J]. Combust Flame, 2010, 157: 1298-1307.

[27] Lam S H, Goussis D A. The CSP method for simplifying kinetics[J]. Int J Chem Kinet, 1994, 26: 461-486.

[28] Maas U, Pope S B. Simplifying chemical kinetics: Intrinsic low-dimensional manifolds in composition space[J]. Combust Flame, 1992, 88: 239-264.

[29] Chen J Y, Blasco J A, Fueyo N, et al. An economical strategy for storage of chemical kinetics: Fitting in situ adaptive tabulation with artificial neural networks[J]. Proc Combust Inst, 2000, 28: 115-121.

[30] Blasco J A, Fueyo N, Dopazo C, et al. A self-organizing-map approach to chemistry representation in combustion applications[J]. Combust. Theory Modelling, 2000, 4: 61-76.

[31] Kooshkbaghi M, Frouzakis C E, Boulouchos K, et al. Entropy production analysis for mechanism reduction[J]. Combust Flame, 2014, 161: 1507-1515.

[32] Karadeniz H, Soyhan H S, Sorusbay C. Reduction of large kinetic mechanisms with a new approach to the necessity analysis method[J]. Combust Flame, 2012, 159: 1467-1480.

[33] Ross J, Villaverde A F, Banga J R, et al. A generalized Fisher equation and its utility in chemical kinetics[J]. Proc Natl Acad Sci USA, 2010, 107: 12777-12781.

[34] Villaverde A F, Ross J, Moran F, et al. Use of a generalized fisher equation for global optimization in chemical kinetics[J]. J Phys Chem A, 2011, 115: 8426-8436.

[35] 蒋勇, 邱榕. 研究论文复杂化学机理简化的关联水平法[J]. 化学学报, 2010, 68: 403-412.

[36] 苟小龙, 王卫, 桂莹, 等. 一种多代路径通量分析化学机理简化方法[J]. 推进技术, 2012, 33: 412-417.

[37] Chang Y, Jia M, Liu Y, et al. Development of a new skeletal mechanism for n-decane oxidation under engine-relevant conditions based on a decoupling methodology[J]. Combust Flame, 2013, 160: 1315-1332.

[38] Liu A K, Jiao Y, Li S H, et al. Flux projection tree method for mechanism reduction[J]. Energy Fuels, 2014, 28: 5426-5433.

[39] 刘爱科, 李树豪, 王繁, 等. 乙烯氧化动力学机理简化[J]. 推进技术, 2015, 36: 142-148.

[40] Lu T F, Law C K. Linear time reduction of large kinetic mechanisms with directed relation graph: n-Heptane and iso-octane[J]. Combust Flame, 2006, 144: 24-36.

[41] Luo Z. Development of reduced chemical kinetics for combustion simulations with transportation Fuels[D]. 2013.

[42] Turanyi T, Berces T, Vajda S. Reaction rate analysis of complex kinetic systems[J]. Int J Chem Kinet, 1989, 21: 83-99.

[43] Wang Q. Skeletal mechanism generation for methyl butanoate combustion via directed relation graph based methods[J]. Acta Phys-Chim Sin, 2016, 32: 595-604.

[44] Chen J Y. A general procedure for constructing reduced reaction mechanisms with given independent relations[J]. Combust Sci and Tech, 1988, 57: 89-94.

[45] 钱炜祺, 杨顺华, 肖保国, 等. 碳氢燃料点火燃烧的简化化学反应动力学模型[J]. 力学学报, 2007, 39: 37-44.

[46] 詹浩, 钱祉祺. 基于遗传算法的化学反应动力学模型简化法[J]. 计算机与应用化学, 2007, 24: 1484-1488.

[47] Lam S H. Using CSP to understand complex chemical kinetics[J]. Combust Sci Technol, 1993, 89: 375-404.

[48] Turanyi T, Berces T, Vajda S. Reaction rate analysis of complex kinetic systems[J]. Int J Chem Kinet, 1989, 21: 83-99.

[49] Lindberg B. Error estimation and iterative improvement for discretization algorithms[J]. BIT Numerical Mathematics, 1980, 20: 486-500.

[50] Davenport A, Tsang E P K, Wang C J, et al. GENET: A connectionist architecture for solving constraint satisfaction problems by iterative improvement[C]. 12th National Conference for Artificial Intelligence (AAAI), 1994.

[51] http://engine.princeton.edu/download.htm.

[52] Kee R J, Rupley F M, Miller J A. CHEMKIN2.0, A FORTRAN Chemical Kinetics Package for the Analysis of Gas-phase Chemical Kinetics[C]. Report No. SAND89-8009, Sandia National Laboratories, Livermore, CA, 1989.

[53] http://www.reactiondesign.com/products/chemkin/reaction-workbench/.

[54] Shi Y, Ge H W, Brakora J L, et al. Automatic chemistry mechanism reduction of hydrocarbon fuels for HCCI engines based on DRGEP and PCA methods with error control[J]. Energy Fuels, 2010, 24: 1646-1654.

[55] 肖干, 张煜盛, 郎静. DRGEP 联合 PCA 方法的详细机理自动简化[J]. 内燃机工程, 2013, 34: 20-25.

[56] http://ccg.scu.edu.cn/ReaxRed.htm.

[57] 李树豪, 刘建文, 李瑞, 等. 碳氢燃料燃烧机理的自动简化[J]. 高等学校化学学报, 2015, 36: 1576-1587.

[58] 李树豪, 方亚梅, 王繁, 等. 庚酸甲酯高温燃烧化学动力学机理的系统简化和分析[J]. 高等学校化学学报, 2013, 34: 1714-1722.

[59] Wang Q D, Fang Y M, Wang F, et al. Skeletal mechanism generation for high-temperature oxidation of kerosene surrogates[J]. Combust Flame, 2012, 159: 91-102.

[60] 方亚梅, 王全德, 王繁, 等. 正十二烷高温燃烧详细化学动力学机理的系统简化[J]. 物理化学学报, 2012, 28: 2536-2542.

[61] Wang Q D, Fang Y M, Wang F, et al. Systematic analysis and reduction of combustion mechanisms for ignition of multi-component kerosene surrogate[J]. Proc Combust Inst, 2013, 34: 187-195.

[62] https://software.intel.com/zh-cn/articles/intel-fortran-composer-xe-2013-for-linux-update-3.

[63] Qin Z, Lissianski V V, Yang H, et al. Combustion chemistry of propane: A case study of detailed reaction mechanism optimization[J]. Proc Combust Inst, 2000, 28: 1663-1669.

[64] Metcalfe W K, Dooley S, Dryer F L. Comprehensive detailed chemical kinetic modeling study of toluene oxidation[J]. Energy Fuels, 2011, 25: 4915-4936.

[65] http://cds.scu.edu.cn/ckl/mechall/2.

[66] Weber B W, Kumar K, Zhang Y, et al. Autoignition of n-butanol at elevated pressure and low-to-intermediate temperature[J]. Combust Flame, 2011, 158: 809-819.

[67] Revel J, Boettner J C, Cathonnet M, et al. Derivation of a global chemical kinetic mechanism for methane ignition and combustion[J]. J Chim Phys Chim Biol, 1994, 91: 365-382.

[68] Androulakis I P, Grenda J M, Bozzelli J W. Time-integrated pointers for enabling the analysis of detailed reaction mechanisms[J]. AIChE J, 2004, 50: 2956-2970.

[69] He K, Ierapetritou M G, Androulakis I P. Exploring flux representations of complex kinetics networks[J]. AIChE J, 2012, 58: 553-567.

第 **7** 章

航空燃料替代模型
化学动力学机理的构建

7.1　国产RP-3航空煤油替代燃料的构建

7.1.1　国产RP-3航空煤油替代燃料的选择

燃烧反应动力学的主要任务是在理论计算和燃烧诊断的基础上，构建兼具精确性、全局性和适用性的燃烧反应动力学模型（简称模型，又称为燃烧机理），并将其应用于能源动力燃烧装置的燃烧数值模拟，进而为工程燃烧研究提供理论指导[1]。航空燃料一般包括直链烷烃、支链烷烃、环烷烃、烯烃和芳香烃等成百上千种组分，因此研究实际航空燃料的燃烧机理困难程度相当大，通用的方法是选择合适替代组分来组成替代燃料，进而重现实际燃料的基本性质（一般将物理性质和化学性质分开研究，也对应着燃烧动力学研究中的物理替代和化学替代）[1-3]。

针对国外航空燃料 Jet-A、JetA-1 和 JP-8 等航空煤油的替代模型已有不少研究。如 Humer 等[2]用正十二烷、正癸烷、甲基环己烷、邻二甲苯和甲苯作为煤油的替代组分，分别构建了对应的替代燃料燃烧模型，能够重现 Jet-A 和 JP-8 的燃烧特性。Dagaut 等[3]用 74%的正癸烷、15%的丙基苯、11%的丙基环己烷（体积分数）组成了 JetA-1 的替代模型，构建了其燃烧反应机理，并模拟了射流搅拌反应器（JSR）中燃烧组分浓度的演变。Montgomery 等[4]用 32.6%的正癸烷、34.7%的正十二烷、16.7%的甲基环己烷和 16%的丁苯（摩尔分数）模拟了 JP-8 在激波管中的点火延迟时间。Cathorment 等[5]基于 78%的正癸烷、9.8%的环己烷和 12.2%的甲苯（摩尔分数）组成的替代模型，模拟了 JP-8 在射流搅拌反应器（JSR）中的燃烧特性。Patterson 等[6]用 89%的正癸烷和 11%的甲苯（摩尔分数）组成的煤油替代模型，模拟了 Jet A-1 在射流搅拌反应器（JSR）和预混平板火焰中的燃烧特性。Honnet 等[7]用 80%的正癸烷和 20%的 1,2,4-三甲基苯（质量分数）组成了煤油的替代模型。

国产 RP-3 是国内使用较为广泛的一种航空煤油。范学军等[8]采用 49%的正癸烷、44%的三甲基环己烷和 7%的正丙基苯（摩尔分数）组成替代模型开展了 RP-3 航空煤油的热物理特性的研究。肖保国等[9]采用 79%的正癸烷、13%的三甲基环己烷和 8%的己基苯（摩尔分数）组成的 RP-3 航空煤油替代模型，模拟了在等容条件下的点火延迟时间以及层流预混火焰，并与实验值进行了对比。曾文等[10]采用了体积分数为 65%的正癸烷、10%的甲苯和 25%的丙基环己烷作为 RP-3 航空煤油的替代模型，模拟了 RP-3 航空煤油的点火延迟时间。郑东等[11]构建了以 40%的正癸烷、42%的正十二烷、13%的乙基环己烷和 5%的对二甲苯（摩尔分数）为组分的 RP-3 航空煤油替代模型，模拟了 RP-3 航空煤油的点火延迟时间和火焰传播速度。张昌华等[12]提出了 88.7%的正癸烷和 11.3%的 1,2,4-三甲基苯（摩尔分数）组成的 RP-3 航空煤油替代模型，并进行了激波管点火延迟时间的模拟。

四川大学燃烧动力学中心通过色/质联用的方法检测了某批次国产 RP-3 航空煤油样品的成分，主要成分用质量分数表示，如表 7.1 所示。在 RP-3 航空煤油成分分析的基础上，提出了 RP-3 的三组分高温燃烧替代模型，基于该课题组自主研发的高碳烃燃烧反应机理生成程序 ReaxGen[13-15]，构建了 RP-3 航空煤油替代模型的高温燃烧详细反应机理；并以此机理为基础模拟了 RP-3 航空煤油在激波管中的点火延迟时间，并与实验结果进行了对比研究。

表 7.1　RP-3 航空煤油的主要成分

成分	含量（质量分数）/%	成分	含量（质量分数）/%
正癸烷	11.58	十八烷	0.70
十一烷	11.23	正辛烷	0.58
十二烷	5.27	正丁基环己烷	1.93
4-甲基癸烷	5.23	丙基环己烷	1.93
壬烷	4.95	2-甲基十氢化萘	1.86
3-甲基壬烷	3.25	十一烷基环己烷	1.56
3-甲基癸烷	2.99	1,1,2,3-四甲基环己烷	1.46
2-甲基癸烷	2.91	反十氢萘	1.07
2-甲基-3-乙基辛烷	2.80	1-甲基-2-乙基环己烷	0.95
3-甲基十一烷	2.75	1,1,3-三甲基环己烷	0.85

续表

成分	含量（质量分数）/%	成分	含量（质量分数）/%
2,6-二甲基辛烷	2.46	乙基环己烷	0.73
2-甲基壬烷	2.16	1-甲基-2-丙基环己烷	0.71
4-甲基壬烷	1.80	环辛烷	0.63
十三烷	1.78	1,2,5-三甲基苯	3.25
2-甲基十一烷	1.69	1,2,4-三甲基苯	1.80
2,6-二甲基十一烷	1.46	对二甲苯	1.50
5-甲基癸烷	1.35	1,3-二乙苯	1.44
3-甲基辛烷	1.16	1-甲基-2-乙苯	1.27
2,2,5-三甲基己烷	1.13	1-甲基-3-异丙基苯	0.83
3,7-二甲基十二烷	1.08	邻二甲苯	0.67
十七烷	0.95	对异丙基甲苯	0.53
4-甲基十二烷	0.72	二十六醇	1.06

需要指出的是，表 7.1 中只列出了质量分数高于 0.5%的组分。由表 7.1 的测定结果可得，该批次的 RP-3 航空煤油样品中，链烷烃约为 72.9%（质量分数），环烷烃约为 13.7%，芳香烃约为 12.4%。此外还含有少量的醇类等其他化合物，碳氢摩尔比为 0.4879，平均分子量为 150.0。考虑了上述不同类型的烃在 RP-3 航空煤油中的含量、碳氢摩尔比和煤油的平均分子量、不同组分的浓度对点火延迟时间模拟结果的影响，选择如下成分以构成 RP-3 航空煤油高温燃烧的替代模型：73.0%的正十二烷、14.7%的 1,3,5-三甲基环己烷、12.3%的正丙基苯（质量分数），如表 7.2 所示。

表 7.2 国产 RP-3 航空煤油替代燃料的选择

项目	国产 RP-3	三组分替代
组成（质量分数）/%	链烷烃：72.9 环烷烃：13.7 芳烃：12.4 其他：1.0	正十二烷：73.0 1,3,5-三甲基环己烷：14.7 正丙基苯：12.3
化学式	$C_{10.7}H_{21.7}$	$C_{10.9}H_{22.3}$
碳氢质量比	5.9：1	5.9：1
平均分子量/（g/mol）	150.0	151.1

7.1.2 RP-3 航空煤油替代模型的构建及验证

7.1.2.1 RP-3 替代燃料燃烧模型的构建

依据反应类方法，笔者实验室开发的碳氢燃料燃烧机理的自动生成程序 ReaxGen，可以逐级地构建 C_5 及以上组分参与的反应和对应的动力学参数。

依据之前章节讲述的原理构建相应反应类型的子程序模块，高碳烃起始反应物会调用相应的反应类型，结合动力学参数，生成对应的反应方程，生成的产物也会调用对应的反应类型，由此产生反应机理的济源反应列表以及相应的动力学参数，直至产生的组分含碳数目等于 4，由此便获得了高碳烃燃烧的扩展机理。燃烧生成的自由基和 $C_0 \sim C_4$ 小分子的机理至关重要，所用的动力学参数也应当尽量准确，因此本书采用 Wang 等发展的比较成熟的 $C_0 \sim C_4$ 核心机理[16]。所以本书详细机理的动力学文件主要来源为 $C_0 \sim C_4$ 的核心机理及 ReaxGen 生成的 C_5 以上烃的扩展机理。

依据上面提到的方法，在 ReaxGen 程序生成的链烷烃和环烷烃机理中，再加入芳香烃的机理[17]，就构建了 RP-3 煤油三组分替代模型高温燃烧的详细机理。其中包含 2237 个组分和 7959 个反应。

7.1.2.2 详细机理的点火延迟时间模拟

点火延迟时间是用来表征燃料特性的一个重要物理量，利用反射激波点火，采用壁端压力和 CH*发射光作为点火指示信号，四川大学燃烧动力学中心基于该技术测量了 RP-3 煤油/空气混合物在气相的点火延迟时间。运用的模拟条件与文献[12,18]的实验条件相同，点火压力为 $1.01 \times 10^5 Pa$、$2.02 \times 10^5 Pa$ 及 $4.04 \times 10^5 Pa$，温度范围为 $1100 \sim 1500K$，当量比（ϕ）为 0.2、1.0 及 2.0，模拟了 RP-3 替代燃料的点火延迟时间。模拟的结果与实验结果对比如图 7.1 所示。

由图 7.1 可知，在高温中压的条件下，实验和模拟结果的点火延迟时间与温度的倒数均能呈现出线性关系。从图 7.1（a）中可以观察到，点火延迟时间随着压力的增大而减小，由详细机理模拟的点火延迟时间均可以定性地反映出这些特

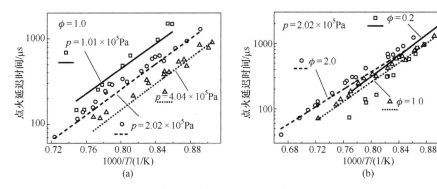

图 7.1　RP-3 煤油替代模型详细机理的点火延迟时间模拟

征。从图 7.1（b）可知，实验上的点火延迟时间随着当量比的增大而减小。在 RP-3 航空煤油替代模型的详细机理模拟研究中，点火延迟时间在压力为 1.01×10^5Pa、2.02×10^5Pa、4.04×10^5Pa，温度为 $1100 \sim 1500$K，当量比为 1.0、2.0 的条件下，模拟与实验值保持较好的一致性。但图 7.1（b）也表明，仅在压力 2.02×10^5Pa、温度范围 $1100 \sim 1500$K、当量比 0.2 的极贫油条件下，模拟的数值与实验值有较大的偏差。我们推测其原因可能是在贫油条件下，燃烧的关键反应与其他当量比条件下的燃烧关键反应有所不同。

实践表明，如果构建的燃烧反应机理既能准确呈现 RP-3 航空煤油的燃烧特性，又能较好地预测 $C_0 \sim C_4$ 小分子的燃烧特性，那么该机理可以预测 RP-3 航空煤油/小分子燃料混合燃料的燃烧[15]。因此，为了验证 RP-3 替代燃料燃烧模型的准确性和全面性，采用该详细燃烧反应机理分别对 RP-3 航空煤油以及小分子燃料在多工况下的点火延迟时间进行了数值模拟，并与相应工况下的实验数据进行了对比。从图 7.2 中可以看出，该燃烧反应机理能准确地预测高温条件下 H_2、CH_4、C_2H_4、C_2H_6、C_3H_6 和 C_3H_8 等小分子燃料的自点火特性，基于机理的模拟值与对应的实验结果吻合较好。RP-3 替代燃料燃烧模型的准确性在文献[18]中已经有了充分的验证，为了进一步说明燃烧模型的合理性，图 7.3 中给出了 RP-3 航空煤油的层流火焰速度，并与曾文[10]和郑东[11]等的实验结果进行了比较，结果仍呈现出较好的一致性。模拟结果表明，四川大学构建的 RP-3 替代燃料燃烧模型能够较好地描述小分子燃料和 RP-3 航空煤油的燃烧特性。因此，本书基于该详细机理开展小分子燃料对 RP-3 燃烧特性影响的数值研究是可靠的。

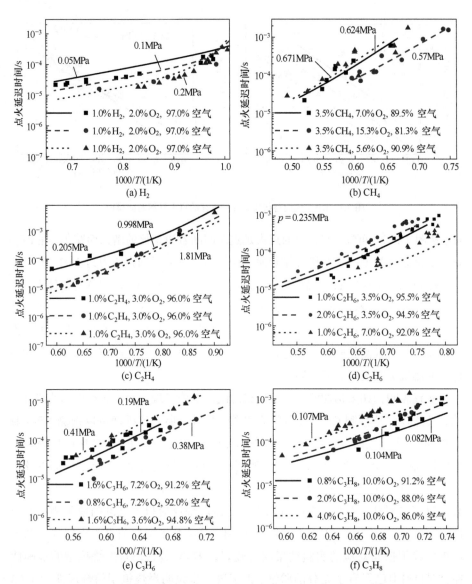

图 7.2　国产 RP-3 替代燃料燃烧模型对小分子燃料点火时间的预测[15]

7.1.2.3　层流火焰速度

　　为进一步验证构建的燃烧模型对 RP-3 航空煤油层流预混火焰传播速度的预测，基于燃烧模型的模拟值与燃烧实验结果进行了对比，如图 7.3 所示。由图可知，模拟值与实验结果匹配较好，模拟值在定性上与实验结果保持一致，尤其是在化学当量比附近与实验值吻合较好，表明构建的 RP-3 替代燃料燃烧模型具有较好的预测精度。

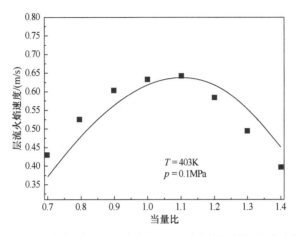

图 7.3 国产 RP-3 航空煤油的层流火焰速度对比（符号为实验值[11]，线为模拟值[15]）

7.1.3 详细机理的简化及分析

7.1.3.1 燃烧机理的系统简化

燃烧模型的系统简化是为了高效地进行燃烧仿真，最终用于工程燃烧模拟。该替代模型的半详细机理包含 257 个组分和 874 步基元反应[14]，它的适用范围是：温度 1100～1500K、压力 $1.0 \times 10^5 \sim 4.0 \times 10^5$Pa、当量比 0.2～2.0。同时基于该替代模型模拟了 RP-3 在激波管中的点火延迟时间并与实验结果进行了对比，结果表明该替代模型能够很好地重现实际 RP-3 航空煤油在高温、中压下的点火特性[14,15]。本书首先基于 RP-3 航空煤油替代模型的详细机理对高温恒压条件下的自点火进行了模拟，然后对点火时刻附近的模拟值进行抽样，最后基于框架简化对所选数据点进行计算。

首先采用 ReaxRed 中的 DRG、DRGEP、R-DRG、PFA 框架简化方法[19]作为简化的第一步，去除冗余组分及相关反应。在这一步简化中，笔者将反应物和产物 n-$C_{12}H_{26}$、C_9H_{18}、PHC_3H_7、CO_2、H_2O、N_2、O_2 设为重要组分，通过设定不同阈值 ε 得到不同尺寸的框架机理。表 7.3 是采用四种简化方法得到的点火延迟时间的最大相对误差不大于 30%的简化结果，以及对这四个结果取交集得到的新的框架机理的详细信息。图 7.4 给出了四种框架简化方法在不同阈值条件下得到的框架机理的组分数，以及框架机理与详细机理相比计算点火延迟时间的平均误差。可以看出随着框架机理中包含的组分数不断减少，对应的框架机理的相对误差也在非线性增大。当阈值在某个值附近时，得到的框架机理的平均误差迅速增加。在四种框架简化方法的结果上，同时保证它们的点火延迟时间相对误差不超过30%，通过交集的方法[20,21]最终得到 66 个组分、260 个反应的框架机理。该框架机理的相对误差为 16.1%，这是其他四种框架简化在保证相同精度下无法达到的简化力度，同时从图 7.4 中也可以看出这一结论。四种简化方法在得到约为 66 个组分的框架机理时，它们的误差已经远远超过 50%，这是笔者无法忍受的结果。因此通过交集的方法得到最小尺寸的框架机理是可靠的，笔者也建议在对燃料燃烧机理进行简化时，采用交集的思想。虽然这一方法要依靠其他框架简化方法，且在实际操作过程中比较烦琐和耗时，但是这一方法在得到最小尺寸且精度较高的框架机理上是非常有效的[22]。

表 7.3　误差不大于 30%时，各简化方法的简化结果

简化方法	组分数/反应数	平均误差
DRG	78/326	12.2%
DRGEP	98/376	11.6%
R-DRG	97/394	11.8%
PFA	103/418	8.8%
交集	66/260	16.1%

为了进一步减小框架机理的尺寸，笔者采用基于 CSP 重要性指标的方法去除了框架机理中存在的冗余反应[19,23]。在简化时，笔者设定框架机理中包含的 66 个组分均为重要组分，在反应的阈值为 0.1335 时，删除了 75 个反应。那么笔者就在 66 个组分、260 个反应框架机理的基础上，最终得到了包含 66 个组分、185 个基元反应的框架机理。阈值大于 0.1335 时得到的框架机理最大点火误差都大于30%，所以 ReaxRed 选择在该阈值下的框架机理作为最简框架机理。此时的最简框架机理最大点火相对误差为 29.5%，平均相对点火误差仅为 7.6%。

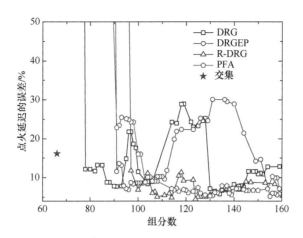

图 7.4　采取不同简化方法得到的 RP-3 框架机理的组分数和点火延迟的平均误差

在 66 个组分、185 个反应框架机理的基础上，采用 CSP 方法对 SENKIN[24] 程序在温度为 1100~1500K，压力为 1~4atm，当量比为 0.2、1.0 和 2.0 时的自动点火模拟结果进行了抽样分析，设定 Jacobian 矩阵本征值小于 1.0×10^{-5} 的模式为快模式。由 CSP 分析结果可知，正十二烷的初始反应生成的 $C_{12}H_{25}$ 自由基等在高温条件下迅速发生 β 断裂反应，是合适的准稳态组分；1,3,5-三甲基环己烷和正丙基苯通过初始氢提取反应生成的 C_9H_{17} 和 $APHC_3H_6$ 等自由基是合适的准稳态组分，而甲苯和 C_4 以下的烃类等重要的中间体则不适合选为准稳态组分。将小于 0.5 作为判断依据并结合化学经验选取了 34 个组分（$APHC_3H_6$、$CH_2CHCHCHO$、$s51C_9H_{17}$、$s16C_9H_{17}$、$s17C_9H_{17}$、$APHC_2H_4$、$s15C_9H_{17}$、$s52C_9H_{17}$、C_2H、$s7C_{12}H_{25}$、$s164C_9H_{17}$、CH_2^*、$s167C_9H_{17}$、$s39C_9H_{19}$、$s3C_{12}H_{25}$、CH_3O、nC_3H_7、iC_3H_7、C_6H_5、CH_2、$HCCO$、C_2H_5、CHO、CH_2CHO、$s28C_6H_{12}$、OH、C_6H_5O、iC_4H_5、$STYREN$、$s19C_9H_{18}$、C_3H_3、$BPHC_2H_4$、CH_2CO、aC_3H_5）作为准稳态组分，结合 QSSA[25,26]，构建了包含 32 个组分、28 个反应的全局简化机理。它的最大点火相对误差是 27.78%，平均点火相对误差是 12.26%。这一结果也可以表明，通过准稳态方法得到的简化机理与之前的框架机理相比，二者精度相当。同时也说明准稳态方法的可行性，该方法不但减小了机理的尺寸，而且消除了求解时的刚性问题。因此，准稳态方法是复杂化学动力学机理系统简化中不可或缺的一个环节。

7.1.3.2 简化机理的结果验证和分析

为验证框架机理和全局简化机理的可靠性，采用 SENKIN[24]分别基于详细机理、框架机理和全局简化机理模拟了 RP-3 航空煤油在不同条件下的点火延迟时间，并进行了比较。图 7.5 给出了在当量比为 0.2、1.0 和 2.0 时，不同初始温度、压力条件下的点火延迟时间模拟结果比较。从图中可以看出，在压力为 1～4atm、当量比 0.2～2.0 的范围内，框架机理和全局简化机理在不同温度下都能够很好地再现详细机理的模拟结果。虽然在贫油、高温情况下点火时间有明显的差异，但最大误差的值仍保持在 30%以内。另外，从全局简化机理的点火延迟时间与框架机理和详细机理的结果比较可以看到，简化机理的点火时间普遍偏快，这是由于简化机理是选取准稳态组分得到的，这会稍微加快燃料燃烧的反应进程。

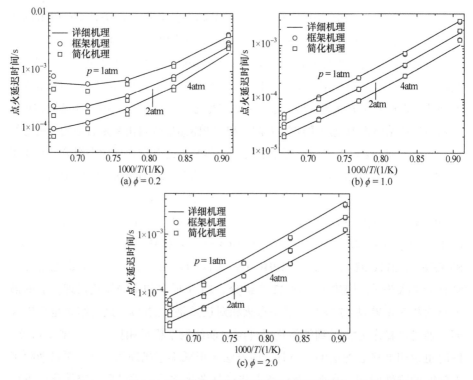

图 7.5　RP-3 替代模型高温燃烧的点火延迟时间

图 7.6 给出了在初始温度为 1300K、压力为 1atm 时，不同当量比条件下 RP-3

航空煤油燃烧时温度随时间变化的模拟。结果显示框架机理、全局简化机理的模拟与详细机理相比,三者的温度曲线分布一致,框架机理和简化机理均能很好地再现详细机理的温度曲线。另外从图 7.6 中还可以看出,在点火之前的时间进程里,绝热火焰温度有一个先降低后增加的细微波动;而且随着当量比的增大,这个波动会增加。这可能是由于在富油情况下,氧气不充分,燃料初始的消耗主要靠直接断键生成小分子,而这些反应大都是吸热反应,从而导致温度会有一个稍微下降的趋势。

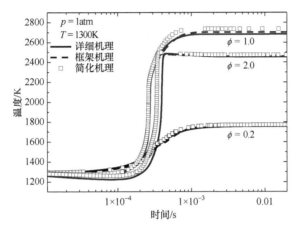

图 7.6 框架机理、简化机理与详细机理在不同当量比条件下的温度分布

图 7.7 给出了初始温度为 1300K、压力为 1atm、当量比为 1.0 时恒压自点火过程中重要组分 $n\text{-}C_{12}H_{26}$、C_9H_{18}、PHC_3H_7、CO_2、H_2O 和 O_2 的浓度随时间的变化曲线,可以看出框架机理和简化机理很好地重现了详细机理对于 C_9H_{18}、PHC_3H_7、CO_2、H_2O 和 O_2 这些重要组分的结果;对于 $n\text{-}C_{12}H_{26}$ 组分的浓度预测则略微偏慢,但是仍然很好地预测了 $n\text{-}C_{12}H_{26}$ 的结果。由图 7.6 和图 7.7 可以看出,笔者得到的框架机理、全局简化机理与详细机理相比,均能够精确再现详细机理的温度演变和重要组分浓度分布。这说明本工作的简化结果具有较高的精度并且保持了详细机理描述燃料燃烧特性。

熄火是燃料燃烧的另一重要特性,并且对理解航空煤油在发动机中的燃烧有很大帮助。为了进一步验证框架和简化机理在熄火条件下的应用,笔者采用全混流反应器(PSR)[27]模拟了压力为 1atm 时,不同当量比下滞留时间和温度的关系,在所有模拟中进气温度均设为 300K。从图 7.8 中可以看出,框架机理和全局简化

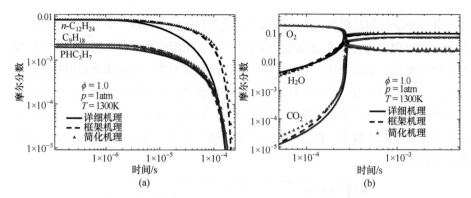

图 7.7　框架机理、简化机理与详细机理在自点火模拟的组分浓度分布

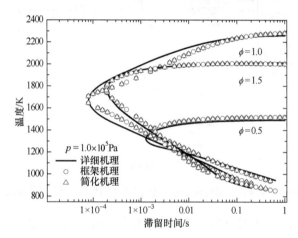

图 7.8　框架机理、简化机理与详细机理在 PSR 中的温度分布

机理基本能够重现详细机理的温度曲线，尤其是精确地重现了拐点处的停留时间（熄火温度）。这一结果表明，笔者得到的简化机理的精确性和依据该简化机理展开数值仿真模拟得到的结果具有很强的可靠性。

为更好地理解 RP-3 点火过程的机制，可针对自点火影响较大的基元反应进行定量分析，笔者采用强制敏感度分析方法基于详细机理和框架机理分别研究了影响 RP-3 高温自点火的关键反应。图 7.9 给出了在压力为 $1.0 \times 10^5 Pa$、当量比为1.0、初始温度为 1200K 条件下点火模拟得到的点火延迟时间具有较大敏感系数的重要反应。由图可知，影响点火的重要反应都是一些小分子和 OH、H、O 等自由基参与的反应。其中反应 $H + O_2 \Longrightarrow OH + O$ 是碳氢燃料燃烧的关键反应，它是一个链分支反应，一个自由基参与反应，生成两个自由基，从而也很容易理解该

航空燃料燃烧及其化学动力学

反应是促进燃烧的一个关键反应。另外，还可以看出框架机理很好地保留了详细机理中影响自点火的关键反应，并且基于框架机理计算的这些重要反应的灵敏度系数与详细机理的结果一致。

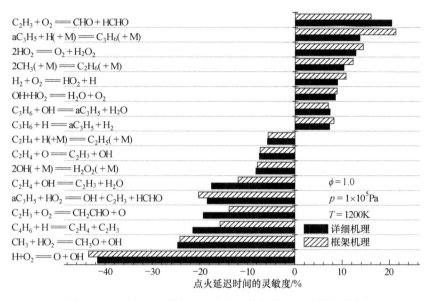

图 7.9　基于框架机理和详细机理的 RP-3 替代模型的强制敏感度分析

为了进一步说明框架机理的合理性,分别对详细机理和框架机理在压力为 1.0×10^5 Pa、当量比为 1.0、温度为 1200K 时点火过程中的 OH、O、H 三个自由基进行了产率分析（ROP）,如图 7.10 所示。因为这三种自由基是燃料燃烧中重要的自由基,影响它们生成和消耗的反应也会影响燃料的燃烧。分析结果表明框架机理保留了详细机理中影响三种自由基产率较大的反应,且给出的产率最大值出现的时间非常吻合,从而说明了框架机理的合理性。H 的最大消耗是通过反应 $H + O_2 \Longrightarrow OH + O$ 进行的,而这个反应恰好又是对 OH 和 O 自由基生成影响比较大的反应。对 H 生成影响最大的反应是 $CO + OH \Longrightarrow CO_2 + H$,而该反应恰好是消耗 OH 最大的反应。与强制敏感度结果对比可知,影响三种自由基产率比较大的反应里 $H + O_2 \Longrightarrow O + OH$、$C_2H_4 + OH \Longrightarrow C_2H_3 + H_2O$、$C_2H_4 + O \Longrightarrow C_2H_3 + OH$ 以及 $C_2H_3 + O_2 \Longrightarrow CH_2CHO + O$ 等反应对点火的影响也比较大。从 ROP 分析的结果可以看出,框架机理很好地抓住了详细机理中三种关键自由基的主要反应通道,这在一定程度上说明了该框架机理的合理性。

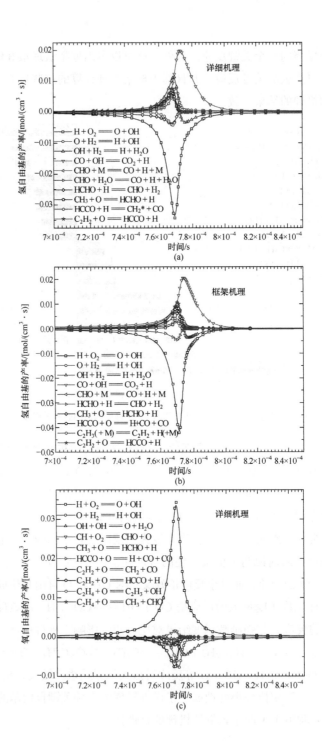

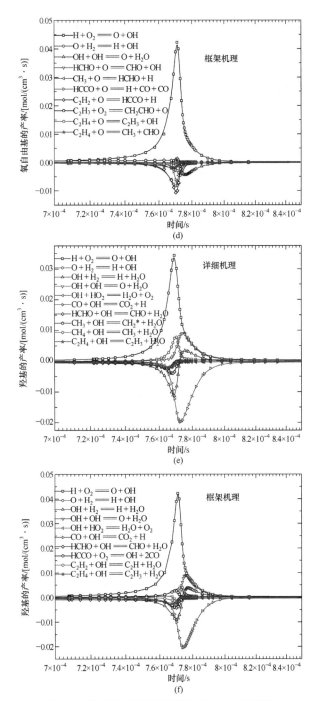

图 7.10 基于框架机理和详细机理的 ROP 分析[15]

7.2 国产 RP-3 航空煤油替代模型热裂解机理的构建

7.2.1 航空燃料热裂解机理研究背景

在燃料燃烧相关研究中，热裂解（也称为热解）是指燃料在无氧化剂存在的环境下受热分解的过程。由于在氧化过程和火焰中，热解反应和氧化反应是夹杂在一起的，难以单独对热解反应进行验证。因此，开展燃料的热解研究一方面能够直接发展热解模型，并应用于吸热型碳氢燃料主动冷却等实用热解研究，另一方面则有助于简化研究体系，从而达到验证燃烧模型中热解反应、提高燃烧模型中热解子机理准确性的目的。

飞行器的高速度和热载荷对航空燃料的性能提出了很高的要求，航空燃料必须具备高热沉、低积炭的裂解特性，这样才能解决航空发动机的热管理问题，实现飞行器稳定运行[28]。航空燃料通过自身的物理相变和化学裂解吸收发动机高温部分的热量，并得到燃烧性能良好的小分子裂解产物，这些小分子裂解产物与航空燃料混合在燃烧室中能够以更高的效率燃烧，进而为飞行器提供更强的动力。

7.2.2 航空燃料热裂解机理的构建和验证

针对航空燃料裂解气相机理研究中的问题，并通过实验的组成测定，分析了 RP-3 航空煤油的主要成分，选取了 73.0%（质量分数）的正十二烷、14.7% 的 1,3,5-三甲基环己烷、12.3% 的正丙基苯作为 RP-3 航空煤油的替代模型。核心机理采用 Wang 等[16]提出的 USC_Mech_II 机理即 $C_0 \sim C_4$ 的核心机理，然后基于机理自动生成程序包 ReaxGen 生成 C_5 及以上的机理。环烷烃的裂解反应以开环反应为主要反应特点；裂解反应类型的种类不多；ReaxGen 认为大于 C_4 的组分参与反应时，反应中心受分子大小和周围环境的影响很小，因此其反应动力学参数可以按反应归类的方式来得到。

烷烃的高温裂解主要有下列反应类型[13]：

① 烷烃单分子裂解和脱氢型，如 R1—R2 ══ R1 + R2 和 R1—H ══ ·R1 + ·H；

② 自由基对烷烃的氢提取型，如 RH + X ══ HX + ·R（X 为 H、CH_3、C_2H_3 等）；

③ 本书只考虑了活性烷基的 β 裂解，如 ·R ══ R' + ·H 和 ·R ══ R1' + ·R2（R'、R1'为烯烃）；

④ 烷基的氢迁移重排；

⑤ 烯烃及其自由基的裂解反应，该类反应通过 1,5-氢迁移后裂解生成两个小烯烃分子；

⑥ 烯烃裂解生成烯丙基；

⑦ 烯烃的氢提取反应以及烯烃脱氢后的自由基反应；

⑧ 双自由基裂解反应；

⑨ 双自由基氢迁移重排；

⑩ 烯烃烯丙基、烯基、烷基位氢提取反应；

⑪ 氢原子、氧原子、甲基的烯烃加成；

⑫ 逆烯反应；

⑬ 烷基位烯自由基的重排反应。

根据以上反应类型 ReaxGen 生成了 C_4 以上组分的化学动力学机理，再结合 USC_Mech_Ⅱ核心机理，得到 RP-3 航空煤油替代模型的详细动力学机理。该机理包含 487 个组分、1489 步反应[29]。

笔者课题组还针对 RP-3 航空煤油燃料的流速和密度、热沉和产气率，燃料裂解气的组成进行了实验研究。一维的管流反应器是燃料热裂解实验中常用的实验装置，它可以给出燃料热裂解的宏观性质如产气率、热沉以及主要的产物分布等重要的全局参数，是验证燃料热裂解反应机理合理性的重要依据。其具体的实验装置如图 7.11 所示。

实验在管长 100cm、管内直径 2mm 的 304 不锈钢管中进行，温度 T 的范围在 600～750℃，压力 p 为 3.5MPa，流量为 1.0g/s，探究了 RP-3 航空煤油流速和密度随温度的分布。基于 RP-3 航空煤油三组分替代燃料的热裂解详细机理采用管流反应器计算模块在实验条件下模拟了流速和密度，并与实验结果进行了对比，

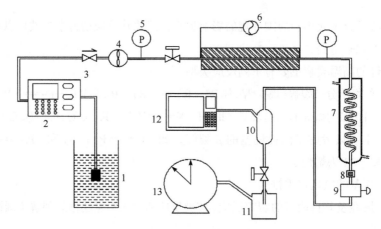

图 7.11　燃料热裂解反应的装置图

1—储油罐；2—泵；3—单向阀；4—质量流量计；5—压力计；6—电加热器；7—冷凝器；8—过滤器；
9—备压阀；10—气液分离器；11—液体收集器；12—气相色谱；13—湿式气体流量计

如图 7.12 所示。结果表明，笔者替代模型的详细机理很好地重现了 RP-3 航空煤油流速和密度随温度的分布情况。

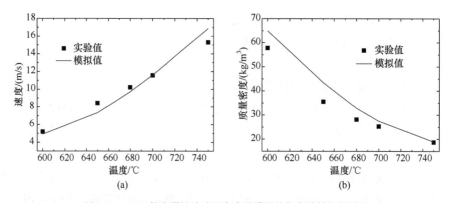

图 7.12　RP-3 航空煤油流速和密度的模拟值与实验结果的对比

　　为了进一步验证 RP-3 替代模型详细机理的可靠性，笔者采用管流反应器计算模块在实验条件下模拟了管长 65cm、内径为 2mm，流量为 1.1g/s、压力为 3.5MPa、温度在 600~700℃范围内时 RP-3 航油的热沉和产气率，并与相应的实验结果进行了对比，如图 7.13 所示。产气率和总热沉（物理热沉与化学热沉之和）的模拟值与实验结果吻合得很好，再一次表明笔者详细热裂解机理的可靠性。需要注意的是，总热沉的实验结果在较低温度时有缺失。这是因为实验在 600~650℃时，RP-3 的化学热沉为负值，而动力学机理是无法模拟出负值的。

航空燃料燃烧及其化学动力学

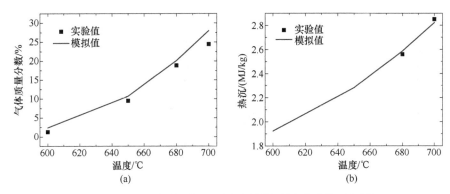

图 7.13   RP-3 航空煤油热沉和产气率的模拟值与实验结果的对比

　　为进一步验证 RP-3 替代模型热裂解机理对裂解气组分预测的可靠性，笔者采用管流反应器模型，并结合实验工况设置了参数，即选择长为 50cm、内径为 3mm 的圆管，RP-3 航油流量为 1.0g/s、压力为 0.7MPa，进口温度均为 500℃，出口温度分别为 750℃和 800℃，对管子末端裂解气的主要成分进行模拟。模拟值与实验值的结果如图 7.14 所示。结果显示，笔者的热裂解机理能够很好地预测 C_2H_6、C_2H_4、C_3H_6 和 C_4H_{10} 的实验结果，对于 H_2 和 CH_4 的量预测值偏低，而对于 1-3 丁二烯（C_4H_6）预测偏高。另外，笔者还在长为 70cm、内径为 2mm 的管子内，RP-3 航油流量为 1.0g/s、压力为 3.5MPa，进口温度均为室温，出口温度分别为 600℃、650℃和 700℃时的工况下，对管子末端的裂解气成分进行了模拟。如图 7.15 所示，预测的结果与之前的讨论一致。因此，在下一步的工作中，笔者有必要针对 H_2、CH_4 和 C_4H_6 的含量，对 RP-3 的热裂解机理进行优化，但是笔者

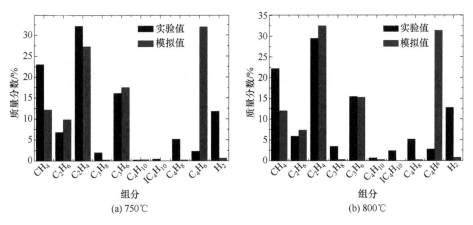

图 7.14   RP-3 航空煤油裂解气的模拟值与实验结果的对比（1）

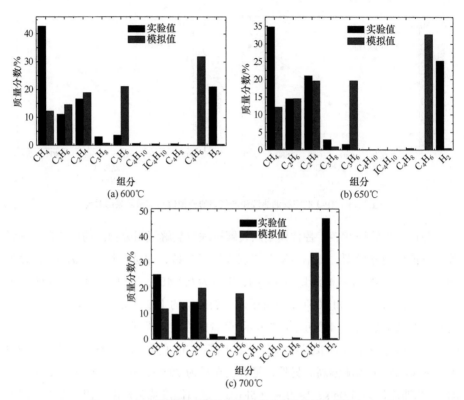

图 7.15　RP-3 航空煤油裂解气的模拟值与实验结果的对比（2）

构建的 RP-3 替代模型的热裂解机理仍具有较高精度，特别是对 RP-3 航空煤油热物性的预测。因此，笔者可以基于该详细机理对 RP-3 航空煤油的热裂解特性进行研究和探讨。

7.2.3　RP-3 航空煤油热裂解机理的系统简化

　　航空燃料在发动机内的热裂解特性对航空发动机的设计占有非常重要的地位，因此需要对航空燃料的热裂解机理进行深入研究，以便将反应机理应用于计算流体力学的模拟中。但是由于详细机理包含 497 个组分和 1489 个基元反应，其

航空燃料燃烧及其化学动力学

庞大的化学源项求解和差异显著的化学时间尺度使得 CFD 计算无法承受,导致笔者不可能将其直接用于 CFD 中进行数值仿真模拟,因此必须在保证 RP-3 替代模型热裂解机理精度的条件下对其系统简化。笔者采用自主开发的碳氢燃料热裂解机理自动简化软件 ReaxRed 2.0x 程序包中包含的 DRG 得到了包含 48 个组分、155 步反应的框架机理,随后采用同分异构体集总方法对 48 个组分框架机理进行了集总处理,最后得到包含 43 个组分、129 步反应的框架机理。在相同工况下对比了框架机理、详细机理的模拟以及实验结果,结果表明框架机理与详细机理的模拟吻合较好,该替代模型的详细热裂解机理及框架机理均能很好地描述 RP-3 煤油热裂解的性质,如图 7.16 所示。随后笔者采用 ReaxRed 2.0x 中基于 CSP 的准稳态近似方法,选取了 23 个准稳态组分,得到了包含 20 个组分(H、H_2、CH_4、C_2H_4、C_2H_5、C_2H_6、C_3H_6、C_3H_8、C_4H_6、C_6H_6、$s0C_{12}H_{26}$、$s1C_9H_{18}$、$s28C_6H_{12}$、$s39C_9H_{19}$、$s46C_6H_{13}$、$s58C_9H_{18}$、PHC_3H_7、$PHCH_2$、TOLUEN、STYREN)的全局简化机理。由于经准稳态近似处理得到的全局简化机理的精度与框架机理一致,在这里就不再给出全局简化机理的预测结果。20 个组分的全局简化机理能够很容

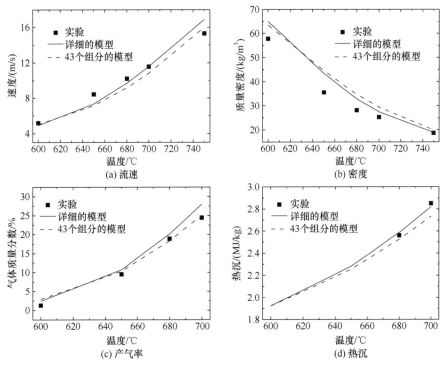

图 7.16 RP-3 航空煤油流速、密度、产气率和热沉的模拟值与实验结果的对比

易地用于工程应用中的 CFD 数值模拟，用来探究 RP-3 航油的热裂解特性，进而为 RP-3 航油燃料的设计和油道的设计提供参考与指导。

参考文献

[1] 甯红波, 李泽荣, 李象远. 燃烧反应动力学研究进展[J]. 物理化学学报, 2016, 32(1): 131-153.

[2] Humer S, Frassoldati A, Granata S, et al. Experimental and kinetic modeling study of combustion of JP-8, its surrogates and reference components in laminar nonpremixed flows[J]. Proceedings of the Combustion Institute, 2007, 31(1): 393-400.

[3] Dagaut P. On the kinetics of hydrocarbons oxidation from natural gas to kerosene and diesel fuel[J]. Physical Chemistry Chemical Physics, 2002, 4(11): 2079-2094.

[4] Montgomery C J, Cannon S M, Mawid M A, et al. Reduced chemical kinetic mechanisms for JP-8 combustion[J]. 40th AIAA Aerospace Sciences Meeting and Exhibit, Reno, Nevada, 14-17 January 2002; AIAA 2002-0336. 2002.

[5] Cathormet M, Voisin D, Etsordi A, et al. Kerosene combustion modeling using detailed and reduced chemical kinetic mechanisms[C]//In Gas Turbine Engine Combustion, Emissions and Alternative Fuels, RTO AVT Symposium, Lisbon, Portugal, Oct 12-16, 1998.

[6] Patterson P, Kyne A, Pourkashanian M, et al. Combustion of kerosene in counterflow diffusion flames[J]. Journal of Propulsion and Power, 2001, 17(2): 453-460.

[7] Honnet S, Seshadri K, Niemann U, et al. A surrogate fuel for kerosene[J]. Proceedings of the Combustion Institute, 2009, 32(1): 485-492.

[8] 范学军, 俞刚. 大庆 RP-3 航空煤油热物性分析[J]. 推进技术, 2006, 27(2): 187-192.

[9] 肖保国, 杨顺华, 赵慧勇, 等. RP-3航空煤油燃烧的详细和简化化学动力学模型[J]. 航空动力学报, 2010(9): 1948-1955.

[10] 曾文, 李海霞, 马洪安, 等. RP-3 航空煤油模拟替代燃料的化学反应简化机理[J]. 推进技术, 2014(8): 1139-1145.

[11] 郑东, 于维铭, 钟北京. RP-3 航空煤油替代燃料及其化学反应动力学模型[J]. 物理化学学报, 2015, 31(4): 636-642.

[12] Zhang C H, Li B, Rao F, et al. A shock tube study of the autoignition characteristics of RP-3 jet fuel[J]. Proceedings of the Combustion Institute, 2015, 35(3): 3151-3158.

[13] 李军, 邵菊香, 刘存喜, 等. 碳氢燃料热裂解机理及化学动力学模拟[J]. 化学学报, 2010(3): 239-245.

[14] 徐佳琪, 郭俊江, 刘爱科, 等. RP-3 替代燃料自点火燃烧机理构建及动力学模拟[J]. 物理化学学报, 2015, 31: 643-652.

[15] 李树豪, 席双惠, 张丽娜, 等. 小分子燃料对 RP-3 航空煤油燃烧作用的数值研究[J]. 推进技术, 2018, 39(08): 1863-1872.

[16] Wang H, You X Q, Joshi A V, et al. High-temperature combustion reaction model of $H_2/CO/C_1$-C_4 compounds. http://ignis.usc.edu/USC_Mech_II.htm. 2007.

[17] Dagaut P, El B, Abderrahman R A. The combustion of kerosene: Experimental results and kinetic modelling using 1-to 3-component surrogate model fuels[J]. Fuel, 2006, 85(7): 944-956.

[18] 唐洪昌, 张昌华, 李萍, 等. 煤油自点火特性的实验研究[J]. 物理化学学报, 2012, 28(4): 787-791.

[19] 李树豪, 刘建文, 李瑞, 等. 碳氢燃料燃烧机理的自动简化[J]. 高等学校化学学报, 2015, 39(8): 1576-1587.

[20] Wang Q. Skeletal mechanism generation for methyl butanoate combustion via directed relation graph based methods[J]. Acta Phys-Chim Sin, 2016, 32: 595-604.

[21] 李树豪, 李瑞, 郭俊江, 等. C_1-C_2 燃料燃烧机理的框架简化[J]. 物理化学学报, 2016, 32(7): 1623-1633.

[22] Li R, Li S H, Wang F, et al. Sensitivity analysis based on intersection approach for mechanism reduction of cyclohexane[J]. Combustion and Flame, 2016, 166: 55-65.

[23] Lu T, Law C K. Strategies for mechanism reduction for large hydrocarbons: n-heptane[J]. Combust Flame, 2008, 154: 153-163.

[24] Lutz A E, Kee R J, Miller J A. Senkin, A FORTRAN Program for Predicting Homogeneous Gas Phase Chemical Kinetics with Sensitivity Analysis[CP]. SANDIA National Laboratories Report, SAND878248, Livermore, CA, 1990.

[25] Lam S H. Using CSP to understand complex chemical kinetics[J]. Combust Sci Technol, 1993, 89: 375-404.

[26] Lu T F, Law C K. A criterion based on computational singular perturbation for the identification of quasi steady state species: A reduced mechanism for methane oxidation with NO chemistry[J]. Combust Flame, 2008, 154: 761-774.

[27] Glarborg P, Kee R J, Grcar J F, et al. PSR, A FORTRAN Program for Modeling Wellstirred Reactors[CP]. Sandia National Laboratories, Livermore, CA, Report No. SAND868209, 1986.

[28] Chen Y, Wang Y, Bao Z, et al. Numerical investigation of flow distribution and heat transfer of hydrocarbon fuel in regenerative cooling panel[J]. Applied Thermal Engineering, 2016, 98: 628-635.

[29] 李树豪, 徐佳琪, 李瑞, 等. RP-3 替代燃料的热裂解机理构建及简化[C]. 成都: 第一届全国燃烧化学学术会议, 2015.

第**8**章

RP-3航空煤油
化学动力学机理的应用

8.1 RP-3航空煤油燃烧数值仿真及性能分析

8.1.1 燃烧特性数值仿真

基于化学反应机理的燃烧数值仿真可用于预测燃料燃烧热释放率、着火、熄火、火焰传播等燃烧参数的演变，并以此为基础分析燃烧过程以及污染物的形成机制和路径，进而为实际的燃烧过程（航空发动机、柴油机、汽油机、燃气轮机等）开展CFD计算提供准确的化学机理。因此，燃烧反应动力学的数值仿真可以为基础燃烧分析和工程燃烧研究提供重要的参考信息与理论指导。

本章研究工作主要基于第7章所述的RP-3替代燃料燃烧反应机理开展，基于此可在较宽工况范围内对RP-3航空煤油及小分子燃料的自点火时间、绝热火焰温度、层流火焰速度等性能进行数值仿真，也可结合元素流动分析和物质产率方法开展燃料燃烧反应路径和关键反应通道等微观反应机制的研究。RP-3航空煤油燃料的自点火、绝热火焰温度在第7章已经展示，本节主要分析RP-3航空煤油层流火焰速度及其可燃性边界的数值模拟结果，如图8.1和图8.2所示。

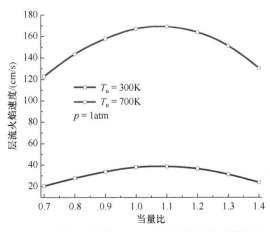

图 8.1　不同初始温度下 RP-3 航空煤油的层流火焰速度

如图 8.1 所示，在初始温度分别为 300K 和 700K 的条件下，对 RP-3 航空煤油的火焰传播进行了模拟。结果表明：在初始温度较高的情况下，燃料的火焰传播速度更快，如在 700K 时，RP-3 航空煤油在当量比为 0.7 的火焰传播速度约为 120cm/s，比在 300K 下的速度增加了 6 倍左右。另外，火焰传播速度受当量比的影响也很显著，在化学当量比附近，燃料的火焰传播速度最快；而在贫油和富油工况下，RP-3 的火焰传播速度有明显的下降。

如图 8.2 所示，开展了 RP-3 航空煤油的可燃性边界研究，分析了 RP-3 在层流状态下稳定燃烧的油气范围，以燃料的贫油（lean）可燃极限到富油（rich）可燃极限的区间表示；并分析了初始温度和可燃混合气的流速对可燃性边界的影响，这可为 RP-3 航空煤油的稳定燃烧提供重要参考。图 8.2（a）表明，随着燃烧初始温度的增大，RP-3 的可燃性范围随之变大，富油和贫油的可燃极限都得到了拓宽；也说明温度较高时对 RP-3 的稳定燃烧更加有利，可防止熄火发生。图 8.2（b）的结果表明，混合气的流速增大使得燃料的可燃性边界范围变窄，RP-3 的富油和贫油可燃性边界都在收缩，进而对 RP-3 的稳定燃烧产生不利影响。这主要是因为气流速度的增大一方面使得燃料在燃烧区域内有效的停留时间变短，使得燃料的燃烧效率变低和不稳定燃烧，在极端情况下会出现把火焰直接吹到燃烧装置外面的现象；另一方面，使得燃烧区域的散热变快，不利于燃烧的进行。

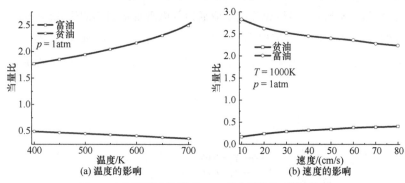

图 8.2　不同温度和速度下 RP-3 航空煤油的可燃性边界

8.1.2　敏感度分析

为较好地理解 RP-3 航空煤油燃烧的微观机制，可基于该燃烧反应机理和强制敏感度分析[1]探究影响 RP-3 高温自点火和温度的关键反应,并对各关键反应进行定量分析。图 8.3 给出了在压力为 1atm、当量比为 1.0、初始温度为 1300K 的条件下 RP-3 燃烧过程中对其点火延迟时间和温度具有较大敏感系数的重要反应。由图 8.3 可知,影响 RP-3 点火的重要反应大都是 C_4 及以下的小分子和 OH、H、O、HO_2、CH_3 等自由基参与的反应。这些小分子组分主要是大的自由基通过 β 断裂生成的,如 C_3H_6 是 $s3C_{12}H_{25} \longrightarrow C_3H_6 + s10C_9H_{19}$ 生成的,C_2H_5 和 C_4H_6 的生成则主要靠反应 $s110C_6H_{11} \longrightarrow C_2H_5 + C_4H_6$,$nC_3H_7$ 是通过 $s39C_9H_{19} \longrightarrow nC_3H_7 + s28C_6H_{12}$ 反应生成的,C_2H_4 的生成则通过以下三个反应通道:$C_2H_4 + H(+M) \Longrightarrow C_2H_5(+M)$、$C_2H_4 + CH_3 \Longrightarrow nC_3H_7$ 和 $C_4H_6 + H \Longrightarrow C_2H_4 + C_2H_3$。这也反映了航空煤油的燃烧过程,燃料大分子被提氢或者化学键断裂生成大分子自由基,随后这些大自由基通过 β 断裂生成 C_4 以下的小分子和小自由基;然后这些小分子及其自由基进一步参与后续反应。

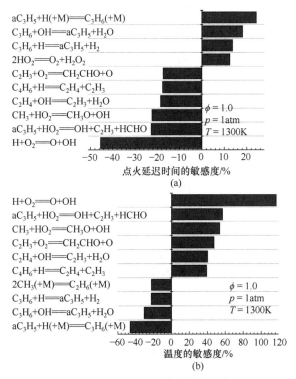

图 8.3 RP-3 替代模型的强制敏感度分析

从图 8.3 分析可知,促进点火的基元反应大体上是链分支反应或者一个相对不活泼自由基生成活泼自由基的反应，抑制点火的反应则反之。其中反应 $H + O_2 \Longrightarrow OH + O$ 是碳氢燃料高温燃烧的典型反应，它是一个链分支反应，一个自由基参与反应，生成两个自由基，从而也很容易理解该反应是促进燃烧的一个关键反应。另外在点火时刻，分析了影响温度较大的反应，发现它们与影响燃料自点火的反应一致。促进温度升高的反应同样能够促进点火，如 $H + O_2 \Longrightarrow O + OH$、$aC_3H_5 + HO_2 \Longrightarrow OH + C_2H_3 + HCHO$ 等；反之抑制温度升高的反应同样抑制点火，如 $aC_3H_5 + H(+M) \Longrightarrow C_3H_6(+M)$、$C_3H_6 + OH \Longrightarrow aC_3H_5 + H_2O$、$C_3H_6 + H \Longrightarrow aC_3H_5 + H_2$ 等。敏感性分析结果表明，燃料的高温点火过程由多种小分子自由基的氧化及分解反应和大分子燃料的氢提取反应控制，影响火焰传播过程的关键反应来源于 $C_0 \sim C_3$ 的小分子核心机理。这也侧面表明，为了得到高保真的燃料燃烧反应机理，精准的小分子核心机理是重中之重。

以上研究可为实现 RP-3 航空煤油的快速点火和稳定燃烧提供参考，如可在 RP-3 中掺混点火性能较好的小分子碳氢燃料，如氢气和乙烯，帮助其快速点火；也可基于等离子体设备，让燃料的可燃气中引入活泼小分子自由基帮助燃料快速燃烧，相关技术在等离子体点火及助燃的研究领域中得到了不断的发展和优化。

8.2 小分子燃料对 RP-3 航空煤油燃烧性能作用分析

8.2.1 小分子燃料的选择

小分子燃料如氢气（H_2）、甲烷（CH_4）、乙烯（C_2H_4）、乙烷（C_2H_6）、丙烯（C_3H_6）等是航空燃料燃烧过程中重要的中间组分，其他大分子碳氢燃料燃烧过程中的关键反应也大都有这些小分子燃料的参与[1,2]。另外，随着发动机主动再生冷却技术的成熟，航空燃料通过自身的物理相变和化学裂解吸收发动机高温部分的热量，吸热型航空燃料在进入燃烧室前已经发生热裂解或催化裂解，并产生较大的化学热沉；由于航空燃料吸收了大量的热量，使温度超过其临界温度，导致航空燃料在超临界压力下发生热裂解，进而得到燃烧性能良好的小分子燃料（气态裂解产物，主要是氢气、小分子烷烃和烯烃等）[3]。如 Jiao 等[4]分析了我国 RP-3 航空煤油的热裂解和催化裂解，在这两种情况下 RP-3 航油的主要气态裂解产物均是 CH_4、C_2H_4、C_3H_6、C_2H_6、C_3H_8、H_2 等；Li 等[5]研究了美国 JP-10 军用航空燃料的热裂解情况，结果同样表明 JP-10 的主要热解气态产物仍是 C_2H_4、C_3H_6、CH_4、C_2H_6 和 C_3H_8 等小分子燃料。这些小分子燃料将会与未裂解的燃油一起进入发动机燃烧室并参与燃烧，因此，掌握小分子燃料在燃烧室中是否能够帮助航空燃料快速点火和高效稳定地燃烧等相关情况将至关重要[6]。所以，探究小分子燃料对 RP-3 航空煤油燃烧特性的影响规律和作用机制，对航空燃料的设计和依靠主动冷却技术的航空发动机燃烧室的燃烧性能均具有重要的参考价值。

国内外对航空燃料和小分子燃料的燃烧特性研究较为成熟，也发展了较多的燃烧模型来对航空燃料的燃烧性能进行全面预测[3]。但是，系统探究小分子燃料对国产 RP-3 航空煤油燃烧特性的影响研究相对较少。刘宇等[6]采用激波管实验装置探究了添加 H_2 对 RP-3 航空煤油着火特性的影响，通过实验测量进一步证实了 H_2 能够促进 RP-3 航油的自点火特性。陈潇潇等[7]将 H_2 掺混到 RP-3 航空煤油中，研究了其对 RP-3 航空煤油自点火的作用；发现 H_2 可以显著加快航空煤油的点火，且随着 H_2 在混合物中掺混比的增大，其促进 RP-3 航空煤油点火的性能也越发明显。梁金虎等[8]也基于激波管装置研究了 H_2O 和 CO_2 对 RP-3 航空煤油着火特性的影响，并结合机理对实验结果进行了初步分析。

国内外学者也相继开展了小分子燃料对其他类型燃料燃烧性能影响的研究工作，国内如朱素伟等[9]研究了乙醇（C_2H_5OH）对柴油点火的影响，同样发现小分子燃料可以加快柴油等化石燃料的点火；李源等[10]发现 H_2 的掺混可以提高生物燃气的火焰燃烧速度，且混合燃料的火焰燃烧速度随着掺氢比的增大而增大；陈贵升等[11]研究了 H_2、O_2、CO_2 和 H_2O 对柴油机燃烧过程的影响，发现初始进气组分的不同使得柴油机的燃烧性能差异显著。

国外如 Dagaut 等[12]通过数值模拟的手段，对长链脂类燃料对 Jet-A1 航空煤油燃烧特性的影响进行了预测和对比分析，结果表明脂类燃料对航空煤油的燃烧性能影响不大，但是可从侧面说明生物航空煤油用于航空发动机的可行性。Tang 等[13]开展了氢气/正丁烷混合燃料的火焰传播速度实验，并对其相关化学反应机理进行了研究，通过敏感性分析揭示了氢气对正丁烷火焰传播速度的影响规律。Liu 等[14]研究了添加 H_2 对二甲基乙醚低压预混层流火焰的影响，分析了氢气对 H、OH 和 O 等重要自由基生成的化学作用。Titova 等[15]分别研究了 H_2 对异辛烷、正癸烷燃烧性能的影响，发现 H_2 能够显著促进大分子燃料的燃烧。

综上可以看出，小分子燃料的参与对航空煤油、汽油、柴油等化石燃料的燃烧影响较为显著，较多研究集中在 H_2 对大分子燃料燃烧性能的影响，且未能明确这些小分子燃料对化石燃料的燃烧作用是促进还是抑制。另外，对于航空煤油来说，小分子燃料如甲烷（CH_4）、乙烯（C_2H_4）、乙烷（C_2H_6）、丙烯（C_3H_6）等是航空燃料燃烧过程中重要的中间组分，也是航空煤油热裂解时的主要成分。目前这些小分子燃料对 RP-3 航空煤油燃烧性能的影响缺少系统的研究，这也是本工作开展相关研究的目的和原因。

本工作以小分子燃料氢气（H_2）、甲烷（CH_4）、乙烯（C_2H_4）、乙烷（C_2H_6）、丙烯（C_3H_6）及和丙烷（C_3H_8）及 RP-3 航空煤油为研究对象，在较宽参数范围内系统探究小分子燃料对 RP-3 航空煤油点火、熄火、火焰温度、组分浓度、火焰传播等特性的影响，在不同工况条件下得到小分子燃料对 RP-3 燃烧性能影响的规律；并采用灵敏度分析和物质产率（ROP）分析方法，解释小分子燃料影响 RP-3 航空煤油自点火的关键反应和 RP-3 燃烧过程中 OH 自由基的生成机制。

本工作的研究思路是以 RP-3 航空煤油为混合燃料主体，将少量小分子燃料添加到航空煤油中（本工作不考虑煤油的雾化等物理变化，直接考虑其气态下的掺混和燃烧特性），研究其对 RP-3 航空煤油燃烧特性的影响。因此，选择六种重要的小分子燃料 H_2、CH_4、C_2H_4、C_2H_6、C_3H_6 和 C_3H_8 分别与 RP-3 航空煤油按 1∶5 的比例（摩尔分数）掺混形成六种混合燃料（blended fuel，BF），具体如表 8.1 所示。采用 CHEMKIN-PRO 程序包[16]开展数值仿真工作，基于 RP-3 替代燃料燃烧模型分别对 RP-3 航空煤油和六种混合燃料在同样的初始工况下进行燃烧模拟，比较六种混合燃料与 RP-3 航空煤油的燃烧结果，采用灵敏度分析和 ROP 机理分析手段对模拟结果进行分析。

表 8.1　不同燃料的组成及占比（摩尔分数）

燃料	RP-3	BF-1	BF-2	BF-3	BF-4	BF-5	BF-6
比例	RP-3	H_2∶RP-3（1∶5）	CH_4∶RP-3（1∶5）	C_2H_4∶RP-3（1∶5）	C_2H_6∶RP-3（1∶5）	C_3H_6∶RP-3（1∶5）	C_3H_8∶RP-3（1∶5）

8.2.2　不同小分子燃料对RP-3航空煤油燃烧作用规律

8.2.2.1　小分子燃料对RP-3自点火特性的影响

自点火可直接表征航空燃料的着火能力，一般采用点火延迟时间表示燃料的自点火性能，该时间越短，则表示航空燃料的自点火能力越强。航空燃料能够快速地点火，这对航空发动机的高效工作和安全运营非常有利。本工作在当量比（ϕ）为1.0、压力（p）为0.1MPa和1MPa的工况下，基于CHEMKIN-PRO中的封闭均相反应器系统模拟和分析了RP-3航空煤油及六种混合燃料高温下的自点火特性，得到七种燃料在多工况下的点火延迟时间（τ），并定义了小分子燃料对RP-3点火延迟时间影响的灵敏度表达式：$S = [(\tau_{RP-3} - \tau_{BF})/\tau_{RP-3}] \times 100\%$；该灵敏度系数为正，则表示小分子燃料能够缩短RP-3航空煤油的点火延迟时间，提升了RP-3航空煤油的自点火能力，灵敏度系数为负值时，则结论相反。模拟结果如图8.4所示。通过该灵敏度显示，在典型的高温环境下（>1400K），H_2、C_2H_6和C_2H_4能够显著缩短RP-3航空煤油的点火延迟时间。其中C_2H_4的促点火能力最为突出，它可将RP-3航空煤油的点火延迟时间缩短将近4.6%。同时，本工作中H_2对RP-3航空煤油自点火影响的模拟结果与陈潇潇等[6]的结论一致。另外，值得注意的是CH_4、C_3H_6和C_3H_8则不利于RP-3的自点火；C_3H_6的抑制作用尤为明显，其将RP-3航空煤油的点火延迟时间推后了近8.4%。在中高温条件（1000K）下，H_2和C_3H_6对RP-3航空煤油自点火的作用则受压力影响，此时C_2H_4和C_2H_6的添加将抑制RP-3航空煤油燃烧。需要强调的是，并不是所有小分子燃料都能够促进大分子燃料的燃烧。另外，对于同一小分子燃料来说，其对RP-3航空煤油自点火性能的作用还受到温度和压力的影响。

为更加清晰地认知影响RP-3航空煤油点火性能的微观机制，在ϕ为1.0、p为0.1MPa和1MPa及初始温度T_0分别为1400K和1000K时，对RP-3的自点火进行了强制敏感度分析。结果表明，在初始温度为1400K时，促进RP-3自点火的反应主要是$H + O_2 \Longrightarrow O + OH$、$CH_3 + HO_2 \Longrightarrow CH_3O + OH$、$C_2H_3 + O_2 \Longrightarrow CH_2CHO + O$、$aC_3H_5 + HO_2 \Longrightarrow OH + C_2H_3 + HCHO$、$C_2H_4 + OH \Longrightarrow C_2H_3 + H_2O$、$C_4H_6 + H \Longrightarrow C_2H_4 + C_2H_3$，这些反应有一个共同的特征，即以上反应均有$H_2$和$C_2H_4$

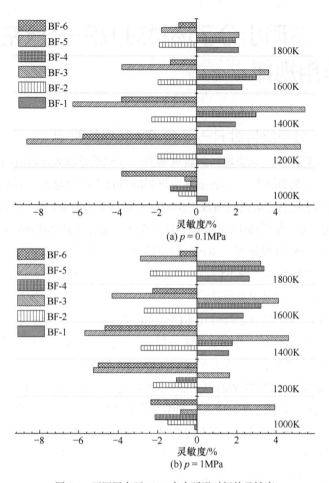

图 8.4　不同压力下 RP-3 点火延迟时间的灵敏度

直接参与或者间接参与；而抑制 RP-3 自点火的反应主要是 $aC_3H_5 + H(+M) \Longrightarrow$
$C_3H_6(+M)$、$C_3H_6 + OH \Longrightarrow aC_3H_5 + H_2O$、$C_3H_6 + H \Longrightarrow aC_3H_5 + H_2$，这些反应则
主要是 C_3H_6 参与的反应，这也能与图 8.4 中 H_2 和 C_2H_4 能促进 RP-3 的自点火，
而 C_3H_6 抑制了 RP-3 的自点火这一结果相呼应。在 1000K 时，RP-3 的燃烧会受
到低温反应的影响，而影响低温反应的因素之一是压力，因此可以看到显著促进
RP-3 航空煤油自点火的反应变成了 $OH + OH(+M) \Longrightarrow H_2O_2(+M)$，高温燃烧典型
的链分支反应 $H + O_2 \Longrightarrow O + OH$ 的作用被削弱，而在 1MPa 时的反应主要依靠
HO_2 自由基与初始反应物的碰撞发生，HO_2 恰恰是碳氢燃料低温燃烧过程中重要的
自由基；抑制点火的基元反应是 $HO_2 + HO_2 \Longrightarrow O_2 + H_2O_2$、$C_2H_3 + O_2 \Longrightarrow CHO +$

HCHO、$C_2H_5 + O_2 \Longrightarrow C_2H_4 + HO_2$，同样可以看到通过消耗 HO_2 自由基生成稳定的 O_2 和 H_2O_2，对 RP-3 点火的抑制作用尤为明显。

燃尽时间是衡量燃料燃烧过程快慢的一个重要指标，也是燃料的重要燃烧特性之一。在当量比为 1.0、压力为 0.1MPa 和 1MPa 及初始温度分别为 1000K、1400K 和 1800K 时对不同燃料的燃尽时间进行了模拟，工作中选择从燃烧的初始时刻 t_0 到 OH 和 CH 自由基浓度达到平衡的时刻 t_b 之间的差值作为燃料燃尽时间（burnout time, t_b），结果如表 8.2 所示。对比 RP-3 与其他六种掺混燃料的燃尽时间可知，在初始温度为 1000K 时，只有 H_2 在 0.1MPa 时显著缩短了 RP-3 航油的燃尽时间，其他五种小分子燃料无论是在低压还是在高压的工况下对 RP-3 航油的燃尽时间影响均不明显，但都在一定程度上延长了 RP-3 航油的燃尽时间；在初始温度为 1400K 时，C_2H_4 能够缩短 RP-3 航油的燃尽时间；而在 1800K 下，压力较低时小分子燃料均能缩短 RP-3 航油的燃尽时间，在 1MPa 下，却延长了 RP-3 航油的燃尽时间。

表 8.2　不同燃料的熄火时间（t_b）　　　　　　　　单位：s

p	T_0	RP-3	BF-1	BF-2	BF-3	BF-4	BF-5	BF-6
	1000K	1.91×10^{-2}	1.11×10^{-2}	2.05×10^{-2}	2.09×10^{-2}	2.02×10^{-2}	2.14×10^{-2}	2.10×10^{-2}
0.1MPa	1400K	1.79×10^{-3}	1.76×10^{-3}	1.82×10^{-3}	1.76×10^{-3}	2.07×10^{-3}	2.02×10^{-3}	1.61×10^{-3}
	1800K	1.04×10^{-3}	6.79×10^{-4}	9.42×10^{-4}	9.97×10^{-4}	6.34×10^{-4}	1.10×10^{-3}	6.76×10^{-4}
	1000K	2.89×10^{-3}	2.89×10^{-3}	2.97×10^{-3}	2.87×10^{-3}	2.95×10^{-3}	2.76×10^{-3}	2.97×10^{-3}
1MPa	1400K	9.45×10^{-5}	9.51×10^{-5}	8.56×10^{-5}	8.94×10^{-5}	8.67×10^{-5}	1.04×10^{-4}	1.03×10^{-4}
	1800K	4.63×10^{-5}	4.97×10^{-5}	4.39×10^{-5}	5.18×10^{-5}	4.70×10^{-5}	4.92×10^{-5}	4.87×10^{-5}

8.2.2.2　小分子燃料对 RP-3 绝热火焰温度的影响

绝热火焰温度（adiabatic flame temperature，T_f）是指在一定的初始温度和压力下，给定反应物（燃料和氧化剂）在等压绝热条件下进行化学反应，封闭燃烧系统最终所能达到的终态温度。绝热火焰温度在燃烧效率和热量传递的应用中起到很重要的作用。同时，绝热火焰温度对于燃料的燃烧特性是一个关键的因素，燃料的绝热火焰温度越高，在实际应用中才有可能带来温度越高的燃气；对于喷气发动机来说，温度更高的燃气会带来更高的压力和燃气速度，进而带来更大的推力。探究燃料的绝热火焰温度是航空燃料设计和燃料燃烧效率提高的重要途径。因此，采用 CHEMKIN-PRO 中封闭均相反应器的恒压模式开展了小分子燃料对 RP-3 绝热火焰温度的影响研究。

本工作在当量比 ϕ 为 1.0，压力 p 为 0.1MPa 和 1MPa，初始温度分别为 1000K、1400K 和 1800K 时，计算了 RP-3 及六种混合燃料的绝热火焰温度，通过比较混合燃料与 RP-3 航空煤油的绝热火焰温度，判断小分子燃料对 RP-3 火焰温度性能的影响；为更直观地认知小分子燃料的影响程度和实际作用，此处同样定义绝热火焰温度的变化量 $\Delta T_f = T_f(BF) - T_f(RP\text{-}3)$ 来表征小分子燃料对 RP-3 火焰温度的作用。结果如图 8.5 所示，在初始温度为 1000K 时，H_2、CH_4、C_2H_4、C_2H_6 能够提升燃料的绝热火焰温度，其中 C_2H_4 的提升效果尤为明显，在工况为 1MPa 时的提升效果明显优于 0.1MPa；而在典型的高温燃烧过程中，只有 C_2H_4 能够提高 RP-3 的绝热火焰温度，其他小分子燃料的参与则明显降低了 RP-3 燃料的绝热火焰温度，其中 C_3H_6 和 C_3H_8 的影响尤为显著。

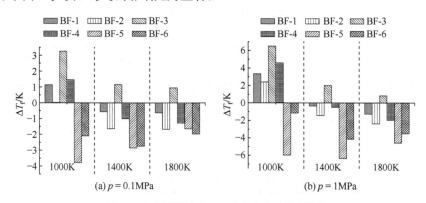

图 8.5　小分子燃料对 RP-3 绝热火焰温度的影响

可燃气流速过快或者温度、压力、当量比等燃烧环境变差等因素均会造成燃烧火焰传播中断，进而发生熄火现象。熄火温度表征了燃料燃烧的稳定性能，如果熄火的温度较低，表示燃料燃烧火焰的维持较为容易，燃料的燃烧性能比较好。为此在压力分别为 0.1MPa 和 1MPa，初始温度为 298K 时，在化学当量比下系统地研究了几种混合燃料的熄火特性。

本书采用 CHEMKIN-PRO 中的全混流反应器模型（PSR）对熄火进行数值模拟，得到不同工况下的熄火温度，此处同样定义熄火温度的变化量 $\Delta T_e = T_e(BF) -$

T_e(RP-3)来表征小分子燃料的影响。如表 8.3 所示，在 0.1MPa 下，CH_4、C_2H_4、C_3H_6 的参与能够很好地降低燃料的熄火温度，H_2 和 C_2H_6 则提高了燃料的熄火温度，C_3H_8 影响不大。在 1MPa 时，H_2 和 C_3H_6 对熄火温度的影响较为显著，尤其是 H_2 显著提高了燃料的熄火温度。C_3H_6 在 1MPa 下提高了熄火温度，这与 0.1MPa 下的表现完全相反，这一现象还发生在 CH_4、C_2H_4、C_2H_6 小分子身上，只是这些小分子对 RP-3 燃油熄火特性的影响已经变得微弱。从表 8.3 中还可以看出，摩尔分子量越小的小分子燃料，其对 RP-3 航空煤油熄火特性的影响越是显著，如 H_2 的作用无论是在 0.1MPa 还是在 1MPa 下都是最大的，而 C_3H_8 的作用则是最小的，这一规律在 0.1MPa 下尤为明显，可以通过 ΔT_e 的绝对值大小直接表现出来。

表 8.3　不同燃料的熄火温度的变化量　　　　　　　　　　单位：K

项目	RP-3	BF-1	BF-2	BF-3	BF-4	BF-5	BF-6
0.1MPa	1719.78	1723.07	1711.45	1714.67	1724.32	1715.38	1720.48
ΔT_e		3.29	−8.33	−5.11	4.54	−4.4	0.7
1MPa	1829.97	1841.57	1831.38	1830.78	1828.12	1833.03	1830.69
ΔT_e		11.6	1.41	0.81	−1.85	3.06	0.72

8.2.2.3　小分子燃料对 RP-3 航空煤油燃烧过程中组分浓度的影响

组分浓度变化是燃料燃烧的重要特性之一，它能够帮助人们系统地认识燃烧过程的组分演变。本书选取了在高温下影响 RP-3 自点火性能最为显著的两个小分子燃料 C_2H_4 和 C_3H_6 作为对象，探究二者对 RP-3 燃烧过程中产物 H_2O、CO、CO_2 和六种小分子组分 H_2、CH_4、C_2H_4、C_2H_6、C_3H_6 和 C_3H_8 的浓度变化。在当量比为 1.0、初始压力 1MPa、初始温度为 1400K 时，分别对 RP-3、BF-3 和 BF-5 三种燃料的燃烧过程进行了模拟，结果分别如图 8.6 和图 8.7 所示。

由图 8.6（a）可以看出，C_2H_4 显著加快了 RP-3 航空煤油燃烧产物 H_2O、CO、CO_2 的生成，但对它们的浓度值影响不大；图 8.6（b）、（c）显示出 C_2H_4 的添加抑制了 C_3H_6 的产生，对 C_3H_8 的影响不明显，同时也加快了其他小分子燃料 H_2、CH_4、C_2H_4、C_2H_6 的浓度变化。

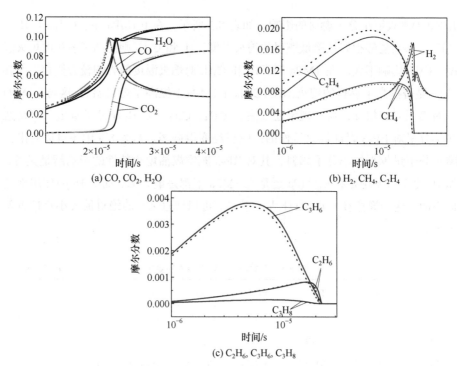

(a) CO, CO₂, H₂O (b) H₂, CH₄, C₂H₄

(c) C₂H₆, C₃H₆, C₃H₈

图 8.6　乙烯对 RP-3 燃烧中间组分浓度的影响（虚线：BF-3；实线：RP-3）

由图 8.7（a）可以看出，C_3H_6 显著抑制了 RP-3 航空煤油燃烧产物 H_2O、CO、CO_2 的生成速度，但对这些重要产物的浓度值影响仍不明显；图 8.7（b）、（c）显示出 C_3H_6 的添加抑制了 RP-3 航空煤油燃烧过程中 C_2H_4 的产生，其同样对 C_3H_8 的影响不明显，同时也抑制了其他小分子燃料 H_2、CH_4、C_2H_4、C_2H_6 的浓度变化。从模拟结果中也可以看出，在 RP-3 航空煤油的燃烧过程中 C_2H_4 和 C_3H_6 两者的竞争关系非常激烈。

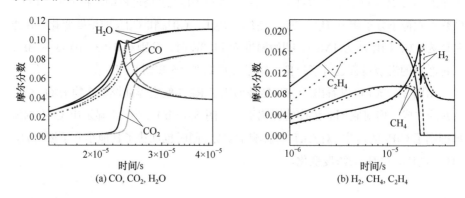

(a) CO, CO₂, H₂O (b) H₂, CH₄, C₂H₄

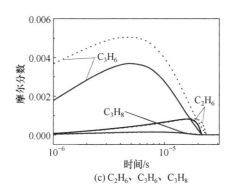

图 8.7　丙烯对 RP-3 燃烧中间组分浓度的影响（虚线：BF-5；实线：RP-3）

8.2.2.4　小分子燃料对羟基生成速率的影响

　　羟基（OH 自由基）是碳氢燃料高温燃烧过程中关键的中间组分，航空燃料中主要成分如链烷烃、环烷烃和芳香烃的消耗均主要通过与 OH 碰撞，从而发生提氢反应生成大分子自由基；此过程中会伴随着 H_2O 的生成，然后这些大分子自由基才通过 β 断裂的途径生成碳链更短的小分子组分或者自由基。另外，对于航空煤油等碳氢燃料燃烧产物 CO_2 的生成来说，其主要通过 $CO + OH \Longrightarrow CO_2 + H$ 这一反应生成，且该反应是碳氢燃料燃烧过程中放热量较大的反应之一。因此，其与燃料燃烧的快慢以及释热率有着直接的关系，OH 自由基的生成和消耗在碳氢燃料燃烧过程中至关重要。所以，本工作对不同混合燃料中的 OH 进行了生成速率分析（ROP），如图 8.8 所示。由 ROP 分析结果可知，影响 OH 生成速率的主要反应如下：生成 OH 的反应主要有 $H + O_2 \Longrightarrow O + OH$、$O + H_2 \Longrightarrow H + OH$、$OH + OH \Longrightarrow O + H_2O$、$CH_2 + O_2 \Longrightarrow CHO + OH$；消耗 OH 的主要反应则是 $CO + OH \Longrightarrow CO_2 + H$、$HCHO + OH \Longrightarrow CHO + H_2O$、$OH + HO_2 \Longrightarrow H_2O + O_2$、$C_2H_4 + OH \Longrightarrow C_2H_3 + H_2O$、$CH_3 + OH \Longrightarrow CH_2^* + H_2O$；在燃烧过程中先消耗后生成 OH 的反应是 $OH + H_2 \Longrightarrow H + H_2O$，这个反应比较特殊，在燃烧过程的初期，$H_2$ 会消耗 OH，生成 H 和 H_2O，当燃烧过程中 H_2O 积累到一定的浓度时则主要发生逆向反应，生成 OH 自由基。

　　由图 8.8 可知，小分子燃料 H_2、CH_4、C_2H_4、C_2H_6、C_3H_6 和 C_3H_8 的添加对 RP-3 燃烧过程中 OH 的生成以及消耗总量影响不大，但对其生成和消耗速率的影响显著，尤其是在初始温度为 1000K 时，小分子燃料的加入明显加快了 OH 的生成，其中 H_2、C_3H_6 和 C_2H_4 的作用比较明显；此时初始温度较低，中低温反应的类型将占据主要的反应通道，RP-3 燃料的初始组分需要发生提氢反应，然后进入次级反应，特别是 H_2 的加入使得燃烧初始时刻 H_2 的浓度增大,会增大 $H_2 + O_2 \Longrightarrow HO_2 + H$ 的反应速率，从而更快地生成 H 自由基，进而使得 $H + O_2 \Longrightarrow O + OH$、$O + H_2O \Longrightarrow OH+OH$、$O + H_2 \Longrightarrow H+OH$ 这一系列链分支反应更快更多地生成 OH 自由基，最终加快了燃烧进程。另外，由于烯烃自由基的活性大于烷烃自由基，可以看出 C_3H_6 和 C_2H_4 加快了 OH 的生成，远大于 CH_4、C_2H_6 和 C_3H_8。

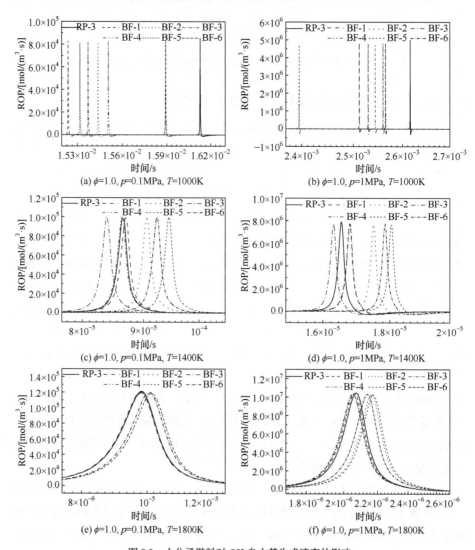

图 8.8　小分子燃料对 OH 自由基生成速率的影响

当初始温度为 1400K 时,只有 C_2H_4 是促进作用,其他小分子燃料则对 OH 的生成不利。随着初始温度进一步增大,小分子燃料的添加对促进 OH 生成的作用不再明显,对其抑制的作用也在变弱。在初始温度较高时,燃料初始组分有足够的能量发生碳碳键裂解和碳氢键分解等裂解反应,生成较小的自由基和 H,会直接影响 OH 的生成;随着初始温度增加到 1800K,这一现象尤为明显,小分子燃料的加入对 RP-3 航空煤油燃烧过程中 OH 自由基的影响大大削弱,不管是在 0.1MPa 还是 1MPa 下。

8.2.2.5 层流火焰速度

在压力分别为 0.1MPa 和 1MPa 下,初始温度在 300～600K 范围内,探究了 RP-3 航空煤油以及不同燃料层流燃烧时的火焰传播速度,如表 8.4 所示。结果表明,小分子燃料的掺混对 RP-3 航空煤油层流火焰传播速度的影响不大,但是小分子燃料对航空煤油火焰传播速度的贡献还是可以定性描述。一般情况下,大于 RP-3 火焰传播速度的小分子燃料,会引起混合燃料传播速度加快;反之,则低于 RP-3 的火焰传播速度。如燃料 BF-1 在同样工况下,其层流火焰传播速度大于 RP-3,这主要就是因为 BF-1 中的 H_2,其层流火焰传播速度比一般的碳氢燃料要高 2 倍左右,因此其对 RP-3 的火焰传播速度有积极的贡献。

表 8.4　不同燃料燃烧的层流火传播速度　　　　　　　　单位:cm/s

压力/MPa	温度/K	RP-3	BF-1	BF-2	BF-3	BF-4	BF-5	BF-6
0.1	300	39.56531	40.02115	39.59483	40.3372	39.84221	39.92278	39.80061
	400	60.44639	61.16298	60.45027	61.40544	60.99855	60.67646	60.69914
	500	88.36246	89.40058	88.39754	89.77763	89.12328	88.74625	88.71939
	600	123.3723	124.8146	123.4588	125.7953	124.4479	124.0051	123.8616
1.0	300	19.60313	19.88826	19.501	20.04869	19.82706	19.65915	19.55454
	400	31.55536	31.90996	31.4102	32.38243	31.94016	31.63861	31.53963
	500	47.74994	48.26596	47.55626	48.74692	48.29026	47.81815	47.68149
	600	69.11852	69.88912	68.86704	70.53245	69.92081	69.27168	69.11775

火焰拉伸会导致熄火,通过添加小分子燃料,可在低温工况下仍然维持较高的燃烧强度,从而保证燃烧稳定性。因此,研究小分子燃料的添加对 RP-3 航空煤油熄火临界火焰拉伸率的影响非常重要。此项工作基于 CHEMKIN 中的对冲火

焰模型开展，研究了不同燃料在扩散燃烧中的熄火拉伸率。表 8.5 列举了在当量比为 1.0、温度为 800K 时，压力分别为 0.1MPa 和 1.0MPa 的熄火拉伸率。结果表明，小分子燃料的添加均会提升 RP-3 的熄火拉伸率，增大了混合燃料的可燃性极限，尤其是 H_2 和 C_2H_4 的掺混，使得 BF-1 和 BF-3 两种混合燃料的熄火拉伸率明显增大，进而有助于燃烧稳定性的改善和保持。

表 8.5　不同燃料的熄火拉伸率　　　　　　　　　　单位：s^{-1}

压力/MPa	温度/K	RP-3	BF-1	BF-2	BF-3	BF-4	BF-5	BF-6
0.1	800	402.8366	422.0438	418.585	424.3141	418.3768	418.3079	422.8051
1.0	800	50.9124	56.68727	56.55461	56.6375	58.58655	56.13952	56.12944

8.2.3　反应路径分析

本工作基于一种成熟的动力学分析手段——时间积分的元素流动分析方法[17]，来检验掺混燃料对主燃料燃烧路径的敏感程度。可通过对燃烧路径的研究，从全局和微观的形式上去认知燃料燃烧的通道和路径。选取航空燃料替代燃烧模型中的正十二烷（$s0C_{12}H_{26}$）、1,3,5-三甲基环己烷（$s1C_9H_{18}$）和正丙基苯（PHC_3H_7）三种替代燃料的燃烧路径进行系统分析，并选取碳（C）元素作为目标元素追踪三种组分的反应路径；在初始工况压力 1.0MPa、当量比 1.0、初始温度 1400K 时进行计算，得到该工况下不同燃料的燃烧反应路径图。

图 8.9 给出了正十二烷（$s0C_{12}H_{26}$）的反应路径。其中每条路径下的 7 个数值依次代表 RP-3、BF-1、BF-2、BF-3、BF-4、BF-5、BF-6 等 7 种燃料燃烧的时间积分的元素流动值（百分比，%）。从图 8.9 中可以看出，$s0C_{12}H_{26}$ 的初始反应主要是与 H、OH、O 自由基发生氢提取反应，生成大分子自由基 $C_{12}H_{25}$，而后这些自由基会发生 β 断键，生成小分子烯烃和 C_{10} 以下的自由基；C_{10} 以下的自由基之后会发生异构化反应和 C—C 断键反应。通过反应路径可以看出，小分子燃料的参与对 RP-3 的主要组分燃烧路径影响不大，但是对反应通道的流量值有较为明显的影响。

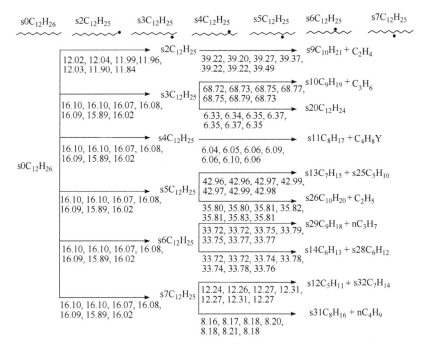

图 8.9 不同燃料燃烧过程中正十二烷的初始反应路径分析

本工作选取 7 种燃料在相同工况下燃烧过程中的三条主要反应通道：

R-1: $s0C_{12}H_{26} \longrightarrow s3C_{12}H_{25} \longrightarrow s10C_9H_{19} + C_3H_6 + s20C_{12}H_{24}$

R-2: $s0C_{12}H_{26} \longrightarrow s5C_{12}H_{25} \longrightarrow s13C_7H_{15} + s25C_5H_{10} + s26C_{10}H_{20} + C_2H_5$

R-3: $s0C_{12}H_{26} \longrightarrow s6C_{12}H_{25} \longrightarrow s29C_9H_{18} + nC_3H_7 + s14C_6H_{13} + s28C_6H_{12}$

反应通道分支比的计算是根据每步的元素流动值相乘得到的。原始的初始组分看成 100%，之后每一步反应路径通道都有一个占初始组分总通道的百分比。如 R-1 反应通道分支比（branching ratio）的计算，以 RP-3 航空煤油燃烧为例：

首先，第一步路径为 $s0C_{12}H_{26} \longrightarrow s3C_{12}H_{25}$，在图 8.9 中查阅可知，该通道占据 $s0C_{12}H_{26}$ 总反应通道的百分比为 16.10%；

然后，第二步路径为 $s3C_{12}H_{25} \longrightarrow s10C_9H_{19} + C_3H_6 + s20C_{12}H_{24}$，同理，该通道占 $s3C_{12}H_{25}$ 总反应通道的百分比为 75.05%（其中 $s3C_{12}H_{25} \longrightarrow s10C_9H_{19} + C_3H_6$ 为 68.72%，$s3C_{12}H_{25} \longrightarrow s20C_{12}H_{24}$ 为 6.33%，二者相加即可）；

最后，R-1 反应通道分支比是这两步路径通道百分比的乘积，即 16.10%× 75.05% ≈ 12.08%。

同理，本书关于其他通道分支比的计算，均采用该计算方法。

对以上三个通道进行计算，结果如图 8.10 所示。可以看到 BF-1（H₂/RP-3）

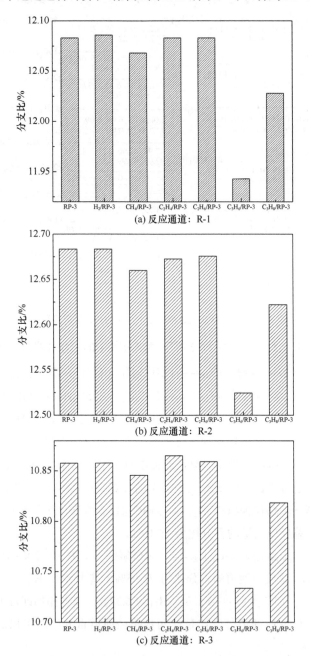

图 8.10　不同燃料燃烧过程中的正十二烷主要反应通道分支比

和 BF-3（C₂H₄/RP-3）两种混合燃料燃烧时，三个反应通道分支比变大，说明了 H₂ 和 C₂H₄ 对 RP-3 主要的燃烧路径有积极的促进作用；反之 C₃H₆ 的掺混，抑制了 RP-3 航空煤油燃烧的三个主要反应通道。

1,3,5-三甲基环己烷的反应路径如图 8.11 所示。其初始反应也主要通过 OH、H 活泼自由基在甲基、碳环不同位置上提氢，生成 C_9H_{17} 初始大分子自由基，且大部分提氢反应发生在碳环上；生成的 C_9H_{17} 自由基主要发生异构化反应，少数会发生 β 断键，甲基会从碳环上脱落，生成 CH_3 和 C_8H_{14} 自由基，或甲基上 C—H 键发生断裂；$s49C_9H_{17}$、$s51C_9H_{17}$、$s50C_9H_{16}$、$s52C_9H_{17}$、$s53C_8H_{14}$ 自由基接下来主要参与异构化反应。另外，有一部分自由基会被 CH_3 继续提氢。小分子燃料的参与，同样未对环烷烃的燃烧路径产生本质的影响，仍然维持了其主要的路径。

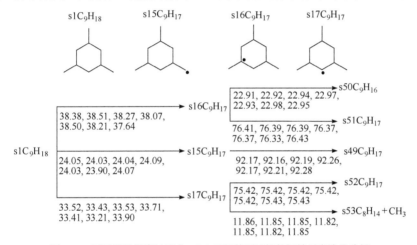

图 8.11　不同燃料燃烧过程中 1,3,5-三甲基环己烷的初始反应路径分析

因此本书选取 1,3,5-三甲基环己烷的三条主要反应通道进行分析：

$$R\text{-}4: s1C_9H_{18} \longrightarrow s15C_9H_{17} \longrightarrow s49C_9H_{17}$$

$$R\text{-}5: s1C_9H_{18} \longrightarrow s16C_9H_{17} \longrightarrow s51C_9H_{17} + s50C_9H_{16} + H$$

$$R\text{-}6: s1C_9H_{18} \longrightarrow s17C_9H_{17} \longrightarrow s52C_9H_{17} + s53C_8H_{14} + CH_3$$

对以上三个通道进行计算，结果如图 8.12 所示。可以看出，H₂ 和 C₂H₄ 仍对其通道的贡献较大，加快了 1,3,5-三甲基环己烷的主要反应通道，尤其是 C₂H₄ 对 R-4 和 R-6 反应通道的促进作用最为显著，如图 8.12（a）、（c）所示。另外，通过对比 RP-3 和 C₃H₆/RP-3 两种燃料的燃烧反应路径可以发现，BF-5（C₃H₆/RP-3）燃烧过程中的三条反应通道分支比均低于 RP-3 航空煤油燃烧的结果，说明了 C₃H₆ 的贡献仍然处于抑制状态，不利于 1,3,5-三甲基环己烷这三条主要反应通道路径的流动。

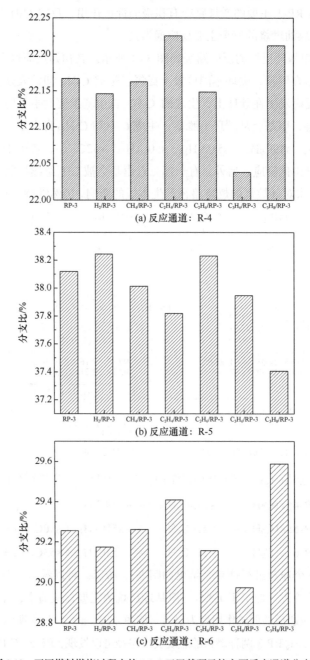

图 8.12　不同燃料燃烧过程中的 1,3,5-三甲基环己烷主要反应通道分支比

正丙基苯（PHC_3H_7）是 RP-3 航空煤油的主要组成成分芳香烃的替代燃料，其主要的初始反应路径比环烷烃更为复杂。约 50%的正丙基苯会发生氢提取反应生成 PHC_3H_6 自由基，另外一部分会发生 C—C 断键，直接生成小分子自由基 C_2H_5 和 C_2H_4；PHC_3H_6 自由基主要发生 β 断键，生成较小的含苯环自由基和 C_2H_4、C_3H_6 等小分子烯烃，但是苯环结构仍然保留。另外，一少部分 $BPHC_3H_6$ 自由基会发生异构化，具体如图 8.13 所示。同样，本书对正丙基苯的主要消耗通道 $PHC_3H_7 \longrightarrow PHCH_2 + C_2H_5$ 分析也发现，C_2H_4 的掺混同样加大了该反应通道的分支比。

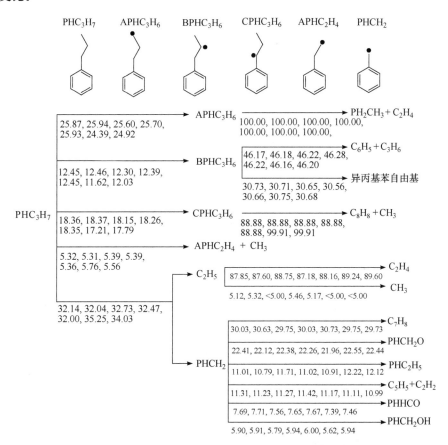

图 8.13　不同燃料燃烧过程中正丙基苯的初始反应路径分析

以上结论能看到小分子燃料掺混到 RP-3 中，均有积极作用，尤其是乙烯掺混在 RP-3 航空煤油中，对 RP-3 燃烧过程中组分浓度、绝热火焰温度、产热

第 8 章　RP-3 航空煤油化学动力学机理的应用　211

量、燃烧效率等特性的影响显著；为了进一步确定小分子燃料对 RP-3 的作用，以 C_2H_4 为研究对象，通过引入伪组分 F-C_2H_4 和 F_0-C_2H_4 对 C_2H_4 的综合作用进行了解剖[3]，将 C_2H_4 的化学作用、稀释和热效应对 RP-3 燃烧特性的影响清晰地区分，如图 8.14 所示。分析结果表明，C_2H_4 的化学作用占据主导地位，会促进 RP-3 快速点火、迅速生热，可以促进重要自由基的生成，进而加快了 RP-3 航油的燃烧，同时会提升燃料的绝热火焰温度，另外还可以显著提高 RP-3 航油的燃烧效率；C_2H_4 的稀释和热效应对 RP-3 航油燃烧快慢的影响不明显，但会降低燃料的燃烧效率和绝热火焰温度，也会抑制 CH、OH 等自由基的生成。

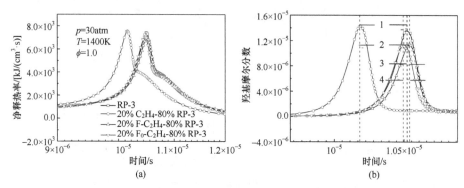

图 8.14 乙烯对 RP-3 燃烧的作用综合及解偶分析
1—综合作用；2—化学作用；3—稀释作用；4—热效应

8.3 掺混燃料对主燃料燃烧性能影响的定量化表征研究

8.3.1 燃料设计

通过燃料设计，一方面可以对燃料的优化升级带来帮助；另一方面，人们基于燃烧反应机理可以实时调控化学反应路径与着火时刻，进而实现燃烧可控。如上海交通大学的黄震教授瞄准发动机着火控制与工况负荷范围拓展的技术难题，克服了传统内燃机燃烧理论及燃料单一理化特性的局限性。他进一步攻坚克难，成功开发出了新型智能燃料发动机。该成果被国际同行评价为"燃料设计已经成为各种先进燃烧模式着火时刻与燃烧速率控制最通用的方法"，有力推进了发动机燃烧控制技术、发动机中燃料设计与燃烧控制新方法的发展，阐明了燃料特性与着火、燃烧、排放和热效率之间的复杂耦合关系。

实际的航空煤油中烃的种类比较多，且由于原油产地、加工工艺以及添加剂的不同，各国、各型号甚至各批次的航空煤油组分也不尽相同。因此，化学动力学机理在燃料设计中应用时，可建立综合的、高精度的多组分化学反应机理，仅需依据燃油组分的实验测量结果改变组分及其占比即可适应不同批次、不同类型的航空煤油燃烧模拟；并且以此为基础可以进行燃料设计的数值研究，进而提供理论指导。如一个综合的动力学机理若能够很好地模拟出 $C_7 \sim C_{16}$ 之间典型的烃类燃料的燃烧，那么基于该机理可以完成汽油、煤油和柴油的仿真工作，甚至可用于富氧、低温等极端工况下的燃烧技术研究中。

替代燃料燃烧模型中各类型烃的组分占比、碳氢摩尔比及平均相对分子质量等因素都可对实际燃料点火特性的预测造成较明显影响，构建的替代模型若不能很好地满足实际燃料的所有特性，则需要根据以上三个因素去寻求原因，力求替代模型与实际燃料的真实测量结果相统一。如徐佳琪等[2]以 RP-3 航空煤油样品成分分析为基础，提出了由正十二烷、1,3,5-三甲基环己烷、正丙基苯作为我国 RP-3 航油三种替代组分，其中表 8.6 中的八种替代模型是用于探究替代组分的占比对燃烧模拟的影响程度，表中第二行 RP-3 所对应的值为实验结果，而表中 RP-3A～RP-3H 八种替代模型的平均分子量和碳氢摩尔比的误差均是以实验测量结果为基准得到的相对误差。

表 8.6　RP-3 航空煤油替代模型

名称	链烷烃（质量分数）/%	环烷烃（质量分数）/%	芳香烃（质量分数）/%	平均分子量	误差	碳氢摩尔比	误差
RP-3	72.0	13.7	11.3	150.03		0.4879	
RP-3A	97.0	2.3	0.7	168.2	12.1%	0.4637	−5.0%
RP-3B	76.0	18.0	6.0	156.3	4.2%	0.4799	−1.6%
RP-3C	73.0	14.7	12.3	154.2	2.8%	0.4916	0.8%

名称	链烷烃（质量分数）/%	环烷烃（质量分数）/%	芳香烃（质量分数）/%	平均分子量	误差	碳氢摩尔比	误差
RP-3D	70.0	20.0	10.0	153.0	2.0%	0.4889	0.2%
RP-3E	66.0	21.6	12.4	150.9	0.6%	0.4946	1.4%
RP-3F	63.7	20.2	16.1	149.4	−0.4%	0.5019	2.9%
RP-3G	51.0	26.4	22.6	143.3	−4.5%	0.5192	6.4%
RP-3H	42.7	29.8	27.5	139.5	−7.0%	0.5323	9.1%

如表 8.6 所示，RP-3A～RP-3H 的替代模型随着正十二烷含量的减小，其平均相对分子量相应逐渐减小。其中 RP-3C、RP-3D、RP-3E 和 RP-3F 这四种替代模型的碳氢摩尔比和平均相对分子质量相比实际燃料更为接近，相对误差均低于 3%，而 RP-3A、RP-3B、RP-3G 和 RP-3H 模型的碳氢摩尔比和平均分子量则与实际燃料相差较大。

将这八种燃料替代模型分别在 $p = 2.02×10^5Pa$、$\phi = 1.0$，$p = 2.02×10^5Pa$、$\phi = 2.0$ 及 $p = 4.04×10^5Pa$、$\phi = 1.0$ 的三种工况下模拟激波管点火延迟时间随着温度的变化，并与 Zhang[18]等的实验结果进行比较。八组燃料替代模型在不同条件下模拟点火延迟时间的相对误差见表 8.7。由表可知，RP-3A、RP-3B 和 RP-3H 有较大的平均相对点火误差，而且 RP-3A、RP-3B、RP-3G 和 RP-3H 的最大相对误差较大。表 8.8 列出了 RP-3C、RP-3D、RP-3E 及 RP-3F 四种替代模型在各个温度下模拟的点火延迟时间及相应的实验值。通过观察可知这四组替代模型的模拟结果相互间比较接近，并与实验值差异较小；而 RP-3A、RP-3B、RP-3G 及 RP-3H 四种模型的模拟结果与另外四种相差较大。图 8.8 显示了 RP-3A、RP-3B，RP-3G、RP-3H 及 RP-3F 五种替代模型的模拟结果。由图可知，五组模型的平均相对分子质量 RP-3A>RP-3B>RP-3F>RP-3G>RP-3H，点火延迟时间随着平均相对分子质量的减小而增加。

表 8.7 RP-3 替代模型模拟的点火延迟时间相对误差

模拟条件	名称	最大误差	平均误差
$p = 2.02×10^5Pa$ $\phi = 1.0$	RP-3A	37.8%	23.7%
	RP-3B	30.9%	17.2%
	RP-3C	24.0%	11.1%

模拟条件	名称	最大误差	平均误差
$p = 2.02 \times 10^5 \text{Pa}$ $\phi = 1.0$	RP-3D	27.4%	13.1%
	RP-3E	24.0%	10.0%
	RP-3F	19.9%	8.6%
	RP-3G	36.3%	13.0%
	RP-3H	50.8%	19.7%
$p = 2.02 \times 10^5 \text{Pa}$ $\phi = 2.0$	RP-3A	33.3%	24.1%
	RP-3B	33.3%	23.4%
	RP-3C	23.8%	16.2%
	RP-3D	28.9%	18.5%
	RP-3E	24.1%	15.7%
	RP-3F	24.1%	12.9%
	RP-3G	48.9%	9.5%
	RP-3H	48.9%	9.1%
$p = 4.04 \times 10^5 \text{Pa}$ $\phi = 1.0$	RP-3A	73.7%	33.3%
	RP-3B	34.2%	19.1%
	RP-3C	26.0%	13.6%
	RP-3D	34.2%	15.1%
	RP-3E	26.0%	12.7%
	RP-3F	28.9%	11.1%
	RP-3G	30.3%	12.3%
	RP-3H	55.9%	23.1%

表 8.8 RP-3 替代模型点火延迟时间的模拟与实验结果比较

$p = 2.02 \times 10^5 \text{Pa}$ $\phi = 1.0$				
T/K	$\tau_{\text{exp}}/\mu\text{s}$	$\tau_{\text{RP-3C}}/\mu\text{s}$	$\tau_{\text{RP-3D}}/\mu\text{s}$	$\tau_{\text{RP-3E}}/\mu\text{s}$	$\tau_{\text{RP-3F}}/\mu\text{s}$
1122	1293	1290	1230	1290	1380
1142	938	970	920	970	1040
1159	776	770	730	770	830
1177	550	610	580	610	660
1184	636	560	530	560	600
1191	616	510	490	520	550
1196	584	480	440	490	520

$p = 2.02 \times 10^5 Pa \quad \phi = 1.0$				
T/K	$\tau_{exp}/\mu s$	$\tau_{RP-3C}/\mu s$	$\tau_{RP-3D}/\mu s$	$\tau_{RP-3E}/\mu s$	$\tau_{RP-3F}/\mu s$

T/K	$\tau_{exp}/\mu s$	$\tau_{RP-3C}/\mu s$	$\tau_{RP-3D}/\mu s$	$\tau_{RP-3E}/\mu s$	$\tau_{RP-3F}/\mu s$
1205	479	430	420	440	470
1214	419	390	370	390	420
1239	314	290	280	300	320
1247	338	270	260	270	290
1266	289	220	210	220	240
1278	235	190	190	200	210
1279	244	190	190	190	210
1298	183	160	150	160	170
1303	157	150	150	150	160
1323	139	120	120	130	130
1334	116	110	110	110	120
1382	71	70	70	70	80

$p = 2.02 \times 10^5 Pa \quad \phi = 2.0$					
T/K	$\tau_{exp}/\mu s$	$\tau_{RP-3C}/\mu s$	$\tau_{RP-3D}/\mu s$	$\tau_{RP-3E}/\mu s$	$\tau_{RP-3F}/\mu s$
1161	1227	960	890	960	1000
1182	911	750	700	750	790
1193	809	660	620	660	700
1203	674	600	560	600	620
1213	622	530	500	530	560
1214	689	530	490	530	550
1262	420	320	310	320	340
1285	303	260	250	260	270
1294	306	240	230	240	250
1308	266	210	200	210	220
1312	249	200	190	200	210
1344	173	150	150	150	160
1383	129	110	110	110	110
1385	113	110	110	110	110
1390	113	90	100	100	110
1411	96	90	90	90	90
1436	72	70	70	70	80
1492	40	50	50	50	50

$p = 4.04 \times 10^5 \mathrm{Pa}$ $\phi = 1.0$				
T/K	$\tau_{\exp}/\mu\mathrm{s}$	$\tau_{\mathrm{RP\text{-}3C}}/\mu\mathrm{s}$	$\tau_{\mathrm{RP\text{-}3D}}/\mu\mathrm{s}$	$\tau_{\mathrm{RP\text{-}3E}}/\mu\mathrm{s}$	$T_{\mathrm{RP\text{-}3F}}/\mu\mathrm{s}$
1105	905	1020	980	1010	1060
1110	780	940	900	930	980
1123	844	770	740	760	810
1142	481	580	560	580	620
1146	569	550	530	550	580
1154	538	490	470	490	520
1169	407	400	380	400	430
1176	414	360	350	370	390
1177	381	360	350	360	390
1202	300	260	250	270	280
1205	328	250	240	260	270
1228	215	190	190	200	210
1277	138	110	110	110	120
1289	118	100	100	100	110
1302	122	90	80	90	90

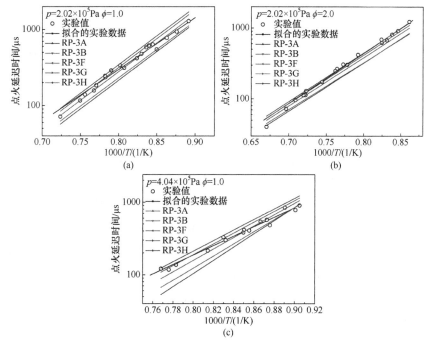

图 8.15 RP-3 煤油替代模型点火延迟时间模拟结果与实验数据的比较

综合对图 8.15、表 8.7 和表 8.8 进行分析，RP-3C、RP-3D、RP-3E 及 RP-3F 四组模型模拟的点火延迟时间均处于可接受的范围内。在表 8.6 中 RP-3C、RP-3D、RP-3E 及 RP-3F 四组的碳氢摩尔比最大相对误差是 2.9%，平均相对分子量最大相对误差是 2.8%，由此能够推断，燃烧替代模型的碳氢摩尔比和平均相对分子量的相对误差处于 3% 之内，对点火延迟时间的影响可忽略不计。在选择替代模型时，首先排除相对误差较大的 RP-3A、RP-3B、RP-3G 及 RP-3H 四组；虽然 RP-3C、RP-3D、RP-3E 及 RP-3F 四组模型的点火延迟时间数值比较接近，但考虑到不同类型的烃在煤油中的作用有所差异，如在煤油中芳香烃对燃烧过程碳烟的生成有着极大的影响，因此，最终还是选择了各种类型的烃的比例与真实煤油最为接近的 RP-3C 替代模型，即为 73.0% 的正十二烷、14.7% 的 1,3,5-三甲基环己烷、12.3% 的正丙基苯（质量分数）。该替代燃料的碳氢摩尔比为 0.4916，平均相对分子质量为 154.2。

8.3.2　掺混燃料作用的定量化表征

混合燃料（添加剂/主燃料、掺混燃料/主燃料）燃烧过程中，会受到多种因素的影响，除了如压力、温度、当量比等燃烧环境因素，添加剂或掺混燃料的引入，同样会对主燃料的燃烧过程和燃烧性能产生扰动。由于燃料燃烧特性所分种类较多，如自点火时间、火焰温度、组分浓度、组分产率、释热率、燃烧完全度等，而每一类燃烧性能的数值相差显著，且量纲不同，这对综合评价燃烧性能的影响不利。因此本书引入变异系数的思想，消除各燃烧特性的数值尺度和量纲的影响，并通过变异系数将添加剂或掺混燃料的影响程度进行量化。为更好地描述添加剂或掺混燃料对主燃料燃烧性能结果的影响，本书在此将其称为扰动；本书基于变异系数的理念，提出了包含扰动量和扰动率的变异扰动法[19]，其中扰动量来定量地表征添加剂或掺混燃料对主燃料燃烧作用的影响程度；且能全面分析每种燃烧特性受到的扰动，最后对各种燃烧特性扰动求和得到总扰动量（disturbance，D），如式（8-1）~式（8-3）所示。以 RP-3 航空煤油作为主燃料，六种小分子燃料作为掺混燃料，研究了其对 RP-3 航空煤油燃烧性能的扰动。

$$D = \sum d_i \qquad\qquad (8\text{-}1)$$

航空燃料燃烧及其化学动力学

$$d_i = \frac{\text{stdev}(|c_{i1}| \vdots |c_{ij}|)}{\text{avg}(|c_{i1}| \vdots |c_{ij}|)} \tag{8-2}$$

$$c_{ij} = V_{ij}^{\text{B}} - V_{ij}^{\text{O}} \tag{8-3}$$

式中，V_{ij} 为燃料的第 i 种燃烧特性在较宽参数范围内第 j 个工况下的量值（实验值或模拟值），其中 V_{ij}^{B} 为加入添加剂或掺混燃料后形成混合燃料（blend fuel）燃烧受到扰动的量值，V_{ij}^{O} 为无添加剂原始燃料（original fuel）燃烧性能的量值；c 为所有工况下混合燃料和原始燃料燃烧特性的差值，对 c 的每一项值取绝对值后，作为对应特定燃烧性能的分析样本；d_i 为第 i 种燃烧特性的扰动量，其中 stdev 表示样本的标准偏差，avg 表示样本的标准算数平均值。扰动量的引入可以定量分析添加燃料对主燃料的影响程度，直接分析其对每种燃烧特性的扰动，且能够将各种燃烧特性的量纲和量级的差异消除，进而对各种燃烧性能的扰动求和得到无量纲的总扰动值。通过扰动量的值可以直观且数值化地给出添加燃料对主燃料燃烧性能影响的综合扰动程度。

为了分析添加燃料对主燃料的贡献，本书提出了扰动率（rate of disturbance，ROD）的概念，如式（8-4）～式（8-6）所示；同时引入 δ 函数表征扰动率的大小，且可以通过 δ 函数的正负和值的大小定量地给出添加燃料对主燃料的扰动效果，即在所有工况下，来表征添加剂或掺混燃料对主燃料某种燃烧性能的作用是促进还是抑制。

$$\delta_i = \text{sgn}(S_+ + S_-)\frac{\max(n_+S_+, -1 \times n_-S_-)}{n_+S_+ - n_-S_-} \tag{8-4}$$

$$S_+ = \sum c_{ij}, (c_{ij} > 0) \tag{8-5}$$

$$S_- = \sum c_{ij}, (c_{ij} < 0) \tag{8-6}$$

式中，sgn 为符号函数，给出参数的正负号；max 为求最大值函数；S 为燃烧性能的量值变化量的累加量，S_+ 和 S_- 分别为正增量和负增量的累加值；n_+ 和 n_- 分别为正增量和负增量在样本中的个数。

本节以六种小分子燃料分别参与 RP-3 航空煤油的燃烧，本书分别将六种小分子燃料与 RP-3 航空煤油以 1∶5 的摩尔比例进行掺混得到二元混合燃料 H_2/RP-3、CH_4/RP-3、C_2H_4/RP-3、C_2H_6/RP-3、C_3H_6/RP-3、C_3H_8/RP-3，具体信息参见文献[6]；基于四川大学构建的 RP-3 替代燃料燃烧模型，在当量比为 1.0、压

力为 0.1~1.0MPa、温度为 1000~1600K 的工况范围内对 RP-3 和以上 6 种混合燃料进行了计算。选取自点火时间、绝热火焰温度、燃尽时间、熄火温度、关键自由基生成速率（rate of production，ROP）、层流火焰传播速度、熄火拉伸率等 7 种目标燃烧特性进行分析，以 RP-3 的燃烧结果作为基准，其他 6 种混合燃料在相同工况下得到的燃烧结果与 RP-3 航油结果的差值为原始样本 c，对这些样本中的差值取绝对值后得到的均为正数的样本 $|c|$ 为本书变异扰动法的计算基础；以上 7 种燃烧性能的扰动量依次为 d_1、d_2、d_3、d_4、d_5、d_6、d_7，最后对 7 种扰动量进行求和得到每一种小分子燃料对 RP-3 航空煤油总的扰动程度 D。

其结果如表 8.9 所示。其中 H_2 对 RP-3 燃烧性能的扰动最大，总扰动值达到了 9.06，其次为 CH_4 和 C_2H_4，总扰动值分别为 8.44 和 8.18；C_3H_6 对 RP-3 航空煤油的扰动最小，其总扰动值仅为 6.80。另外，本书还将小分子燃料对航空煤油每种燃烧性能的扰动程度进行了求和，结果表明与时间相关的燃烧性能最容易受扰，其中燃料的自点火时间是受到扰动最为显著的性能，该燃烧特性的总扰动值为 12.82；而与温度相关的燃烧性能则不太敏感，如对熄火温度的扰动量仅为 3.69；对于关键中间组分 OH 自由基生成速率的扰动程度处于中等。

表 8.9　不同小分子燃料对 RP-3 航空煤油燃烧性能影响的扰动

扰动	H_2	CH_4	C_2H_4	C_2H_6	C_3H_6	C_3H_8	总和
d_1	2.56	2.23	1.53	2.36	1.53	2.62	12.82
d_2	0.90	0.55	0.89	0.80	0.43	0.42	3.99
d_3	2.31	2.06	2.29	1.36	1.99	1.74	11.76
d_4	0.79	1.00	1.03	0.60	0.25	0.02	3.69
d_5	1.18	1.12	1.10	1.12	1.08	1.12	6.72
d_6	0.56	0.81	0.52	0.50	0.82	0.98	4.19
d_7	0.76	0.67	0.82	0.48	0.70	0.83	4.25
D	9.06	8.44	8.18	7.21	6.80	7.73	

本书对小分子燃料对 RP-3 航空煤油燃烧性能的扰动效果进行了评估，采用扰动率的计算来判断其对燃烧性能影响的趋向，结果如表 8.10 所示。从表 8.10 中可知，H_2 和 C_2H_4 能够显著缩短主燃料的自点火时间，而其他小分子燃料不利于主燃料的自点火。对于绝热火焰温度的作用，C_2H_4 提高了火焰温度，C_3H_6 和 C_3H_8 则不利于火焰温度的提升；从燃尽时间这一性能来看，H_2 可以有效加快燃料

的燃烧过程，而其他小分子燃料，尤其是C_3H_6减缓了燃料的燃烧进程；熄火温度是燃烧稳定性的一个重要参数，C_2H_4和C_3H_6能够降低熄火温度；对于OH自由基最大产率的作用均是抑制。这些结果与文献[3,6,7]等的结论一致，也说明了扰动率的思想和计算是合理的。

表8.10 小分子燃料对RP-3航空煤油燃烧性能的扰动率

ROD	H_2	CH_4	C_2H_4	C_2H_6	C_3H_6	C_3H_8
δ_1	−100%	100%	−73%	89%	94%	100%
δ_2	−56%	−85%	100%	−61%	−100%	−100%
δ_3	−100%	93%	90%	87%	99%	88%
δ_4	100%	−86%	−86%	71%	−59%	100%
δ_5	−100%	−100%	−100%	−100%	−100%	−100%
δ_6	100%	−82%	100%	100%	100%	91%
δ_7	100%	100%	100%	100%	100%	100%

为广泛验证变异扰动法的可行性，对氢气影响汽油燃烧性能也进行了定量化表征研究，并与RP-3的结果进行了对比和分析[20]。选择六种小分子燃料与RP-3航空煤油和汽油掺混燃烧，以燃料的自点火时间、燃尽时间、绝热火焰温度、熄火温度、组分产率、层流火焰速度和熄火拉伸率等7种燃烧特性为目标，计算了氢气对RP-3航空煤油和汽油燃烧性能的综合影响。通过对比扰动值可知，在不同的燃烧性能上，氢气对RP-3航空煤油和汽油的影响不尽相同，但通过对总扰动值的比较可知，氢气对RP-3燃烧性能的影响要大于汽油，详细信息如图8.16所示。

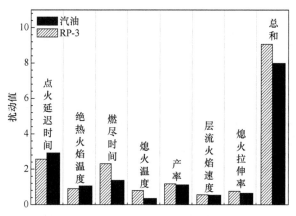

图8.16 氢气对汽油和RP-3航空煤油的扰动

8.4　某航空燃料热裂解机理的系统简化及应用

8.4.1　某航空燃料热裂解机理的系统简化

由于工程的需要，基于 ReaxGen 程序包[3,21]构建了某航空燃料 T 油品替代模型的详细热裂解机理。该模型的详细热裂解机理包含 168 个组分、744 步反应。该详细机理构建时考虑的燃料分子裂解反应类型主要有：单分子烷烃的诱发反应、自由基的夺氢反应、烷基的 β 裂解反应、烷基的氢迁移重排反应、烯烃生成分子量较小的烯烃、烯烃的裂解产生烯丙基、烯基自由基的反应、环烷烃的开环反应和双自由基的裂解反应等。另外，笔者还针对 T 燃料的热裂解特性进行了系统的实验研究，这里就不再叙述。T 油品的替代模型包含 168 个组分和 744 步反应，如果在 CFD 模拟中直接使用该替代模型的详细动力学机理，会使计算量过大。另外由于各组分及其涉及的反应特征时间尺度差异巨大，会给计算带来极大的刚性问题。所以为了得到可靠的模拟结果，就必须在保证机理模拟精度的条件下对详细动力学机理进行系统简化。

8.4.2　某航空燃料 T 油品的简化模型验证

笔者基于 T 油品替代模型的详细机理在压力分别为 1.0MPa、3.5MPa，温度为 450～790℃的条件下对其热裂解过程进行仿真，并对其结果进行了抽样，然后采用自动简化软件 ReaxRed 2.0x 中的 DRG、DRGEP、R-DRG 和 PFA 四种框架方法在抽样点进行计算，并选择产气率的相对误差不大于 20% 为判据，最终得到四个相应的框架机理。由于不同的 DRG 类简化方法对重要组分的判定与其自身定义的相关性表达式有关，四种框架简化方法在保证同样模拟精度的条件下得到的框架机理尺寸大小也不同。另外，就算框架机理的尺寸相近，但是框架机理中包含的组分和反应差异也比较大。因此，单一采用一种框架简化方法不能达到有效去除不重要组分的目的。为了获得尺寸更小的框架机理，并且不牺牲框架机理的模拟精度，笔者采用了交集（intersection method）[22]思想对上述四个框架机理进行处理保留四个框架机理的重要组分作为最终重要组分，在之前简化结果的基础上有效去除了十几个不重要组分，得到包含 45 个组分、133 个反应的框架机理。取交集方法使笔者得到的 45 个组分框架机理保留了数目最少且真正重要的组分。这种方法的简化效果具有任一 DRG 类简化方法在保持相当误差水平下都达不到的简化力度，表 8.11 中的结果也表明 DRG 类的简化方法获取的四个框架机理中仍然包含十几个冗余组分；当然这不是 DRG 类简化方法的不足，所有的简化方法都有这样的现象，这也是笔者为什么推荐在做机理简化时采用多种简化方法的原因。结果表明，该 45 个组分框架机理的误差仍保持在 20% 以内，精度没有牺牲太大，相反比 DRGEP 简化方法的框架机理表现还要优秀。各框架机理包含的组分数、反应数和产气率的相对误差详细结果如表 8.11 所示。

表 8.11 产气率相对误差不大于 20% 时，各简化方法的简化结果

简化方法	组分数/反应数	平均误差
DRG	56/189	8.8%
DRGEP	59/146	19.1%
R-DRG	56/155	3.7%
PFA	57/175	8.9%
交集	45/133	13.4%

在 45 个组分的框架机理基础上，采用集总方法进一步简化了机理。集总方法有很多处理手段，笔者这里采用同分异构体集总的思路，具体做法是首先分类整理并确定燃烧机理中所有化学式相同的组分，然后选择其中的一个组分为代表，之后对其他同分异构体及其参与的反应进行相应替换；替代后的反应如有相同，则将这些反应的速率集合到一个反应中，此时需要对集合后反应的速率常数进行重新拟合，主要是对这些相同反应在不同温度下的反应速率常数求和，最后依据不同温度下的反应速率再拟得到阿伦尼乌斯公式中的三个参数，并删除其他反应。通过集总方法的处理，得到了 39 个组分、109 个反应的最简框架机理；分析

后发现 39 个组分框架机理产气率的相对误差为 13.4%，仍具有较高的精度。为了验证 39 个组分框架机理的合理性，作者需要在实验条件下进行数值模拟。

　　本工作主要采用柱塞流反应器模型，在给定的工况条件下（压力 1.0MPa、温度 600～790℃、流速 3.0g/s、管长 60cm）进行燃料热裂解实验模拟验证；并基于详细机理和 39 个组分框架机理对比了实验获得的裂解产气率、燃料热沉，如图 8.17 所示。由图 8.17（a）可以看出，框架机理很好地重现了详细机理产气率的模拟结果，在低于 700℃ 的温度范围段，与实验结果吻合得极好；在大于 700℃ 的范围段，数值模拟大于实验的结果；其中产气率的最大误差大约出现在 760℃ 附近，但是该误差值为 14.3%，这在工程上是在可接受的范围内。另外，对于总热沉来说，从图 8.17（b）中可以看出，发展的 39 个组分框架机理和详细机理的模拟结果一致，均定性定量地描述了实验值；且两者与实验结果的误差比产气率的误差还要小，说明框架机理在 1.0MPa 工况条件下，很好地忠于了详细机理计算和实验测量结果。

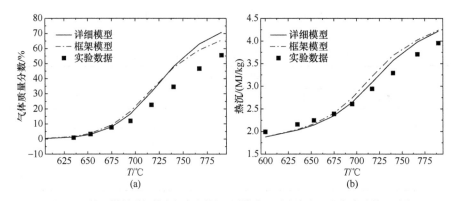

图 8.17　某 T 燃料裂解的产气率和热沉（详细机理和框架机理）与实验结果对比

　　为了进一步验证框架机理的全局性和普适性，对在管长为 50cm，压力为 3.5MPa、温度为 450～736℃、流速为 1.0g/s 工况条件下的热裂解实验进行了燃烧仿真，并基于详细机理和 39 个组分框架机理的模拟结果对比了实验获得的裂解产气率、燃料热沉、密度等，如图 8.18 所示。从图中可以看出，产气率的模拟值在出口油温 700～750℃ 时与实验的结果吻合较好，出口油温 736℃ 时模拟的产气率为 45.2%，实验测定的产气率为 47.2%；但在出口油温 650℃ 左右时，与实验的结果还有一定的误差。由于实验的总热沉是采用电功率加热的方式测定的，因此在模拟结果对比时笔者考虑了 5% 左右的散热量。

从图 8.18（b）中可以看出，框架机理和详细机理模拟的总热沉与实验的结果整体吻合较好，尤其是在反应发生的后半段 700～750℃时。最大的误差在 650℃左右为 0.3MJ/kg。在出口油温 736℃时模拟总热沉为 3.45MJ/kg，而实验结果为 3.46MJ/kg。通过以上的模拟与实验的对比，可以看出笔者的框架机理忠实度较高。

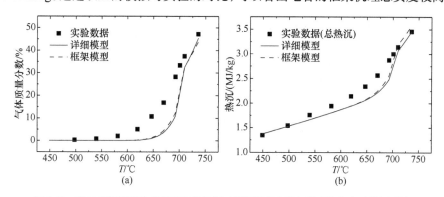

图 8.18　某 T 燃料裂解的产气率和总热沉（详细机理和框架机理）与实验结果对比

为进一步减小 T 燃料替代模型裂解机理的尺寸，并验证 ReaxRed 2.0x 软件的简化能力，笔者以 T 油品替代模型的 39 个组分框架机理为基础在压力 1.0MPa、3.5MPa，温度 450～790℃的条件下模拟了 T 油品的恒压热裂解进程，然后采用基于 CSP 的准稳态近似方法选取了 19 个准稳态组分，最后得到包含 20 个组分、18 个反应的全局简化机理。在恒压反应器中热裂解的 20 个组分简化机理的产气率与详细机理的模拟结果对比如图 8.19 所示，可以看出全局简化机理、框架机理

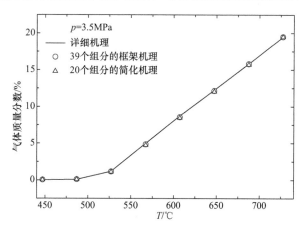

图 8.19　不同规模机理预测 T 燃料裂解的产气率模拟结果

与详细机理的模拟结果吻合很好。这说明笔者在热裂解机理的简化思路中借助燃烧机理的简化流程是可行的，同时也说明笔者发展的 ReaxRed 2.0x 的实用性及可靠性。

8.4.3　某航空燃料 T 油品的简化模型在 CFD 中的初步应用

吸热型航空燃料的简化模型可以用在冲压发动机主动冷却面板流动换热模拟中，进而为改进通道结构、优化通道参数、抑制流量偏差、强化冷却效果等提供有价值的参考信息[23]。为验证 T 燃料的 20 个组分热裂解反应机理在 CFD 模拟中的适用性及精度，采用商业软件 Fluent 对燃料在电加热管内的裂解过程进行了模拟，如图 8.20 所示。模拟采用二维（2D）轴对称模型，加热段长度设置为 50cm，进口温度为 456.84℃，质量流量为 1.0g/s，出口压力及管道截面参数均与实验实际情况保持一致。外面采用等热流边界条件，热流密度根据实验功率计算为 0.3MW/m²，沿程一致。其中，黏度、热导率根据 NIST Supertrapp[24]提供的数据线性插值得到。迭代计算时采用分离式求解，并采用 SIMPLE 算法进行压力速度耦合计算，各场量离散均选取二阶上风差分格式。模拟了绝热温度和主要产物分布、密度和轴向速度的分布，如图 8.21 和图 8.22 所示。

为了验证 20 个组分简化模型在 CFD 仿真中模拟值的精度，笔者继续采用 2D 轴对称模型在实验条件下进行了模拟；加热段长度 55cm，进口温度为 456.84℃，质量流量、出口压力及管道截面参数均与实验实际情况保持一致。外面采用等热

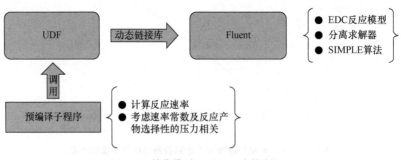

图 8.20　简化模型用于 CFD 中的流程图

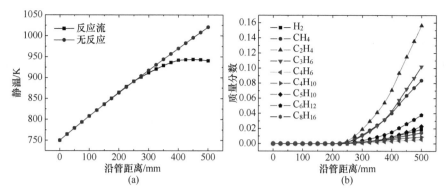

图 8.21 绝热温度和主要产物分布

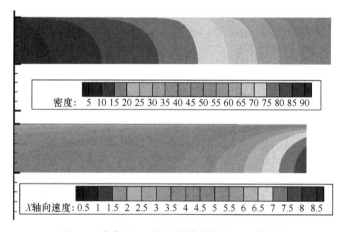

图 8.22 密度（kg/m³）和轴向速度（m/s）的分布

流边界条件，热流密度根据实验功率计算为 664705.9W/m²，沿程一致。加热段前后各预留 20cm 稳定段，且边界绝热。湍流计算选取 SST k-omega 模型[25]，流动化学反应处理仍采用层流有限速率模型。密度、比热容计算采用 Peng-Robinson 模型[26]。迭代计算采用分离式求解，采用 SIMPLE 算法进行压力速度耦合计算，各场量离散均选取二阶上风差分格式。

总热沉的模拟值和实验结果对比如图 8.23（a）所示。结果表明 Fluent 模拟结果与实验值最大相对误差仅为 6.25%，由于采用真实气体模型处理了燃料及裂解气热物性，Fluent 模拟精度高于 CHEMKIN 的模拟结果（采用理想气体模型）。CFD 模拟结果的产气率和实验数据对比如图 8.23（b）所示。CFD 模拟良好地再现了产气率随温度的发展趋势，相比 CHEMKIN 的一维平推流模拟，Fluent 计算了径向的温度、组分分布，近壁面高温层裂解程度较主体略高，其质量加权平均结果导致 2D 轴对称模拟产气率更接近实验结果。Fluent 模拟过程中采用了真实流体的 Peng-Robinson 模型，使得靠近临界温度一侧的密度计算结果优于 CHEMKIN（理想气体），但与实验值仍存在一定差距。

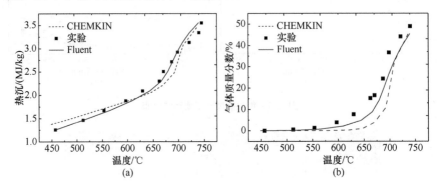

图 8.23　某 T 燃料裂解的总热沉、产气率的模拟值（CHEMKIN 和 Fluent 仿真）和实验结果对比

参考文献

[1] Weber B W, Kumar K, Zhang Z, et al. Autoignition of n-butanol at elevated pressure and low to intermediate temperature[J]. Combust Flame, 2011, 158: 809-819.

[2] 徐佳琪，郭俊江，刘爱科，等. RP-3 替代燃料自点火燃烧机理构建及动力学模拟[J]. 物理化学学报，2015, 31: 643-652.

[3] 李树豪，席双惠，张丽娜，等. 小分子燃料对 RP-3 航空煤油燃烧作用的数值研究[J]. 推进技术，2018, 39(08): 1863-1872.

[4] Jiao Y, Wang J, Zhu Q, et al. Catalytic cracking of RP-3 jet fuel over Pt/CeO$_2$-Al$_2$O$_3$ by adding Cu/ZSM-5[J]. Energy Fuels, 2014, 28(8): 5382-5388.

[5] Li G, Zhang C, Wei H, et al. Investigations on the thermal decomposition of JP-10 / Iso-octane binary mixtures[J]. Fuel, 2016, 163: 148-156.

[6] 刘宇，曾文，马洪安，等. 氢气添加对 RP-3 航空煤油着火特性的影响[J]. 推进技术，2016, 37(9): 1742 - 1751.

[7] 陈潇潇，刘宇，曾文，等. H$_2$/RP-3 航空煤油混合燃料着火特性研究[J]. 科学技术与工程，2016, 16(26): 127-134.

[8] 梁金虎，王苏，张灿，等. H$_2$O/CO$_2$ 污染对 RP-3 航空煤油着火特性的影响[J]. 推进技术，2015, 36(3): 336-344.

[9] 朱素伟，汪春梅，王回春. 乙醇对柴油均质压燃燃烧特性影响的模拟[J]. 农业工程学报，2013, 28(24): 220-225.

[10] 李源，李国岫，李洪萌. 掺氢对生物燃气燃烧的影响研究[J]. 新能源进展，2016, 4(3): 165-171.

[11] 陈贵升，朱文霞，沈颖刚，等. 不同进气组分对柴油机燃烧过程影响的研究[J]. 汽车工程，2016, 38(2): 149-156.

[12] Dagaut P, Ga L S. Chemical kinetic study of the effect of a biofuel additive on Jet-A1 combustion[J]. The Journal of Physical Chemistry A, 2007, 111(19): 3992-4000.

[13] Tang C L, Huang Z H, Law C K. Determination, corre lation, and mechanistic interpretation of effects of hydrogen addition on laminar flame speeds of hydrocarbon-air mixtures[J]. Proceedings of the Combustion Institute, 2011, 33(1): 921-928.

[14] Liu D. Kinetic analysis of the chemical effects of hydrogen addition on dimethyl ether flames[J]. International Journal of Hydrogen Energy, 2014, 39(24): 13014-13019.

[15] Titova N S, Torokhov S A, Favorskii O N, et al. Analysis of the mechanisms of ignition and combustion of iC_8H_{18}-H_2 and n-$C_{10}H_{22}$-H_2 fuel blends in air[J]. Combustion, Explosion, and Shock Waves, 2016, 52(6): 631-642.

[16] Reaction Design Inc. CHEMKIN PRO: A chemical kinetics package for the analysis of gas-phase chemical kinetics[R]. San Diego: Reaction Design Inc, 2008.

[17] He K, Ierapetritou M G, Androulakis I P. Exploring flux representations of complex kinetics networks[J]. AIChE J, 2012, 58: 553-567.

[18] Zhang C, Li B, Rao F, et al. A shock tube study of the autoignition characteristics of RP-3 jet fuel[J]. Proceedings of the Combustion Institute, 2015, 35: 3151-3158.

[19] Li S H, Guo J, Wang Z, et al. Analysis of combustion characteristics when adding hydrogen and short chain hydrocarbons to RP-3 aviation kerosene based on variation disturbance method[J]. Energy & Fuels, 2019, 33(7): 6767-6774.

[20] 李树豪, 方鹏亚, 郭霄, 等. 掺混燃料对主燃料燃烧性能影响的定量化表征研究[A]//中国化学会第 32 届化学年会文集[C]. 2021.

[21] 李军, 邵菊香, 刘存喜, 等. 碳氢燃料热裂解机理及化学动力学模拟[J]. 化学学报, 2010, 68(3): 239-245.

[22] Wang Q. Skeletal mechanism generation for methyl butanoate combustion via directed relation graph based methods[J]. Acta Phys-Chim Sin, 2016, 32: 595-604.

[23] Chen Y, Wang Y, Bao Z, et al. Numerical investigation of flow distribution and heat transfer of hydrocarbon fuel in regenerative cooling panel[J]. Applied Thermal Engineering, 2016, 98: 628-635.

[24] Huber M L. NIST Thermophysical Properties of Hydrocarbon Mixtures Database (SUPERTRAPP)[CP]. National Inst of Standards and Technology, Gaithersburg, Maryland, 2007.

[25] Bulat M P, Bulat P V. Comparison of turbulence models in the calculation of supersonic separated flows[J]. World Applied Sciences Journal, 2013, 27: 1263-1266.

[26] Wareing C J, Woolley R M, Fairweather M, et al. A composite equation of state for the modeling of sonic carbon dioxide jets in carbon capture and storage scenarios[J]. AIChE J, 2013, 59: 3928-3942.